Mehr PEP im Team!

Führung als Erfolgsfaktor
Band 3

Das *Institut für Beratung und Training in Unternehmen GmbH* ist renommierter Anbieter von Management- und Angestelltentrainings und zählt führende Industrieunternehmen, mittelständische Betriebe und öffentliche Verwaltungen zu seinen Kunden.

Katharina Dietze und *Sonja Strich* sind Geschäftsführerinnen des Institutes in Deutschland, *Peter Kurt Fromme* Geschäftsführer in Österreich.

Katharina Dietze, Sonja Strich, Peter Fromme

Mehr PEP im Team!

So organisieren Sie sich und Ihr Team
mit dem Personal Excellence Program

Campus Verlag
Frankfurt/New York

Die Sonderedition *Führung als Erfolgsfaktor* ist eine Gemeinschaftsaktion des Campus Verlags und der Handelsblatt GmbH.

Bibliografische Information der Deutschen Nationalbibliothek:
Die Deutsche Nationalbibliothek verzeichnet diese Publikation in der Deutschen Nationalbibliografie. Detaillierte bibliografische Daten sind im Internet unter http://dnb.d-nb.de abrufbar.
ISBN 978-3-593-39256-1 (Band 3)
ISBN 978-3-593-39260-8 (Gesamtedition)

Limitierte Sonderausgabe 2010

Umschlaggestaltung: Guido Klütsch, Köln
Satz: Campus Verlag, Frankfurt am Main
Druck und Bindung: CPI – Ebner & Spiegel, Ulm
Gedruckt auf säurefreiem und chlorfrei gebleichtem Papier.
Printed in Germany

Besuchen Sie uns im Internet: www.campus.de

Inhalt

Vorwort

Qualitätsoffensiven gab es bislang vorrangig in der Fertigung – jetzt kommt der Qualitätsgedanke auch ins Büro. Die Forderung nach höherer Qualität und mehr Prozessstabilität ist da – das *Personal Excellence Program* hilft Ihnen, diese Forderung zu erfüllen. Bringen Sie mehr PEP in Ihr Team, und erreichen Sie damit nachhaltige »Office-Excellence«!

Der Erfolg des PEP-Ansatzes beruht auf seiner Praxisnähe, auf der bestechend einfachen Anleitung zu mehr Effektivität und Effizienz – und damit zur »Office-Excellence«. PEP heißt, sofort zu entscheiden und dann die richtigen Dinge richtig zu tun. Sie werden erstaunt sein, wie leicht Sie selbst und Ihr Team mit den Office-Excellence-Faktoren, die wir in mehr als 15 Jahren Beratungs- und Coachingpraxis erarbeitet haben, mehr Effektivität und Effizienz erreichen.

Diesen Veränderungsprozess zur »Office-Excellence« steuern Sie als Führungskraft von oben nach unten. Mithilfe von PEP verbessern Sie Tag für Tag und Schritt für Schritt die Datenstrukturen, das E-Mail-Management, die Planung, die Projekte, die Prozesse und die Kommunikation – weil Sie aktiv führen und die Mitarbeiter mitnehmen. Denn Sie brauchen Ihr Team! Wir wissen aus unserer täglichen Beratungs- und Coaching-Arbeit, dass die Umsetzung intelligenter Lösungen nur im Zusammenwirken zwischen Ihnen und Ihrem Team gelingt. Nur starke Teams begegnen den Herausforderungen der nächsten Jahre souverän: der Arbeitsverdichtung pro Mitarbeiter, der Verlängerung der Lebensarbeitszeit durch den demografischen Wandel, der zunehmenden Technisierung der Arbeitsplätze und der Komplexität im Informations- und Wissensmanagement.

»Mehr PEP im Team!« zeigt Ihnen, was Menschen motiviert, was sie veranlasst, ausgetretene Pfade zu verlassen und Neues auszuprobieren.

Anhand der sieben Produktivitätsfaktoren für Ihr Team lernen Sie, sich selbst und andere zu bewegen, effektiver und effizienter zu arbeiten und Wissen zu teilen. Die Praxis-Beispiele aus unserer Beratung zeigen, wie Mitarbeiter und Vorgesetzte durch Veränderungen zufrieden und erfolgreich werden, indem sie aktiv und entschlossen handeln, mehr Erfolge erleben und mehr Freude an der Arbeit entwickeln.

In den sieben Kapiteln dieses Buches lernen Sie, dranzubleiben und die Verbesserungen Schritt für Schritt systematisch zu erarbeiten und nachhaltig umzusetzen.

Das Erfolgsgeheimnis von »Mehr PEP im Team!« ist, dass sich jeder mit der richtigen Unterstützung weiterentwickelt. Das schafft Erfolgserlebnisse, die sich selbst bei unterschiedlichsten Menschen, Temperamenten und Persönlichkeiten einstellen. Effektive und effiziente Teams sind entscheidungsfreudig, handeln eigenverantwortlich und haben Spaß an der Arbeit.

Ihr Vorteil ist, dass Sie für mehr PEP im Team keine kostspieligen und riskanten Investitionen tätigen müssen. Denn ein übersichtlicher Arbeitsplatz, eine realistische Tagesplanung, ein abgearbeiteter E-Mail-Eingang oder standardisierte Prozesse benötigen keine großen Summen und schaffen eine nachhaltige Verantwortungskultur. Ein starker Motor ist dabei das individuelle Arbeitsverhalten, das eine große Quelle für mehr Freude bei der Arbeit ist. Auf die persönliche Veränderung jedes Teammitglieds legen wir in unserer Arbeit großen Wert.

Entscheiden Sie sich für mehr »Office-Excellence«, und beginnen Sie, die richtigen Dinge richtig zu tun. Fangen Sie sofort an! Ihr persönlicher Gewinn: mehr Freiheit als Führungskraft mit einem Team, dem Sie viel zutrauen können und das Ihnen vertraut.

Teil 1.
Sieben Produktivitätsfaktoren für Ihr Team

1.
Effektive Führung

Das Traumteam jedes Managers ist stark und produktiv. Seine Mitarbeiter sind motiviert, zeigen Einsatz und übernehmen Verantwortung. Vielen Führungskräften ist dabei jedoch nicht bewusst, dass sie selbst der wichtigste Schlüssel zu einem erfolgreichen Team sind. Denn Teams sind nur dann effektiv, wenn der Einzelne und die Gruppe Hand in Hand arbeiten. Das heißt im Klartext: Der Einzelne wird gefordert und gefördert, und die Führungskraft trägt die Verantwortung für die Performance als Ganzes.

Führen statt führen lassen

Führungskräfte müssen in Sachen Führung mit drei Bällen jonglieren: Sie haben sich selbst zu steuern und zu organisieren, sie führen ihre Mitarbeiter und sie sorgen gleichzeitig dafür, dass das gesamte Team beziehungsweise die Organisation funktioniert. Unsere Beraterpraxis zeigt, dass häufig in allen drei Bereichen Störfaktoren wirken. Beispiele dafür sind:

- Führungskräfte sind selbst kein Vorbild. Sie fordern von ihren Mitarbeitern Dinge ein, für die sie selbst nicht einstehen. Beispielsweise werden Abgabetermine nicht eingehalten, oder Wichtiges wird permanent zugunsten Dringlichem geschoben. In den Augen der Mitarbeiter wird da schnell mit zweierlei Maß gemessen.
- Mitarbeiter wollen sich aus eigenem Antrieb nur selten verändern, setzen das aber bei Kollegen voraus. Nach dem Motto: Wenn die anderen auch so arbeiten würden wie ich, wäre alles besser. Im schlimms-

ten Fall kann das Verhalten eines einzelnen Mitarbeiters das komplette Team beinträchtigen.

■ Mitarbeiter arbeiten nicht »Hand in Hand«, sondern »Kopf an Kopf«: Wissen wird gerne gehortet und selten personenunabhängig dokumentiert oder zugänglich aufbewahrt. Da kann der Führungskraft schnell die Steuerung entgleiten, und es kann mittelfristig zu »mitarbeitergeführten« Teams kommen.

Wird dann zeitgleich umstrukturiert oder verlassen wichtige Kompetenzträger das Team, steht die Produktivität eines Teams schnell auf dem Prüfstand, und der Ruf nach mehr Effizienz und Effektivität wird laut.

Studien (Proudfoot Consulting 2005) zufolge sind rund 46 Prozent der Produktivitätsverluste in Unternehmen auf mangelnde Planung und

Abbildung 1: Wirkungskreis Führung

Erfolgreiche Führungskräfte berücksichtigen die drei Aspekte von Führung und steigern dadurch die Produktivität Ihres Teams

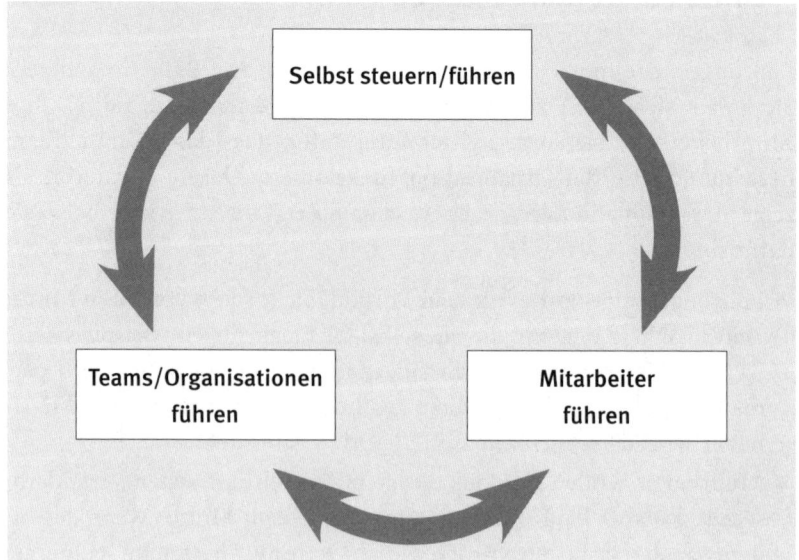

Steuerung zurückzuführen, 31 Prozent auf fehlende Führung. Managern fehlt oft die Übersicht, weil sie zu sehr im operativen Geschäft stecken. Deshalb sollten Unternehmen nicht nur die Hochleister, sondern auch die breite Basis – das mittlere Management bis auf die Teamebene hinunter – entwickeln und unterstützen, denn die Gesamtheit der Mitarbeiter sichert den zukünftigen Unternehmenserfolg.

Jede Führungskraft steht vor der großen Herausforderung, die Ressourcen ihres Teams optimal einzusetzen – und zwar unter Berücksichtigung der unterschiedlichen Stärken und Schwächen eines jeden Teammitgliedes. Gerade im Hinblick auf die demografische Entwicklung sind Mitarbeiterbindung, Talententfaltung und die Förderung älterer Mitarbeiter von zentraler Bedeutung für jedes Unternehmen. Bringt eine Mitarbeiterfluktuation in gesundem Maße noch frischen Wind in jedes Team, kann sie hingegen ab einer Höhe von 15 Prozent immense Folgekosten haben (Gallup GmbH 2001). Wenn Mitarbeiter gehen, deren Wissen nicht gesichert ist, und neue Personen hinzukommen, wird das Team in seiner Produktivität meist erheblich zurückgeworfen.

Was Mitarbeiter motiviert und ihre Produktivität als Team steigert, ist jedoch von entscheidender Bedeutung für das Weiterkommen insgesamt. Langzeitstudien (Buckingham und Coffman 2002) haben ergeben, dass es im Wesentlichen folgende Rahmenbedingungen sind, die Mitarbeiter schätzen:

■ klare Erwartungen auf persönlicher und Teamebene,
■ Zugang und Einsatz von effizienten Arbeitsmitteln,
■ eindeutige Kompetenzen und Verantwortlichkeiten,
■ Anerkennung und Lob,
■ Vertrauen und Interesse an der eigenen Person,
■ Perspektiven und Entwicklungsmöglichkeiten.

Jede Führungskraft sollte sich diese Erkenntnisse zunutze machen und dazu beitragen, dass diese grundlegenden Voraussetzungen geschaffen werden. Wie das ganz praktisch und ohne große Anleihe an Führungsmodelle und herrschende Managementmoden funktioniert, möchten wir in diesem Buch zeigen. Das folgende Kapitel konzentriert sich darauf, wie Entscheider die Produktivität des Gesamtteams steigern können, indem sie ihren eigenen Wirkungskreis vergrößern.

Führen: Worauf kommt es an?

»Wir müssen das, was wir denken, auch sagen. Wir müssen das,
was wir sagen, auch tun. Wir müssen das, was wir tun, auch sein.«

Alfred Herrhausen

Den optimalen und universellen Erfolgsfaktor für Produktivität im
Team gibt es nicht. Doch wer als Führungskraft bei sich selbst mit der
Optimierung beginnt, die Mitarbeiter individuell und adäquat führt
und die Organisation durch gute Performance stärkt, ist auf einem guten Weg.

Manager müssen an diesen drei Stellschrauben immer wieder drehen,
da jedes Team und damit auch die Führungskraft selbst kontinuierlichen Veränderungen ausgesetzt ist. In unserer täglichen Arbeit als Coaches lernen wir immer wieder herausragende Führungspersönlichkeiten
kennen, die die »Selbstführung« – und damit die erste Stellschraube –
erfolgreich verinnerlicht haben. Was ist es, das diese Entscheider von
der Masse abhebt?

- Sie kennen ihre eigenen Stärken und Schwächen und gehen
  offen und kritisch mit diesem Wissen um.
- Sie delegieren aktiv und konsequent.
- Sie haben ein gutes Selbstmanagement.
- Sie leben die Werte / Standards, die sie von ihren Mitarbeitern
  einfordern, selbst vor.
- Sie nehmen sich selbst Zeit zum Erarbeiten wichtiger kon-
  zeptioneller / strategischer Aufgaben (und behalten somit auch
  ihre Führungsaufgaben im Auge).
- Sie haben ein eingespieltes Backoffice / Sekretariat.
- Sie wissen um die Wichtigkeit des Zusammenspiels zwischen
  Selbststeuerung, Mitarbeiter- und Organisationsführung und
  bestimmen hier weitere Handlungsfelder.

Die zweite Stellschraube für Produktivität ist das Führen der Mitarbeiter. Dies ist für jede Führungskraft ein lebenslanger und kontinuierlicher Lernprozess. Für viele bleibt es ein Buch mit sieben Siegeln. Kaum

ist das neue Team aufgesetzt, sind alle Projekte und Verantwortlichkeiten geklärt – schon kracht es. Das hören wir oft auch von »gesettelten« Managern. Theoretisch müsste alles funktionieren, in der Praxis spielt das Team aber nicht als Orchester, und es hagelt Konflikte (mehr dazu lesen Sie in Kapitel 6 über Kommunikation).

Gerne würden wir als Berater in solchen Fällen den Generalschlüssel auspacken. Aber auch wir wissen aus Erfahrung, dass es einen solchen nicht gibt. Die alte Weisheit »Jeder Topf findet seinen Deckel« wäre oft ein probater Weg, wenn es um das Führen von Mitarbeitern geht. Er erfordert jedoch Geduld und Beharrlichkeit des Vorgesetzten. Beides ist in den Führungsetagen häufig nicht anzutreffen. Aufgrund dieser Tatsache konnte sich in den letzten Jahren eine Vielzahl von Beratern mit idealtypischen Führungsmodellen und Führungsstilen profilieren. Auch wir als Berater haben gemeinsam mit unseren Kunden so manche »Modewelle« in Sachen Führung erlebt – und sind jetzt überzeugter denn je, dass Mutters alte Weisheit vom Topf und seinem Deckel ihren Praxisbezug bis heute behalten hat.

Es gibt sie nämlich, die Führungskräfte, die es einfach raushaben, den richtigen »Knopf« beim Gegenüber zu drücken. Manager und Entscheider, die knallharte Entscheidungen treffen können und trotzdem wissen, was ihre Mitarbeiter brauchen. Was macht sie aus, diese menschlichen Führungsprofis?

- Sie verstehen, dass jeder Mitarbeiter einen individuellen »Zugangscode« hat, den es zu entschlüsseln gilt.
- Sie wissen, wie sie die Kompetenz und das Engagement ihrer Mitarbeiter optimal einsetzen.
- Sie bewerten nicht die Mitarbeiter an sich, sondern deren Leistung.
- Sie wissen, dass jeder Mitarbeiter seine eigene Wirklichkeit hat (»Ich sehe das aber so …«).
- Sie kennen ihre »Rollen« als Führungskraft (»Wann muss ich unterstützen, wann entscheiden, wann Rat geben …?«).
- Sie beweisen starke Nerven beim konsequenten »Controlling« leistungsschwacher Mitarbeiter.
- Sie scheuen sich nicht vor Konfliktsituationen.
- Sie sprechen Lob oder Kritik zunächst unter vier Augen an.

Über die dritte Stellschraube – das Führen des Teams oder der Organisation – können wir von unserer Seite einiges an Feldwissen einbringen. Als Beobachter und Coach vieler Führungskräfte erleben wir täglich, wie Manager mit ihren Teams um mehr Effizienz, transparente Prozesse und klare Zuständigkeiten verhandeln. Das kann schon mal richtig eng werden, wenn die engagierte Führungskraft parallel zur Produktneueinführung auch gleich die Zuständigkeiten und Aufgabengebiete im Team neu verteilen will, weil so die Prozesse schlanker werden. Da ein Team mehr ist als die Summe seiner Teile, kann der gutgemeinte Veränderungsprozess aber auch genau das Gegenteil bewirken: Das neue Produkt kommt nicht rechtzeitig auf den Markt, weil die Gruppe noch mit sich selbst beschäftigt ist und um Zuständigkeiten kämpft.

Wie wichtig es ist, eine gute Balance zu finden zwischen demokratischer Teambeteiligung und klarer Standardisierung, beweisen teamerprobte Führungskräfte:

- Sie kennen die Notwendigkeit von (technischen) Standards und verbindlichen Regeln im Team.

- Sie wissen, dass Wissen Macht ist, und sorgen dafür, dass Know-how und Informationen auf möglichst viele Köpfe verteilt werden.

- Sie pflegen regelmäßige und ergebnisorientierte Besprechungen mit ihren Teams.

- Sie wissen, dass Veränderungsprozesse Zeit brauchen, da jeder Mitarbeiter mit Neuem anders umgeht.

- Sie wissen, wann sie externe Spezialisten wie Moderatoren oder Coaches hinzuziehen sollten.

- Sie haben Erfahrung mit »schwammigen« Visionen, Leitbildern und Unternehmenszielen, die es an Mitarbeiter möglichst konkret zu transportieren gilt.

- Sie regen vertrauens- und teambildende Maßnahmen an.

Da nicht alle Führungskräfte gleichermaßen über das Idealprofil verfügen und sogar erfahrene Manager in allen drei Aspekten von Führung immer wieder neue Herausforderungen entdecken, ist es spannend, Folgendes genauer zu analysieren:

- Was wollen Sie als Führungskraft bei sich verändern?
- Was können Sie als Führungskraft in der Zusammenarbeit und der Führung einzelner Mitarbeiter verbessern?
- Was können Sie mithilfe Ihrer Mitarbeiter organisatorisch und fachlich verändern, damit die Arbeit rund läuft?

Im zweiten Teil dieses Buches finden Sie einen Manager-Selbsttest (Checkliste 1, Seite 233), der Ihnen zeigt, wo bei Ihnen noch Veränderungs- und Optimierungspotenziale schlummern.

Erster Aspekt von Führung: Sich selbst führen

»Sei du selbst die Veränderung,
die du dir wünschst für diese Welt.«

Mahatma Gandhi

Der Ausgangspunkt aller Optimierungsansätze im Team ist die Führungskraft selbst, davon sind wir als Berater überzeugt. Es ist ausschlaggebend, wie Entscheider mit ihren Stärken und Schwächen umgehen und wie reflektiert sie dieses Wissen in ihr Team tragen.

Unsere jährlichen Evaluierungen (Institut für Beratung und Training, 2007) belegen, dass dort die Teams nachhaltig erfolgreicher sind, wo die Führungskräfte die Arbeit der Mitarbeiter interessiert verfolgen, die eigenen Optimierungsziele offen kommunizieren und die Entwicklung der Teamprozesse nicht nur an »externe Spezialisten« delegieren. Leider ging die Entwicklung der letzten Jahre dahin, dass in vielen Organisationen Umsetzungsberater ins Haus geholt wurden, die einen Teil der Kernaufgaben des Managements übernehmen sollten. Hochbezahlte Externe sollen Prozesse optimieren und dabei – wenn möglich – auch gleich die Mitarbeiter motivieren und zu mehr Leistung anregen. Gerade das ist die Krux: Berater können Prozesse begleiten und anregen – sie können jedoch nicht Führungsaufgaben des Managements übernehmen. Die Vermittlung zwischen den Bedürfnissen der Mitarbeiter und denen der Unternehmensleitung bleibt auch in Zukunft eine der Kernaufgaben des Managements.

Abbildung 2: Wer steuert, führt

»Wer steuert führt« beschreibt den Idealverlauf bei Veränderungsprozessen in Teams, die von Führungskräften begleitet werden. Idealerweise übernimmt die Führungskraft zu einem bestimmten Zeitpunkt
die Steuerung der Gruppe, sodass sich externe Berater zurückziehen
können. Veränderungsprozesse ohne Steuerung der Führungskraft
verlaufen weniger nachhaltig.

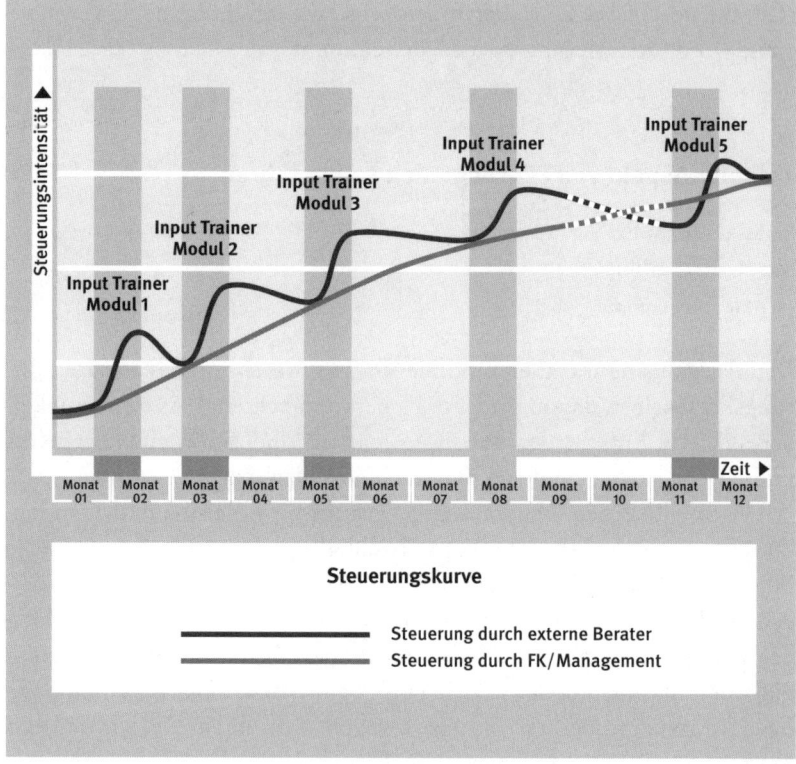

Führungskräfte können vieles wirkungsvoll selbst gestalten. Auch wenn
es in der Regel sehr sinnvoll ist, zu Beginn eines Veränderungsprozesses
externe Expertise hinzuzunehmen, können Vertrauen und Wertschätzung im Team nur durch die Führungskräfte selbst nachhaltig aufgebaut werden. Diese wichtige Aufgabe sollte kein externer Profi verantworten.

Die unterschiedlichen Rollen einer Führungskraft

Führungskräfte nehmen mehrere Rollen auf unterschiedlichen Unternehmensbühnen ein: Erst »Experte« in der Vorstandssitzung, findet sich dieselbe Führungskraft kurze Zeit später als »Chef« im Meeting mit dem Team wieder und wandert anschließend als »Qualitätsmanager« in die wöchentliche Produktionsrunde.

Auf jeder dieser Unternehmensbühnen sind Führungskräfte einer Vielzahl von unausgesprochenen Erwartungen ausgesetzt, die das Rollengeflecht noch komplizierter machen. Viele Führungskräfte spüren die Komplexität, aber sie wissen nicht, wie sie damit umgehen sollen. Insbesondere in Übergangs- oder Veränderungsprozessen, wenn die Führungskraft eine neue Rolle bekommt, besteht die Herausforderung darin zu erkennen, dass das Alte nicht mehr gefragt ist – obwohl es im Kopf noch gut und gerne abrufbar ist – und das Neue noch nicht verinnerlicht ist. Dies ist besonders schwierig bei Führungskräften, die in dem Bereich aufsteigen, wo sie vorher als Mitarbeiter tätig waren.

Die Praxis zeigt, dass es dann im Team knirscht, wenn Rollenunklarheit herrscht. Der Vorgesetzte beruft sich beispielsweise auf seine Rolle als Experte und erledigt eine anstehende Aufgabe selbst, während seine Mitarbeiter nur eine Managerentscheidung wollen, die das Team dann umsetzt. Diese Rollenkonflikte können folgende Ursachen haben:

■ Die Vielzahl der Rollen wird von der Führungskraft unbewusst abgelehnt, weil sie überfordert ist.

■ Es wird das Beherrschen einer bestimmten Rolle erwartet, die von der Führungskraft aber innerlich als unangenehm empfunden und abgelehnt wird.

■ Die unterschiedlichen Rollen werden von der Führungskraft nicht klar kommuniziert und führen bei den Mitarbeitern zu Irritationen.

Die folgende Aufstellung zeigt, welche Aufgaben mit welcher Rolle verbunden sein können und zu welchen Rollenkonflikten es kommen kann.

Rolle	Aufgabe	Rollenkonflikt
Führungskraft als Vorgesetzter	Ziele und Aufgaben vereinbaren; disziplinarische Maßnahmen ergreifen; planen, kontrollieren und Verantwortung für Mitarbeiter tragen	Vorgesetzter vs. Mitarbeiter: persönliche Zielerreichung hängt von der Leistung der eigenen Mitarbeiter ab
Führungskraft als Mitarbeiter	eigene Ziele in Rücksprache mit dem Vorgesetzten erfüllen	Mitarbeiter vs. Vorgesetzter: persönliche Zielerreichung hängt von der Leistung des Chefs ab
Führungskraft als Experte	diskutiert und entwickelt mit den Mitarbeitern auf der fachlichen Ebene	Experte vs. Vorgesetzter: bei Fixierung auf die Expertenrolle wird die Vorgesetztenrolle ungenügend übernommen

Auch erfolgreiche Führungskräfte beherrschen nicht jede Rolle vollkommen. Sie haben aber erkannt, dass es für die Produktivität im Team und für die persönliche Entwicklung von essenzieller Bedeutung ist, die eigene(n) Rolle(n) und das eigene Verhalten zu verstehen und die eigenen Unzulänglichkeiten zu kennen.

Aus unserer Sicht ist das im täglichen Unternehmensalltag eine der größten Herausforderungen für Führungskräfte. Denn diese Arbeit an sich selbst vermeiden viele Menschen oder geben dieser Aufgabe nicht die notwenige Priorität.

Zweiter Aspekt von Führung: Mitarbeiter führen

Mitarbeiterführung ist eine schwierige Angelegenheit, weil menschliches Verhalten nicht wirklich vorhersehbar ist. »Nach unten« gibt es die Verantwortung für das Team, und »nach oben« ist der Druck groß, beim eigenen Vorgesetzten mit guten Teamergebnissen aufzuwarten. So mancher Entscheider greift da gerne auf die gängige Managementliteratur zurück und bekommt eine Vielzahl von Anregungen zu Typologien, Modellen oder Persönlichkeitstests. Aus unserer Erfahrung hat es sich bewährt, beim Führen von Mitarbeitern als roten Faden immer zwei Aspekte im Fokus zu behalten:

■ *Die Aufgabe:* Worum geht es? Was ist zu tun?
■ *Der Mitarbeiter:* Wie (fachlich) kompetent und engagiert ist das Teammitglied?

Abbildung 3: Führung nach Kompetenz

Die Führungskraft muss flexibel bleiben, denn je nach Kompetenz und Engagement des Mitarbeiters muss die eigene Führungsrolle immer wieder angepasst werden.

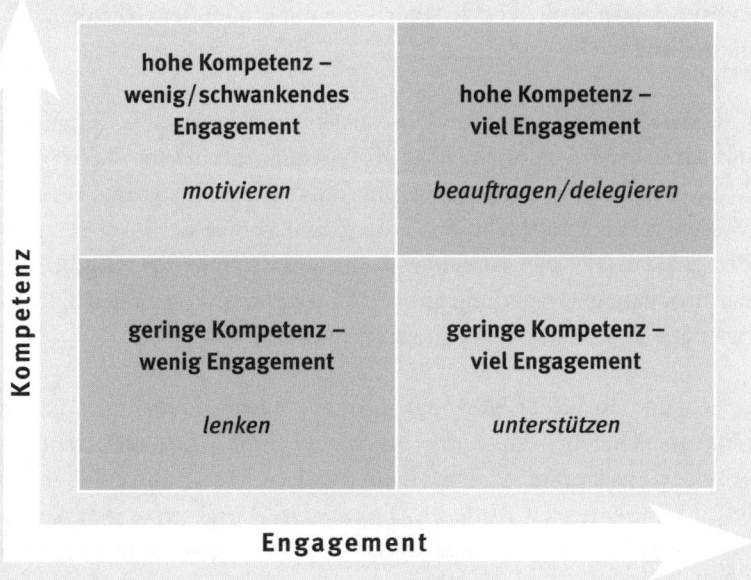

Kombiniert man die beiden Komponenten »kompetent« und »engagiert«, dann ergeben sich vier »Mitarbeitertypen« mit unterschiedlichem Handlungsbedarf für die Führungskraft (Abbildung 3). Die Kunst ist es, je nach Aufgabe und Mitarbeiter zu entscheiden, welche Form des Führens die beste ist.

Beauftragen/Delegieren Rolle der Führungskraft: Ratgeber. Fachliche Kompetenz und Engagement des Mitarbeiters sind hoch. Fokus: Aufgaben werden selbstverantwortlich übertragen. Der Mitarbeiter arbeitet in Eigenregie und greift bei Bedarf auf die Führungskraft als Ratgeber zurück. Veränderungsmanagement: Es ist keine Veränderung notwendig, er ist ein Mitarbeiter, wie ihn sich jede Führungskraft wünscht.

Motivieren Rolle der Führungskraft: Coach. Der Mitarbeiter ist fachlich kompetent, sein Engagement ist jedoch schwankend beziehungsweise schwach ausgeprägt. Fokus: Der Mitarbeiter steht im Mittelpunkt und muss für die Veränderung gewonnen werden. Der Vorgesetzte hört aktiv zu und spricht Wertschätzung aus. Veränderungsmanagement: Die Führungskraft begleitet den Mitarbeiter mit großer Beharrlichkeit, glaubt an ihn und die Veränderung.

Unterstützen Rolle der Führungskraft: Experte. Das Engagement des Mitarbeiters ist hoch, seine Kompetenz eher gering. Meist hat der Mitarbeiter wenig Berufserfahrung oder ist neu im Team. Fokus: Die Wissensvermittlung steht im Vordergrund, sodass der Vorgesetzte noch den größten Teil der Vorgehensweise und des Inhaltes vorgibt. Veränderungsmanagement: Engagierte Mitarbeiter mit geringen Fachkompetenzen lassen sich konsequent entwickeln.

Lenken Rolle der Führungskraft: eng führen. Aufgabe und Kompetenz des Mitarbeiters stehen im Vordergrund, da beides tendenziell schwach ausgeprägt ist. Das Team »leidet« häufig unter diesen wenig leistungsorientierten Kollegen. Fokus: Der Vorgesetzte gibt vor, was, wie, wann und wo erledigt werden soll und kontrolliert regelmäßig Inhalt und Qualität des Outputs. Veränderungsmanagement: Auch langfristig lassen sich solche Mitarbeiter in der Regel nur schwer zu Veränderungen im Team motivieren.

Warum auch Delegieren gelernt sein will

Gerade weil Führungskräfte häufig wissen, dass ihr Team nicht nur kompetente und engagierte Mitarbeiter aufweist, neigen sie dazu, zu viele Dinge selbst zu erledigen. Natürlich tun sie diese Aufgaben auch gerne und reden sich damit heraus, dass Delegation zu viel Zeit koste und dass sich keiner im Thema so gut auskenne wie sie selbst. Dieses Nicht-Loslassen wirkt sich jedoch nicht nur negativ auf die Motivation im Team aus, sondern es kann auch das gesamte Unternehmen teuer zu stehen kommen, weil die Führungsriege vor lauter Tagesgeschäft strategische Aufgaben aus den Augen verliert. Unsere Erhebungen bei Trainings und Coachings ergeben, dass fast jeder Manager etwa einen Tag pro Woche mit Aufgaben verschwendet, die er problemlos delegieren könnte. Führung und Strategie kommen da zu kurz. Produktivität im Management bedeutet in der heutigen schnelllebigen Zeit, sich auf seine Kernaufgaben zu konzentrieren und Fachliches konsequent an Mitar-

Aufgabentyp	Was tun?
Routineaufgaben wie Recherchen, Reisekostenabrechnung oder Postbearbeitung	unbedingt delegieren
einfache Einmalaufgaben wie Kostenaufstellungen, Statistiken, Erstellen von Präsentationsunterlagen	delegieren
komplexe Einmalaufgaben wie Erstellen von Projektplänen, Standardverträgen oder Reports	teilweise delegieren, teilweise selber machen
Formulieren komplexer Kernaufgaben und Überprüfen von Bereichs- und Abteilungszielen	selber machen

Kompetenz und Engagement des Mitarbeiters	Vorgehen der Führungskraft
geringe Kompetenz und wenig Engagement = lenken	detaillierte Anweisungen geben und die Ausführung regelmäßig überwachen
geringe Kompetenz und viel Engagement = unterstützen	detailliertes fachliches Input, im vereinbarten Arbeitsfortschritt kontrollieren
hohe Kompetenz und wenig/schwankendes Engagement = motivieren	Zielsetzung festlegen, Hintergründe und Zusammenhänge emotional ansprechen und Aufmerksamkeit schenken
hohe Kompetenz und sehr viel Engagement = beauftragen/delegieren	gewünschtes Ergebnis mit Hintergrundinformationen erklären, der Mitarbeiter bekommt die Kompetenzen und Verantwortung für die gesamte Ausführung

beiter zu delegieren. Denn eine Führungskraft ist dafür verantwortlich, das Talent des Mitarbeiters in Leistung zu übersetzen.

Als Berater beobachten wir häufig folgendes Verhalten: Statt durch effektive Delegation für konsequente Arbeitsabläufe und Zuständigkeiten im Team zu sorgen, agieren Manager wie viele Führungsgenerationen vor ihnen: Sie delegieren unpräzise, sie schauen zu lange hin, wenn Regeln und Standards nicht eingehalten werden und dulden, dass ihre »Hochleister« im Team Arbeit für zwei übernehmen.

Es gibt also ausreichend gute Gründe, mehr Arbeit zu delegieren. Das Übertragen von Aufgaben ermöglicht nicht nur eine Konzentration der Führungskraft auf die strategischen Aufgaben und Führungsverantwortung. Delegation bedeutet auch, dass Vorgesetzte Mitarbeiter fördern und fordern. Und das ist der Motor für Arbeitszufriedenheit des Einzelnen und erhöht seine Bindung an das Unternehmen.

Idealerweise gibt die Führungskraft beim Übertragen einer Aufgabe an den Mitarbeiter die Handlungsverantwortung ab und behält die

Führungsverantwortung. Fühlen sich Führungskräfte jedoch in vielen Bereichen unersetzlich, erleben wir in unserer Arbeit vor Ort immer wieder, dass Handlungsverantwortung mit Führungsverantwortung gleichgesetzt wird. Wer sich schwer tut mit Delegation, findet in der Übersicht auf Seite 25 einige Aufgaben, die gut delegiert werden können.

Verknüpft die Führungskraft diese Aufgaben je nach Kompetenz und Engagement mit klaren Instruktionen, wird die Wirkung der Delegation potenziert (siehe Übersicht auf Seite 26).

Dritter Aspekt von Führung: Die Organisation führen durch Ziele

Ein Unternehmen sollte seine Führungskräfte durch Ziele, Visionen oder Leitbilder positiv unterstützen. In vielen Unternehmen ist das Führen durch Ziele zwar schon eingeführt, aber noch nicht verinnerlicht worden. Darum ist das Herunterbrechen der Ziele auf Abteilungen und Mitarbeiter in vielen Firmen auch eher eine »Alibihandlung« mit wenig Wirkung. Wenn Ziele nicht konsequent von oben nach unten kommuniziert werden, können Führungskräfte mächtig unter Druck geraten, denn unklare Ziele bedeuten weniger Produktivität. Aber es gibt Hoffnung: Denn wo wenig vorgegeben wird, ist oft Spielraum für Gestaltung.

Aktive Führungskräfte nutzen diese Spielräume und Entwicklungschancen im eigenen Bereich, um das Vakuum, das schwammige Unternehmensziele mit sich bringen, durch Team- beziehungsweise Mitarbeiterziele zu füllen. Wie das funktionieren kann, machen uns unsere Kunden immer wieder vor. Sie nutzen ganz konkrete Maßnahmen – wie die Erarbeitung einer gemeinsamen Ablagestruktur oder das Erstellen einer E-Mail-Netiquette (Anregungen zu diesen beiden Themen finden Sie in den Kapiteln 2 und 3) –, um das Unternehmensziel »transparente Prozesse« und »effektive Kommunikation« zu operationalisieren.

Beim Aufsetzen von Teamprojekten oder teamspezifischen Optimierungsprozessen ist es entscheidend, Wirkung und Machbarkeit im Auge zu behalten und sie in den Arbeitsalltag zu integrieren. Wir arbeiten mit unseren Kunden gerne mit SMART-Zielen, weil sich diese Form der Zielformulierung für die meisten als hilfreich erwiesen hat. Die fünf Buchstaben stehen für:

- ▪ **S** pezifisch, das heißt so konkret und präzise wie möglich;

- ▪ **M** essbar, also überprüfbar;

- ▪ **A** kzeptiert und aktionsorientiert, in Form einer Liste notwendiger Aufgaben, die von allen akzeptiert wird, um das Ziel zu erreichen;

- ▪ **R** ealistisch, also erreichbar, auch wenn es Schwierigkeiten gibt;

- ▪ **T** erminierbar, das heißt Ziele haben immer feste Zwischen- und Endtermine.

SMART-Ziele bewirken, dass Führungskraft und Team ergebnisorientiert und selbstbestimmt arbeiten können. Denn erst wenn klare Ziele festgelegt sind, können auch Prioritäten gesetzt und richtige Aktivitäten ausgelöst werden. Nutzen Sie dieses Wissen, um Ihr Team und Ihre Organisation effektiv zu führen. Ein besonderes Augenmerk sollten Sie als Führungskraft insbesondere auf die Akzeptanz richten, denn ohne die notwendige Akzeptanz im Team für eine Veränderung oder ein Projekt ist die Umsetzung gefährdet (mehr dazu in Kapitel 7).

Die Ergebnisse guter Führungsarbeit: Wertschöpfung und Motivation durch Standards

Wir empfehlen, wertschöpfende »Prozessoptimierung« als wichtigstes Ziel für Standardisierung in den Zielkatalog jeder Abteilung mit aufzunehmen. Wie das sinnvoll geschehen kann, lesen Sie im vierten Kapitel dieses Buches. Standards helfen zum einen, Doppelarbeiten zu vermeiden, sodass nicht mehrere Personen an der gleichen Aufgabe arbeiten. Zum anderen dienen einheitliche Vorlagen und Checklisten der Wertschöpfung. Hat zum Beispiel ein Projektleiter eine Vorlage zum Abarbeiten von Projekt-Meilensteinen erstellt, sollte diese – abgestimmt mit allen Beteiligten – auch als führendes Werkzeug in der Projektarbeit genutzt werden.

Lohnende Standards zu identifizieren ist relativ einfach. Diese jedoch erfolgreich und wirksam zu implementieren, ist echte Führungsarbeit. Dort, wo Regeln aus emotionalen Gründen nicht akzeptiert und eingehalten werden, fängt Führung an. Eine ablehnende Haltung gegen Standards sieht häufig so aus: »Ist es wirklich notwendig, die Mitarbeiter auf Erfolgsrezepte, Regeln und Standards festzunageln? Das sind doch alles Fachleute, die sich durch Vorgaben gegängelt fühlen«. Unsere Erfahrung zeigt, dass viele Vorgesetzte den letzten konsequenten Schritt hin zu einer verbindlichen und standardisierten Form der Organisationsführung ungern wagen.

Der Zusammenhang zwischen persönlicher Effektivität und Effektivität in der Gruppe wird häufig nicht gesehen. Auch wenn jeder einzelne Mitarbeiter für sich gut organisiert ist, ist deshalb die Gruppe als solche nicht unbedingt produktiv. Und die Spezialisierung von Mitarbeitern in den jeweiligen Teams nimmt durch komplexe Aufgaben und die Technisierung der Arbeitsplätze immer stärker zu. Da kann nicht jeder – wie früher – den Kollegen zu 100 Prozent »blind« vertreten. Darüber hinaus haben gerade Spezialisten immer wieder Systematiken, die von Kollegen meist nicht verstanden werden und eine sichere Stellvertretung erschweren. Hier bedarf es einer Standardisierung.

Diese Spezialisten und Hochleister haben zu bestimmten Themen zudem oft informell das Sagen. Manche Führungskräfte haben daher Bedenken, dass es immer wieder die gleichen Mitarbeiter sein könnten, die die Prozessoptimierung »aussitzen« und damit das Gesamtprojekt gefährden. In Kapitel 5 erfahren Sie, wie Sie solche Mitarbeiter durch konsequente Kommunikation einfangen.

Viele Führungskräfte wissen schlichtweg nicht, wie sie das Thema Standardisierung von Prozessen im Büro sinnvoll angehen sollen. Viele Versuche, Erfolgsstrategien wie Six Sigma oder Kaizen aus der Produktion auf den Verwaltungsbereich zu übertragen, sind fehlgeschlagen. Hier bedarf es einiger Vorarbeit, um die Thematik anzupassen und die Akzeptanz der Mitarbeiter zu gewinnen. Das Aushandeln und Entwickeln von Standards auf Organisations- und Teamebene ist ein konfliktträchtiger und zeitraubender Veränderungsprozess, da niemand auf Knopfdruck nach dem neuen Schema funktioniert. Hier sind Sie als Führungskraft gefragt, denn »steter Tropfen höhlt den Stein«.

Warum Standardisierung wichtig ist

Sollte sich eine Führungskraft also tatsächlich auf so dünnes Eis begeben? Wir antworten nach vielen erfolgreichen Standardisierungsprojekten mit einem uneingeschränkten »Ja«. Denn Standards sind eng verknüpft mit einem Verhaltenskodex, und der ist Leitfaden und Anreiz für jede Person im Team, auf dessen Einhaltung zu achten. Das trifft natürlich auch auf Sie als Führungskraft zu, denn als »Veränderungsmanager« stehen Sie unter besonderer Beobachtung. Ermutigen Sie daher Ihre Mitarbeiter, Sie darauf aufmerksam zu machen, wenn Sie selbst sich nicht an abgesprochene Abläufe halten.

Hier ein praktisches Beispiel dazu: In der gemeinsamen Ablagestruktur sind alle Kundenordner auf dem gemeinsamen Laufwerk nach dem gleichen Prinzip organisiert. Alle aktuellen Kundenaktivitäten können ohne störende Rückfragen bei Kollegen oder Mitarbeitern abgerufen werden, und Informationen zum Beispiel fürs Reporting müssen nicht mehr aufwändig eingefordert werden. Das reduziert Blindleistung und spart Zeit. Und Ihre Mitarbeiter müssen Ihnen nicht ständig aktualisierte Dateien schicken, die sowieso schon in der neuesten Fassung in der Ablagestruktur gespeichert sind.

Entscheidet der Vorgesetzte, dass eine Regelkommunikation sinnvoll ist, und sind klare Besprechungsregeln wie regelmäßige Teilnahme, Protokollführung und Redezeit vereinbart, dann kann sich jeder im Team auf diese Vereinbarung beziehen, wenn das Meeting mal wieder zugunsten von Dringlichem verschoben wird. Sie sollten das Team bestärken, eine Regelkommunikation auch durchzuführen, wenn Sie selbst einmal verhindert sind (mehr dazu in Kapitel 5).

Im Idealfall sorgen Standards nicht nur für Struktur, sondern unterstützen auch den Teamgedanken und die Bereitschaft, Wissen zu teilen. In der »Außenwirkung« Ihres Teams zeigen Standards zudem, was das Team leistet, bei Audits wird Qualität demonstriert und damit zum »Markenzeichen«.

Standards und Best Practices sind ein direkter Beitrag für die Wertschöpfung jeder Abteilung und des gesamten Unternehmens und damit ein nachhaltiges und wirkungsvolles Führungstool. Mitarbeiter können von ihren Vorgesetzten Orientierung erwarten, denn durch die zunehmende Informationsüberflutung ist in vielen Teams ein effizientes Arbeiten überhaupt nicht mehr möglich. Führungskräfte sind vielerorts nur noch dabei, »Feuer zu löschen« – Konzept- und Strategiearbeit kommen dadurch zu kurz. Standards sind natürlich auch Ihr Diagnose- und Führungstool, um »veränderungsresistente« Mitarbeiter enger zu führen. Mithilfe der Checkliste 3 am Ende des Buches können Sie für jeden Mitarbeiter einen Entwicklungsbogen erstellen und Ihren Führungsstil darauf abstimmen.

Veränderungsmanagement

Im unserem Buch erfahren Sie, wie Sie als Führungskraft mit Ihrem Team in kleinen, umsetzbaren Schritten Strategien für ein effektives Selbst- und Informationsmanagement entwickeln. Nutzen Sie die Anregungen in den folgenden Kapiteln:

Kapitel 2 Schaffen Sie die Voraussetzungen für eine effiziente und transparente Selbstorganisation bei sich selbst und im Team. Ein guter Aufhänger dafür ist die Neuorganisation der gemeinsamen Ablage.

Kapitel 3 Etablieren Sie mit einheitlichen E-Mail-Regeln (Netiquette) eine effektive Kommunikation im Team, und reduzieren Sie den internen E-Mail-Austausch.

Kapitel 4 Identifizieren Sie gemeinsam mit Ihren Mitarbeitern Ihre Effizienzkiller. Wahrscheinlich werden zunehmende Störungen, »Unvorhergesehenes« und der Mangel an Planbarem an erster Stelle stehen. Prüfen Sie, welche realistischen Möglichkeiten Sie haben, diese durch klare Absprachen und Verhaltensregeln in der Gruppe in den Griff zu bekommen.

Kapitel 5 Analysieren Sie mit Ihrem Team die Effektivität der Projektarbeit und die Effizienz von Prozessen. Es lohnt sich, von der Metaebene in das jeweilige Team selbst »hineinzufühlen«. Nur so finden

Sie heraus, wo es an den Schnittstellen hakt oder keine klaren einheitlichen Vorgehensweisen gibt.

Kapitel 6 Sorgen Sie für eine bessere Kommunikation im Team, indem Sie kritisch Ihre eigenen Kommunikationsfähigkeiten hinterfragen. Sorgen Sie für mehr Stabilität durch Kommunikation und beleuchten Sie, wie effizient Ihre Meetings und Besprechungen tatsächlich sind.

Kapitel 7 Erkennen Sie, welchen Reifegrad Ihr Team hat, und schaffen Sie Qualität und Nachhaltigkeit. Setzen Sie die Vorgaben im Unternehmen mit Kleinprojekten um, die direkten Nutzen stiften und die Akzeptanz im Team fördern.

Casestudy

Praxisinterview mit Herrn F., Bereichsleiter

Kunde: Multinationales Institut
Branche: Investment-Banking
Beratungs- und Coaching-Design: Auftaktgespräch mit der Führungskraft und der Sekretärin, anschließend zweistündige Coachings in immer größeren Abständen
Zeitlicher Verlauf: Prozessbegleitung über acht Monate

»Herr F., wie kam es dazu, dass Sie sich für eine professionelle Begleitung entschlossen haben, die sich den drei Aspekten ›Selbststeuerung‹, ›Mitarbeiterführung‹ und ›Führen der Abteilung‹ widmet?«

»Es gab da einen Punkt, wo ich als Neuer im System – ich war damals gerade wenige Monate auf dieser Stelle – gemerkt habe: Jetzt musst du etwas in Bewegung bringen. Und ich wollte in jedem Fall bei mir selbst anfangen, denn ich war kurz davor, den Überblick zu verlieren ...«

» *Was waren Ihre Ziele?* «

»Mein größter Wunsch war es, mein Mikromanagement – also die ganzen administrativen Tätigkeiten – auf ein Minimum zu reduzieren. Vorgabe meinerseits war es, gemeinsam mit meiner damaligen Sekretärin ein transparentes, aber schlankes Organisationssystem aufzubauen, das mir mehr Zeit für meine Führungsaufgaben lässt.«

» *Was war an dieser Situation die besondere Herausforderung?* «

»Ich möchte Ihnen nicht verheimlichen, dass ich zum damaligen Zeitpunkt mit meinem Latein schon ziemlich am Ende war, weil sich die Zusammenarbeit mit meiner »geerbten« Sekretärin als schwierig herausstellte.«

» *Wie genau sind Sie die Sache angegangen?* «

»Ich habe auf Empfehlung einer Kollegin eine externe Beraterin engagiert, die mich und meine Sekretärin über einen Zeitraum von acht Monaten begleitet hat. Das war zum damaligen Zeitpunkt schon recht ungewöhnlich, weil keiner meiner Managementkollegen sich eine solche Unterstützung – insbesondere gemeinsam mit der eigenen Sekretärin – ins Haus geholt hatte.«

» *Wie müssen wir uns das vorstellen?* «

»In einem ersten Gespräch haben wir gemeinsam unsere Wünsche formuliert und Effizienzkiller im Arbeitsalltag identifiziert. Im Anschluss hat die Beraterin einen Zeitplan aufgestellt und die Themenschwerpunkte mit uns vereinbart. In kleinen Coaching-Einheiten habe ich zunächst meinen Schreibtisch, meine wöchentlichen Mitarbeitergespräche und die täglichen Arbeitsabläufe mit dem Sekretariat optimiert. Später sind wir dann an die gemeinsame E-Mail-Bearbeitung und Kalenderpflege gegangen, um mir den Rücken für Eigenarbeit freizuhalten.«

» *Wie ist die Sache ausgegangen?* «

»Mir ist im Nachhinein klar geworden, dass zwischen mir und meiner Sekretärin vieles unausgesprochen war. Ich war eine andere erfolgreiche Zusammenarbeit gewöhnt, sie hatte schon viele Chefs vor mir gehabt. Wahrscheinlich wussten wir beide, wie es geht, haben aber nicht den richtigen Weg zueinander gefunden. Schließlich haben wir ja dann doch noch die Kurve erfolgreich gekratzt, und das hält bis heute an.«

» Wie beurteilen Sie heute Ihre Entscheidung?«

»Sich selbst kritisch zu hinterfragen und das in Form eines persönlichen Coachings auch tatsächlich zu professionalisieren, ist bei vielen Führungskräften immer noch nicht hoffähig. Ich bin froh, dass ich diesen Weg für mich gegangen bin.«

Fazit

Erster Aspekt von Führung: Sich selbst führen

1. Jede Veränderung sollte von Ihnen als Führungskraft selbst »gelebt« und aktiv mitgestaltet werden. So stehen Sie authentisch für Werte und Standards ein, die Sie von Ihren Mitarbeitern einfordern.

2. Als Führungskraft sollten Sie nicht der Illusion erliegen, dass Sie unbequeme Führungsaufgaben an externe Coaches oder Berater »delegieren« können. Das ist Ihr Job.

3. Die Optimierung aus eigener Kraft mit zeitweiliger Unterstützung externer Profis ist ein erfolgreiches Rezept. So können Sie mit Stärken und Schwächen im Team sachlich und offensiv umgehen.

4. Bevor Sie als Führungskraft handeln, sollten Sie sich vorher bewusst machen, in welcher Rolle (Experte, Vorgesetzter, Mitarbeiter) Sie gerade unterwegs sind – insbesondere dann, wenn es nicht Ihre Lieblingsrolle ist.

5. Es ist hilfreich zu wissen, welche Rollenerwartungen mit Ihrer Rolle verknüpft sind. Nutzen Sie dazu die Checkliste 2 auf Seite 249.

6. Schärfen Sie Ihre Wahrnehmung, und nehmen Sie sich bewusst Zeit für regelmäßige Selbstreflexion (Welche Rolle habe ich eingenommen? Wel-

che war angesagt?) und Eigenfeedback. Wenige Minuten pro Tag reichen da schon aus.

Zweiter Aspekt von Führung: Mitarbeiter führen

1. Orientieren Sie sich bei jeder neuen Aufgabe an den Kompetenzen und dem Engagement Ihres Mitarbeiters.

2. Definieren und reflektieren Sie Ihre eigene Rolle (Coach, Experte). Dabei hilft Ihnen die Checkliste 2 am Ende des Buches.

3. Fördern und fordern Sie den gemeinsamen Austausch über die gemachte Erfahrung. Bewerten Sie dabei nicht den Mitarbeiter selbst, sondern dessen Leistung.

4. Trauen Sie sich, aktiv und konsequent zu delegieren, indem Sie sich klarmachen, was Ihre Kernaufgabe ist und welche Aufgaben sich effizienter von Ihren Mitarbeitern erledigen lassen. Nutzen Sie hierzu die Checklisten 6 bis 8 am Ende des Buches.

5. Unterscheiden Sie zwischen Handlungs- und Führungsverantwortung, das erleichtert das »Loslassen«. Überlegen Sie: »Wofür bin ich verantwortlich, wann muss ich mich wieder einschalten, was ist der Job meines Mitarbeiters dabei?«

6. Definieren Sie Ihre Rolle klar, je nachdem, ob Sie leiten, lenken oder motivieren. Nutzen Sie hierzu die Checkliste 3 am Ende des Buches.

7. Bauen Sie ein transparentes und verlässliches Wiedervorlagesystem für delegierte Aufgaben auf. Anregungen dazu finden Sie in Kapitel 2 und 3.

Dritter Aspekt von Führung: Die Organisation führen durch Ziele

1. Sind Unternehmensziel, Vision und Leitbild klar, prüfen Sie, ob die Botschaft tatsächlich in Ihrer Abteilung oder Ihrem Team angekommen ist. Machen Sie den Test! Fragen Sie Ihre Mitarbeiter, was sie »verstanden, gehört oder gelesen« haben.

2. Sind die Ziele Ihres Bereiches klar, machen Sie sie zu den Zielen Ihrer Mitarbeiter. Schauen Sie sich dazu die Checkliste Nr. 26 an.

3. Sind die Ziele unklar, nutzen Sie die Spielräume und operationalisieren Sie gemeinsam mit Ihren Mitarbeitern team- und abteilungsspezifische Projekte und Optimierungen, und machen Sie klare Ziele daraus.

4. Nutzen Sie die Checklisten 4 und 5, um dauerhaft einen Überblick über Ihre eigenen Ziele zu behalten.

5. Schaffen Sie die Voraussetzungen für ein effizientes und transparentes Selbstmanagement bei sich selbst und im Team.

6. Schauen Sie mit Ihrem Team auf Ihre Prozesse. Es lohnt sich, von der Metaebene in das jeweilige Team selbst »hineinzufühlen«. Nur so finden Sie heraus, wo es an den Schnittstellen hakt oder keine klaren einheitlichen Vorgehensweisen da sind. In Kapitel 5 bekommen Sie wertvolle Hinweise zur Prozessoptimierung im eigenen Bereich.

7. Sorgen Sie für eine bessere Kommunikation im Team, indem Sie kritisch mit den Mitarbeitern beleuchten, wie effizient Ihre Meetings und Besprechungen tatsächlich sind. Mehr darüber lesen Sie in Kapitel 6.

8. Sorgen Sie für erreichbare Teamziele, indem Sie das, was es an Vorgaben im Unternehmen gibt, in Form eines Kleinprojektes umsetzen, das direkten Nutzen stiftet (E-Mail-Netiquette, einheitliche Dokumentenstruktur ...).

2.

Geordnete Datenstrukturen

»Wissen ist Macht.«

Sir Francis Bacon

Wissen ist für Unternehmen der Erfolgsfaktor Nummer eins. Laut dem Bundesministerium für Wirtschaft macht der Faktor Wissen heute etwa 60 Prozent der Gesamtwertschöpfung eines Unternehmens aus – mit steigender Tendenz. Doch die Erkenntnis, dass »Wissenssicherung« erste Priorität haben sollte, ist in vielen Unternehmen immer noch nicht angekommen.

Finden statt suchen

Wissen ist stark verknüpft mit Datenstrukturen, Ablageorten, der Ablagesystematik und der Frage, wie Menschen diese Systeme anlegen und pflegen. Allzu häufig wird die Vielfalt dieses Themenkomplexes nicht erkannt, sondern stattdessen der Lösungsweg zu einer effektiven Datenverwaltung in Budgets für neue IT-Investitionen gesucht. Dies ist aber meist zu kurz gedacht und nicht nachhaltig erfolgreich. Dabei ist eine solide Wissensorganisation die Grundlage für Risikominimierung (Risk Management) und die Aufrechterhaltung der Geschäftsfähigkeit (Business Continuity) – und damit Chefsache.

Die Komplexität der Wissenssicherung und die Anforderungen daran sind in den letzten zehn Jahren durch die Fortschritte in der elektronischen Datenverarbeitung (EDV) stark gestiegen. Das betrifft auch die Mitarbeiter: Wurden sie früher noch dafür gelobt, wenn sie ohne schriftliche Dokumentation Sachverhalte erinnern konnten, heißt es heute: »Bitte dokumentieren Sie Ihr Wissen schriftlich.« Viele Mitarbeiter haben mit diesen Anforderungen große Schwierigkeiten, weil nicht alle gleichermaßen über das nötige technische Know-how verfügen, sie ihre

Arbeitsweise nur schwer umstellen können oder ihnen die Notwendigkeit dieser Umstellung nicht einleuchtet. Auch besteht oft unbewusst die Befürchtung, durch dokumentiertes Wissen selbst zu transparent und somit ersetzbar zu werden.

In Zeiten der elektronischen Datenverarbeitung gibt es ein weiteres Problem: Ist die Ablagesystematik nicht einheitlich organisiert und abgebildet, dann sind Daten und Informationen – immerhin der hauptsächliche Wertschöpfungsfaktor – nirgends einheitlich abrufbar und komplett in einer Akte vorhanden, sondern sind verstreut in Papierunterlagen, persönlichen Laufwerken, auf der Festplatte, in Teamlaufwerken, dem Enterprise Resource Planning (ERP), der Archivierungs-Software sowie in persönlichen Ordnern in MS Outlook, Lotus Notes oder GroupWise.

Obwohl Daten besonders in Großunternehmen nach unseren Beobachtungen zu einem großen Anteil (oft bis zu 90 Prozent) elektronisch verfügbar sind, werden sie nicht konsequent elektronisch abgelegt. Der Wunsch nach einem gemeinsamen Wissenspool, in dem die Arbeitsstände aller Projekte abrufbar sind, ist zwar vorhanden, aber die vielschichtige IT-Landschaft und das heterogene Ablageverhalten der Mitarbeiter lassen Transparenz in der Regel nicht zu. Auf der persönlichen Arbeitsebene führt dies dazu, dass Mitarbeiter selbst entscheiden, was sie wo ablegen. So stellen wir in unseren Coachings immer wieder fest, dass Mitarbeiter selbst erstellte Unterlagen gerne in ihrem persönlichen Laufwerk oder sogar auf der Festplatte ablegen. Gemeinsame elektronische Teamlaufwerke sind zwar existent und Mitarbeiter legen dort auch Daten ab, aber sie arbeiten in ihrem persönlichen Laufwerk und »schieben« nur von Zeit zu Zeit Dokumente auf das Teamlaufwerk und »veröffentlichen« sie damit. So bleibt Wissen häufig Privatsache.

Trotz einer »Elektrifizierung der Unterlagen« bevorzugen viele Menschen Papier. Aus der Praxis wissen wir, dass hier meist der gleiche Zustand herrscht wie in der EDV: Papierne Teamablagen sind allzu häufig nicht gepflegt, weil Mitarbeiter diesen Ablageorten nicht vertrauen. Sie gehen lieber auf Nummer sicher und legen sich zusätzlich eine persönliche Akte am Schreibtisch an. Wenn wir Umzugsprojekte betreuen, in denen es oft um einen organisatorischen Neuanfang für mehrere Hundert Mitarbeiter geht, erfahren wir durch Gespräche mit den Beteiligten, dass die wenigsten Menschen auch nur annähernd papierlos arbeiten wollen. Hier stehen wir dann vor der Aufgabe, Schrankwände voll unnötigem Papier auf eine überschaubare Ablagemenge am eigenen Arbeitsplatz zu reduzieren. Selbst wenn Unternehmen im neuen Büro zum Beispiel acht laufende Meter Papierablage pro Mitarbeiter vorsehen – die wir als Fachleute für ausreichend halten –, erzeugt diese Beschränkung in der Papiermenge bei den Mitarbeitern erst einmal große Bedenken: Der Platz könnte nicht reichen!

Das Dilemma ist, dass sich in der Regel niemand im Unternehmen ganzheitlich mit dem Thema Papierreduzierung und elektronische Dokumentenverwaltung auskennt. Und wo keine Abteilung ganzheitlich verantwortlich ist, führt das schnell zu einem unverantwortlichen Umgang mit Dokumenten. Notwendige Entscheidungen werden verschleppt und Abteilungen unterstützen sich nicht, sondern konterkarieren die Bemühungen der Kollegen. Ein Beispiel: Fällt die Fachabteilung eine Entscheidung über elektronische Datenablagen, stellt ihr die IT teilweise nur einen sehr beschränkten Speicherplatz zur Verfügung. Wird die IT-Abteilung um ganzheitlichen Rat gebeten, hat sie nur technisches Know-how und delegiert die Frage »Was muss wie archiviert werden?«zu Recht wieder an die Abteilung zurück. So werden Entscheidungen vertagt, es bleibt vieles beim Alten oder es entstehen Insellösungen, die aufwändig in Fachabteilungen »gestrickt« werden und zusätzliche Mitarbeiterkapazitäten und Investitionen verursachen.

Warum gibt es das Problem? Nichts ist schwieriger, als Individuen von einer gemeinsamen Teamablage zu überzeugen. Denn fast jeder Mensch hat sich mit seinem eigenen System, auch wenn es chaotisch ist, arrangiert, und sieht nicht ein, warum er sich in gemeinsame Ablagen »eindenken« und ihnen unterordnen sollte. Daher üben wir mit unseren Kunden den berühmten »Blick über den Tellerrand«. Das geht in der Regel nur Schritt für Schritt, denn viele Mitarbeiter befürchten, fremde Strukturen oktroyiert zu bekommen. Die Argumente gegen eine gemeinsame Wissensverwaltung sind diese:

■ »Das ist zu aufwändig.«

■ »Das ist nicht auf meinen Arbeitsplatz zugeschnitten.«

■ »Dateien könnten von anderen gelöscht oder verändert werden.«

■ »Meine Daten interessieren andere Personen/Abteilungen nicht.«

Die Führungskraft als Gestalter des Veränderungsprozesses steht hier vor einer großen Herausforderung. Der Erfolg wird sich dann einstellen, wenn sich die Führungskraft selbst zu dem Projekt »Restrukturierung der Ablage« bekennt. Allzu häufig finden wir jedoch das Denken im Management, Ablagen seien C-Priorität! Folgender Satz wird zwar selten ausgesprochen, schwingt aber in vielen Gesprächen mit: »Was glauben Sie, was meine Kollegen aus dem Vorstand dazu sagen, wenn ich hier mit meinem Team die Ablage restrukturiere?«

Weitere klassische Fehleinschätzungen sind, dass man die Reorganisation der Teamablage an das Sekretariat delegieren könne oder dass nach einer ISO-Zertifizierung Standards in der Dokumentenverwaltung automatisch fortgeführt werden. Besonders diese letzte Annahme ist zum Scheitern verurteilt: Da viele Ablagen nach ISO-Standards von einzelnen Mitarbeitern nicht mitentwickelt wurden, entstehen Monstermodelle, die im Arbeitsalltag nicht hilfreich sind. Ein weiterer wichtiger Grund für eine einheitliche Ablagesystematik ist die Sicherstellung von Daten und Wissen von Teammitgliedern, die aus dem Unternehmen ausscheiden.

So werden Wissen und Know-how professionell erfasst

»Wissen ist das einzige Gut, das sich vermehrt,
wenn man es teilt.«

Marie von Ebner-Eschenbach

Teamwissen ist ein strategischer Erfolgsfaktor fürs Unternehmen. Sie als Führungskraft sind dafür verantwortlich, dass Ihr Team klare Vorgaben zur Ablagesystematik bekommt. Viele Führungskräfte sind jedoch unentschieden, wann und wie sie das anpacken sollen. Wir empfehlen in unseren Coachings, die Entwicklung einer einheitlichen Datenstruktur gemeinsam mit dem Team aufzusetzen. Das verlangt von Ihnen als Führungskraft, das Ziel zu definieren und die schrittweise Optimierung der Ablagestruktur konsequent zu begleiten. Nur wenn das Team demokratisch an der Entwicklung beteiligt wird, entsteht ein nachhaltiges und verbindliches System. Gerade Mitarbeiter mit wenig Engagement erhalten so nicht nur klare Vorgaben, sondern auch Spielräume, in die sie sich einbringen können. Und mit den von allen Teammitgliedern gemeinsam verabschiedeten Standards – haben Sie nachher ein hervorragendes Führungswerkzeug. Natürlich gilt für eine transparente Ablage, dass auch Sie als Führungskraft sie nutzen, füllen und die vereinbarten Standards zuverlässig einhalten.

Die Streuung der Daten auf unterschiedlichen Plattformen wie Internet, Intranet, E-Mail-Accounts, Servern oder Dokumentenmanagementsystemen ist das eine Problem der Vereinheitlichung der Datenstrukturen. Das andere ist die Unkenntnis darüber, welche digitalisierten Daten mit Steuer- und Haftungsrelevanz trotzdem in Papier aufbewahrt werden sollten und wie eine elektronische Ablage Betriebsprüfungen, Audits und anderen rechtlichen Anforderungen ohne viel Zusatzaufwand genügt. Leider fehlt es gerade in diesem Punkt in vielen Unternehmen an Fachkompetenz: Welche Dokumente muss man noch in Papierform aufbewahren? Welche muss man digitalisieren? Wie muss man digitale Dokumente sichern?

Sie als Führungskraft sollten sich von der Komplexität des Themas jedoch nicht abschrecken lassen. Auf der Basis des Tagesgeschäftes lässt sich unter Mitwirkung der Mitarbeiter die Standardisierung der Ablage schrittweise zu einem Erfolgsmodell ausbauen. In einem ersten Schritt müssen Sie den Mitarbeitern vermitteln, dass die Daten, die ohnehin schon elektronisch vorhanden sind, in eine sinnvolle Ablageform gebracht werden. Dieser Standard erhöht die Produktivität im Team, erzeugt Verbindlichkeiten und ein Leitsystem für alle Teammitglieder. Auch die individuellen Arbeitsbereiche werden dabei gleichzeitig optimiert. Darüber hinaus werden Doppel- und Dreifachablagen abgebaut und Suchzeiten entscheidend verringert, und auch in Stellvertreter-Situationen werden Unterlagen schnell gefunden.

Die im Weiteren vorgestellten idealtypischen Ablagen dienen also nicht nur dazu, betriebswirtschaftlichen Nutzen durch die Reduzierung von Suchzeiten zu stiften, sondern sind auch eine Gewährleistung für die Führungskraft, dass die Daten im Sinne des Unternehmens gesichert und bereitgehalten werden. Daher sollten Sie als Führungskraft konsequent vorgeben, dass bei unvorhersehbarer Abwesenheit eines Mitarbeiters seine Stellvertretung Zugriff auf dessen Daten hat und das Team somit arbeitsfähig bleibt.

Aber warum ist das Thema »einheitliche Dokumentation« für viele Menschen so ein Reizwort? Fragen wir in den Gruppencoachings, warum Menschen so ungern ablegen, erhalten wir immer wieder folgende Antworten:

- ∎ »Ich habe schon dreimal versucht, eine Ablagestruktur zu entwickeln, und bin dann doch wieder beim Stapeln gelandet.«
- ∎ »Mein Arbeitsgebiet ist zu komplex, das passt in keine Ablagestruktur.«
- ∎ »Ich will mir nicht vorschreiben lassen, wie ich meine Unterlagen zu organisieren habe.«
- ∎ »Ich habe keine Zeit für Ablage, ich habe Wichtigeres zu tun.«

Der größte Hemmschuh beim Aufbau einer Ablagestruktur ist, dass die erste Strukturebene zu komplex gestaltet wird und man sich im Detail verliert. Ein Beispiel aus der Papierwelt: Ein Kunde räumt seinen Arbeitsplatz auf, findet eine Unterlage und ist sich sicher, den richtigen Ordner dazu im Schrank zu finden. Doch er stellt fest, dass er sich drei verschiedene Themenordner angelegt hat, in die diese Unterlage passen könnte. Das heißt, es gibt auf der obersten Ebene mindestens drei verschiedene Oberbegriffe, unter denen das Dokument abgelegt werden könnte. Das führt zu Verwirrung und Frust.

»Der richtige Ablageort muss innerhalb von 30 Sekunden gefunden werden«, sagen wir unseren Kunden. Sie schauen meist ungläubig angesichts der Unübersichtlichkeit in den elektronischen Laufwerken. Denn oft befindet sich allein auf der obersten Ordnerebene eine Ansammlung von über 100 Ordnern und Dateien. Das mag für den Einzelnen funktionieren – zumindest auf der elektronischen Ebene. Sobald aber mehrere Personen im gleichen System ablegen, ist dieser Einstieg in die Ablage zum Scheitern verurteilt. Daher braucht das Team im ersten Schritt Klarheit, welche Oberbegriffe führend sind. Wir empfehlen, mit wenigen Oberbegriffen auf der ersten Ebene zu beginnen. Diese Oberbegriffe sollten in allen Ablagen (Papier, Fileserver, E-Mail-Eingang) identisch sein, um Suchzeiten zu verringern.

Abbildung 4: Nutzen Sie Oberbegriffe für Ihre Ablagestruktur

Je nach Funktion des Teams sind zum Beispiel unter Produkte die Dienstleistungen aufgeführt, die für das Unternehmen erbracht werden. Bei Personalabteilungen sind das zum Beispiel die Personalentwicklung, die Personalbetreuung und das Personalmarketing. Sind diese Ebenen erst einmal definiert, ist es wichtig, die nächsten Ordnerebenen unter den einzelnen Oberbegriffen so standardisiert wie möglich festzulegen.

Unternehmen	Budget Organigramme Steuer aktuell
Personal/Mitarbeiter	Bewerbung Mitarbeitergespräche Urlaubsplanung
Marktinformationen	Konkurrenzbeobachtung Trendanalyse Benchmarketing
Kunden	Kunde A: – *Angebote* – *Korrespondenz* – *Rechnungen* Kunde B: ....
Produkte	Produkt A Produkt B Produkt C
Lieferanten	Lieferant A Lieferant B Lieferant C

Dieser Einstieg in die Ablagestruktur ist deshalb so gut, weil er durch die wenigen Oberbegriffe übersichtlich und einfach ist. Die Ablage ist so aufgebaut, wie das menschliche Gehirn arbeitet. Wenn man etwas erinnern will und es liegt lange zurück, dann »recherchiert« man zuerst auf der Metaebene: »War es eine Information aus dem alten oder dem neuen Team, war ich damals schon Führungskraft, könnte sie im Rahmen eines Projektes oder bei einem Kundenaudit entstanden sein?« Man erinnert immer mehr Einzelheiten, und das Thema ist auf einmal wieder präsent. Ist die Ablagestruktur ebenso klar aufgebaut, ist das Dokument schnell gefunden. Nach diesem Prinzip sollte Ihr Team auch die Ablagekategorien für die Unterordner definieren. Gleiche Vorgänge sollten auf alle Ebenen der Datenverwaltung – vom Schreibtisch bis zum Dokumentenmanagementsystem (DMS) – auch gleich benannt sein.

Der Schreibtisch und die Papierablagen

Trotz einer Welt, die sich papierloser verwalten möchte, sind die Schreibtische mit Papier überfüllt. Wir stellen in unseren Beratungen und Coachings immer wieder fest, dass die interne Papierpost in vielen Branchen bis zu 80 Prozent (Institut für Beratung und Training 2007) abgenommen hat, die Menge der täglichen Papierausdrucke jedoch zunimmt. Das hat mehrere Gründe:

■ Es wird ausgedruckt, weil lange Dokumente unkomfortabel am Computer zu lesen sind. Das ist in Ordnung. Es ist allerdings wichtig, sie auch elektronisch auffindbar und den Ausdruck bei Bedarf in einer Arbeitsmappe nach sinnvollen Oberbegriffen abzulegen.

■ Es wird ausgedruckt, weil man die Mailanhänge erst einmal durchsehen will, um dann eine Entscheidung zu fällen. Hier wäre es oft effektiver, am Bildschirm selbst durch Öffnen des Dokumentes zu entscheiden: »Brauche ich das oder brauche ich es nicht?« Dann wird entweder gelöscht oder abgelegt.

■ Teilweise müssen Unterlagen im Tagesgeschäft – besonders durch Insellösungen in der EDV – ausgedruckt werden, damit Vorgänge effektiv bearbeitet werden können. Hier gilt es zu entscheiden, was in Papier aufbewahrt werden muss.

■ Beim Zusammenspiel zwischen Vorgesetztem und Sekretariat/Assistenz können Ausdrucke Sinn machen, speziell, wenn der Vorgesetzte viel unterwegs ist.

Im ersten Schritt auf dem Weg zu einer transparenten Teamablage gilt es, einen Standard für die Papierberge am Einzelarbeitsplatz zu entwi-

Abbildung 5: So strukturieren Sie Ihre Papierunterlagen

80 Prozent der Papierunterlagen gehören in definierte Nachschlageakten und Archive. Der Schreibtisch selbst sollte mit Hängeregistern ausgestattet sein. Auf dem Schreibtisch können Ablagekörbe als sinnvolle »Schleusen« genutzt werden.

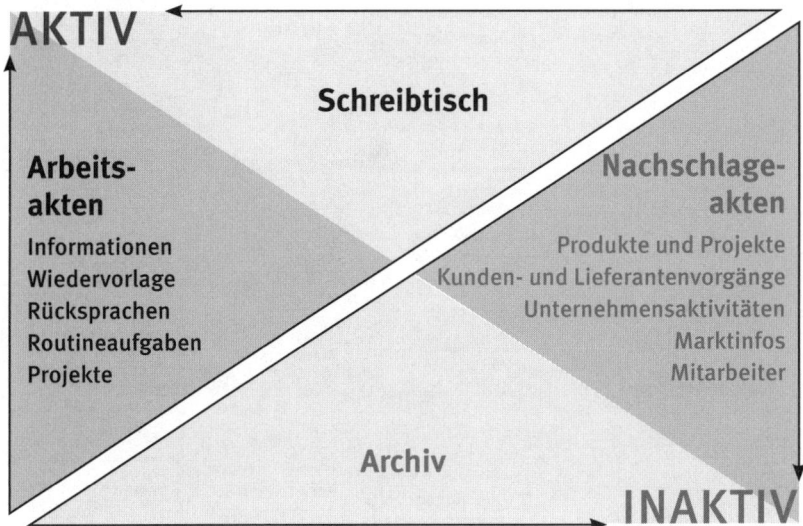

ckeln. Bei gleichen Arbeiten oder Prozessen sollte die Ablage an den Schreibtischen gleich sein. Da sich die Mitarbeiter aufgrund fehlender Vorgaben immer noch sehr individuell organisieren, ist es Ihre Aufgabe als Führungskraft, Vorgaben zu machen. Und die meisten Mitarbeiter wünschen sich das! In den Einzelcoachings hören wir immer häufiger: »Es wäre schön, wenn wir ein Leitsystem zur Ablage hätten.«

Standardisierung der Arbeitsakten

Am idealtypischen Arbeitsplatz gibt es keine Stapel auf dem Schreibtisch. Alle Aufgaben sind klar zugeordnet mit einem Oberbegriff versehen und zum Beispiel als Hängeregistratur angelegt. Hängeregister ha-

Abbildung 6: So strukturieren Sie Ihre Arbeitsakten

Hier sehen Sie (in schematischer Ansicht) eine übersichtliche Hängeregister-Struktur, die eine sofortige Zuordnung von Loseblatt-Unterlagen ermöglicht. Die aktuellste Seite sollte immer vorne sein.

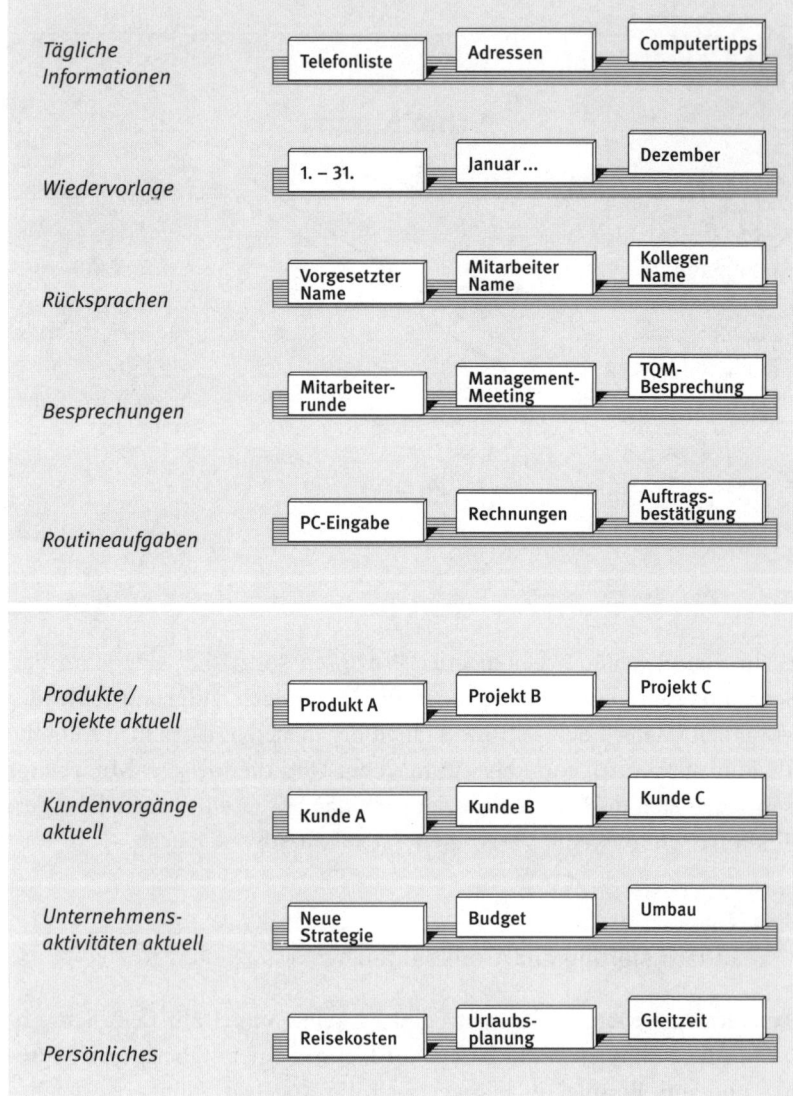

ben sich in der täglichen Arbeit bewährt und sind eigentlich nichts anderes als »senkrecht angeordnete Aufgabenmappen mit Beschriftung«. Dadurch ist in der Abteilung gewährleistet, dass in einer unvorhersehbaren Stellvertretung der Kollege auch die entsprechenden Papierunterlagen findet und sich nicht durch unbeschriftete Stapel oder Aktendeckel wühlen muss. Die Strukturierung (vgl. Abbildung 6 auf Seite 46) könnte wie folgt aussehen:

- Tägliche Informationen: täglich genutzte Infos, die griffbereit sein müssen;

- Wiedervorlage (WV): für Papier-Unterlagen, die zu bestimmten Terminen benötigt werden. Man kann über die WV auch seine Aktivitäten steuern, zum Beispiel notwendige Telefonate zum Projekt, neues Projekt prüfen oder Delegation kontrollieren. Empfehlenswerter ist jedoch die elektronische WV in MS Outlook, Lotus Notes oder in GroupWise;

- Rücksprachemappen für die wichtigsten Ansprechpartner (Vorgesetzter, Mitarbeiter, angrenzende Abteilung);

- Besprechungen: im Team, mit dem Führungskreis oder mit anderen Abteilungen;

- Routineaufgaben: zur Bündelung von immer wiederkehrenden Routinen wie Reporting, Rechnungen, Kontierung oder Einpflegen von Datensätzen;

- Produkte/Projekte: die aktuellen komplexeren Aufgaben, die abseits der Kernprozesse an diesem Arbeitsplatz bearbeitet werden;

- Kundenvorgänge: alle Unterlagen, die aktuell in Kundenprojekten anfallen und noch nicht abschließend bearbeitet sind;

- Unternehmensaktivitäten: haben meist Projektcharakter oder sind immer wiederkehrende Strategieprozesse;

- Persönliches: alles, was Sie persönlich an Ihrem Arbeitsplatz aufbewahren.

Nachschlageakten und persönliches Papierarchiv

Abseits vom Schreibtisch, in Schränken oder Sideboards, befinden sich die Vorgänge, die abgeschlossen sind oder nur alle paar Monate benötigt werden. Die Logik der Ordnerbeschriftung sollte den Oberbegriffen der Hängeregister und denen der elektronischen Ablage entsprechen. Nachschlageakten sind in der Regel in DIN-A4-Ordnern abgelegt und werden nur um Stehsammler für Zeitschriften und Broschüren ergänzt.

Wird die Ablagesystematik generell überarbeitet, stellt sich die Frage, inwieweit die papierne Teamablage die »führende« Akte bleiben soll. Unternehmen, in denen der Wunsch nach einer Digitalisierung der Teamablage und des Archivs besteht, sollten unbedingt eindeutige Kategorien für die Ablage definieren und Dokumente nicht willkürlich einscannen. Wer das Teamarchiv in Papier erhält, sollte sofort festlegen, dass die Altunterlagen nach Ablauf der gesetzlichen Aufbewahrungsfrist regelmäßig entsorgt und die Ordner mit dem »Verfalldatum« beschriftet werden. Beim Aufräumen unbegehbarer Archivräume, die wir häufig bei Kunden vorfinden, wird meist schon konsequent und mit viel Engagement die Spreu vom Weizen getrennt und Unmengen von Papier werden entsorgt.

Die elektronische Ablage

Wie bereits erwähnt, sind in der Regel weit mehr als 80 Prozent aller Dokumente im Büro elektronisch vorhanden. Wie soll man diese nun organisieren? Zwei Orte eignen sich für die Ablage zumindest schon mal nicht, nämlich die Festplatte und das persönliche Laufwerk des Mitarbeiters.

Ablage auf der Festplatte (C/D) Die Festplatte ist als Arbeitslaufwerk nicht zu empfehlen. Oft sind Menschen auf die Festplatte fixiert, wenn sie viel reisen oder im Außendienst tätig sind. Im Rahmen von Risikomanagement und Business Continuity ist es jedoch unverantwortlich, eine Speicherung auf C zuzulassen. Denn in der Regel erfolgt hier keine Datensicherung. Daher untersagen immer mehr Firmen das Speichern auf der Festplatte, um somit die elektronischen Ablage in gesicherten Laufwerken zu erreichen.

Ablage im persönlichen Laufwerk In den meisten Unternehmen erhält ein Mitarbeiter bei Neueinstellung ein persönliches elektronisches Laufwerk. Dieses ist nur für den Mitarbeiter freigegeben. Alle dort vorhandenen Daten werden in der Regel auf dem Server gesichert. Es hat sich eingebürgert, dass das persönliche Laufwerk für viele Mitarbeiter als Hauptspeicherort für Dateien genutzt wird. Das birgt jedoch Gefahren, denn persönliche Laufwerke haben privaten Status und können nicht von anderen Personen eingesehen werden. Das führt dazu, dass bei Abwesenheit beliebig Passwörter unter Kollegen ausgetauscht werden, beim Fehlen einer Datei im Teamlaufwerk die IT als Administrator diese Datei aufwändig »besorgen« oder der Mitarbeiter aus dem Urlaub geholt werden muss. Daher sollten Sie als Führungskraft konsequent handeln und das Teamlaufwerk als alleinigen Speicherort für Firmenunterlagen deklarieren.

Die Entwicklung der elektronischen Teamablage

Die Schaffung einer Teamablage ist ein Entwicklungsprozess, der einer intensiven Begleitung bedarf. Der Weg lohnt sich jedoch, denn eine Ablagestruktur nach Prozessen und Produkten und nicht nach Mitarbeiternamen und Funktionen ist ein großer Vorteil bei der Suche und bei der ganzheitlichen Ablage von Unterlagen. Ziel ist es, eine möglichst konsistente Logik in der Team-, Bereichs- und Firmenablagestruktur einzuführen. Mit einer abgestimmten Ablagestruktur kann das Unternehmen Flagge für gemeinsame Wissenssicherung zeigen.

In unserer Beraterpraxis fangen wir bei der Erstellung komplexer Ablagestrukturen gern mit der Ordnerebene des Managements an. Welche Daten und Dokumente muss das Management zum Beispiel für das Controlling, die Qualitätssicherung und das Abgleichen der Unternehmensziele in einem geschützten Ordner einsehen können? Aus diesen Managementvorgaben kann sich eine erste übergelagerte Ablagestruktur mit betriebswirtschaftlichem Hintergrund herausbilden.

Abbildung 7: Chancen zur Veränderung:
So entwickelt sich Wissen

Im Rahmen der Analyse der Datenablagen unserer Kunden fällt auf, dass diese das Denken im Unternehmen widerspiegeln: Da mindestens 80 Prozent der Mitarbeiter auf Sachbearbeiterebene arbeiten, denkt auch der Großteil in der Mikrostruktur des eigenen Arbeitsplatzes. Kaum jemand sieht das Ganze, den Kunden, die Qualität, das Preis-Leistungs-Verhältnis. Darüber hinaus hat jeder Mensch ein anderes Strukturverständnis. Liebt ein Ingenieur zum Beispiel Zahlen, wird man bei ihm mit großer Wahrscheinlichkeit eine numerische Ablage vorfinden, die sich im Zweifelsfall niemandem erschließt außer ihm selbst.

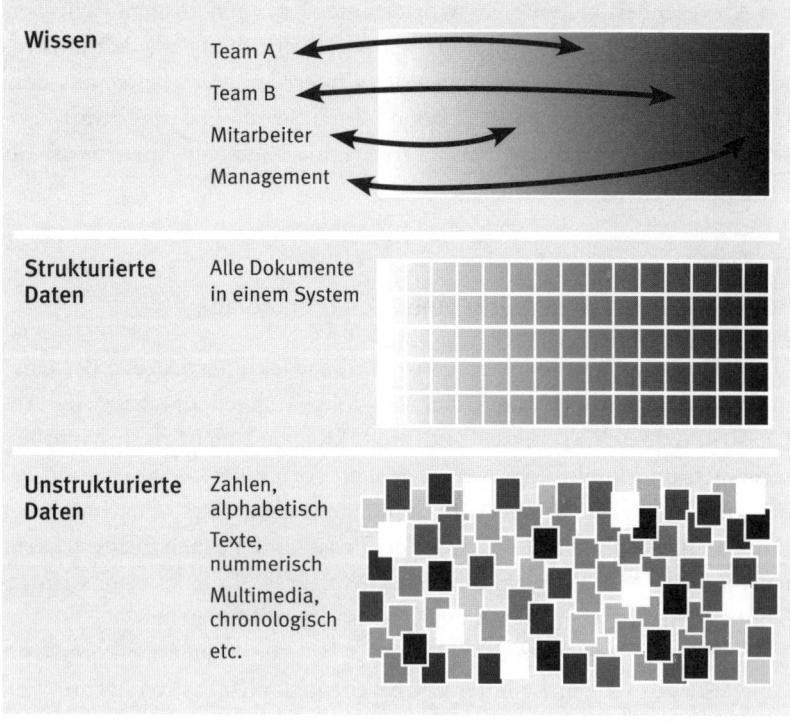

Auf der Ebene der Abteilungen ist es nun die Kunst, die Prozessschritte und die dazu gehörenden Dokumente weg von der individuellen Sichtweise der Mitarbeiter (Kundenbetreuung, Disposition, Product Engineering) in eine gemeinsame Struktur einzubauen. Hier beginnt Verhaltensmanagement, denn der Mensch, der sich mit seiner Datenstruktur eingerichtet hat, verlässt sein vertrautes System nur ungern – besonders dann, wenn eine ganzheitliche Ablagestruktur für ihn bedeutet, dass er seine Daten nicht mehr analog seines Arbeitsflusses (»Ich benötige am Ende des Monats alle Kalkulationen, also lege ich sie in einem Ordner *Kalkulationen* ab«), sondern zu den einzelnen Konstruktionsteilen ablegen soll. Das erscheint ihm unhandlich, ist für eine ganzheitliche Sicht auf ein Produkt aber unerlässlich.

Abbildung 8: Erstellen Sie Unterverzeichnisse für Ihre Oberbegriffe

Hier finden Sie ein Beispiel für ein transparentes Teamlaufwerk, das die Prozesse beziehungsweise Kernaufgaben der Abteilung in Form von Oberbegriffen wiedergibt.

Die E-Mail-Ablage

Die größte Herausforderung ist es heute, elektronische Unterlagen und Informationen aus den unterschiedlichen Medien wie dem Office-Paket und den E-Mail-Postfächern der Mitarbeiter in einer gemeinsamen, verbindlichen Ablage wiederzufinden (weitere Informationen hierzu finden Sie in Kapitel 3). Bestenfalls klären Sie in einem gut moderierten Verständigungsprozess, welche E-Mails Vorgesetzte und Stellvertreter zu einem Vorgang problemlos in gemeinsamen Laufwerken finden müssen. Das sollte ohne zu suchen und ohne die Aufforderung »Kannst du mir die Informationen noch mal mailen?« möglich sein. Viele unserer Kunden legen E-Mails, die »Dokumentencharakter« haben, im Teamlaufwerk ab. Inhalte mit »Dokumentencharakter«, die heute gewöhnlich per E-Mail kommuniziert werden, sind zum Beispiel:

- Preisverhandlungen,
- Reklamationsdetails,
- Einigungen in strittigen Fragen.

Wege zum papierlosen Büro

Das papierlose Büro wird es in naher Zukunft nicht geben, aber wir arbeiten mit unseren Kunden zumindest an sogenannten »paperlight«-Lösungen. Mit der modellhaften Teamablage entscheidet sich die Führungskraft auf dem Level des Tagesgeschäftes für verbindliche Strukturen als »Rückgrat« für effektive Teamarbeit. Hierzu müssen keine großen Investitionen getätigt werden. Es wird einfach alles, was neben der Papierablage elektronisch existiert, zeitgleich in einer übersichtlichen elektronischen Teamablage strukturiert. Das Team findet selbst heraus, dass viel Papier überflüssig ist und entschließt sich, dies in Zukunft zu eliminieren. Damit sind die ersten Schritte zum papierlosen Büro getan. Will man später ganz auf Papier verzichten, ist der Kauf eines Dokumentenmanagementsystems (DMS, gern auch als ECM – »Enterprise Content Management« – bezeichnet) empfehlenswert. Diese Systeme gewährleisten das Höchstmaß an einer papierlosen Umgebung.

DMS oder ECM: Dokumentenmanagementsysteme

Das papierlose Büro und die dazu gehörige Software sind seit zehn Jahren ein Thema; von durchschlagendem Erfolg kann allerdings keine Rede sein. Denn bisher konnten sich weder DMS flächendeckend durchsetzen, noch hat der Sharepoint-Server von Microsoft die Datenverwaltung revolutioniert. Gerade Großunternehmen, die sich bereits vor Jahren für ein DMS entschieden haben, konnten das System wegen zu viel Widerstand gegen diese unternehmensweite, »oktroyierte« Lösung häufig nicht als führende Plattform im Unternehmen durchsetzen. Schließlich ist ein DMS ein massiver Eingriff in das Arbeitsverhalten:

■ Handschriftliche Notizen müssen in ein elektronisches System überführt werden.

■ Wenn man Informationen übertragen, zusammenfassen oder abgleichen will, braucht man zwei Bildschirme, um einerseits das gescannte Dokument und andererseits zum Beispiel SAP zu sehen.

■ Man kann nicht einfach mit einer Akte oder einem Vorgang zum Chef gehen, die Seiten auf dem Tisch ausbreiten und gemeinsam darauf gucken und Entscheidungen treffen, sondern müsste sich mit mehreren Leuten vor einen Bildschirm setzen.

Bei unseren Kunden erleben wir bizarre Situationen: Großunternehmen kaufen für große Summen DMS-Lizenzen, ohne dass das System flächendeckend genutzt wird. Oder es laufen in Unternehmen mehrere DMS parallel, da jeder Bereich ein für sich handhabbares System gekauft und keiner sich abgesprochen hat – dies ist ein Spiegelbild des klassischen »Abteilungsdenkens«. Dabei sprechen folgende gute Gründe für die Einführung von DMS:

■ DMS sollten angeschafft werden, wenn das Unternehmen weltweit in einem System Unternehmensinformationen standortübergreifend teilt.

■ DMS sollten eingeführt werden, wenn große Papiermengen digitalisiert werden und die Ablage den gesetzlichen Anforderungen der revisionssicheren elektronischen Ablage entsprechen soll (dazu später mehr).

▪ DMS sollten etabliert werden, wenn das Unternehmen einen Teil des Workflows elektronisch gestalten und in ein DMS- oder ECM-System integrieren möchte.

Sollte einer dieser Gründe greifen, ist es notwendig, vom Fileserver im Windows Explorer zum Beispiel auf ein DMS oder auf den Sharepoint-Server umzusteigen. Unternehmen, die seit Jahren mit einem einheitlichen Ablagesystem in ihrem Bereich arbeiten, können sich freuen, denn ein gut strukturierter Fileserver lässt sich leicht in das neue System migrieren. Es reicht aber nicht, zweistellige Millionenbeträge bereitzustellen und zu hoffen, dass die neue Software so attraktiv ist, dass die Mitarbeiter sie auch automatisch nutzen. Die Unternehmensleitung muss mit einer Steuerungs- und Implementierungsgruppe den Gesamtprozess stringent verfolgen und in kontroversen Diskussionen Entscheidungen von oben fällen.

Das papierlose Büro aus rechtlicher Sicht

Wer sich näher mit den steuerlichen und rechtlichen Vorgaben zur Digitalisierung von Dokumenten beschäftigt, wird mehrdeutige und widersprüchliche Aussagen finden. Unsere Interpretation dieser unklaren Rechtslage: Die Branche ist zu neu, es gibt keine Erfahrungswerte, niemand kennt sich mit der Materie wirklich aus. Und so ist es der Impuls des Gesetzgebers und seiner Organe, die digitale Verwaltung von Daten mit vielen Restriktionen zu belegen, um auf Nummer sicher zu gehen. Mittlerweile haben sich entsprechende Fachverbände gegründet, die den Gesetzgeber und Unternehmen in Sachen Digitalisierung sinnvoll beraten. Darüber hinaus müssen international agierende Unternehmen nicht nur deutsche, sondern auch internationale Standards implementieren; die Anforderungen unterscheiden sich je nach Branche.

Im Weiteren geben wir einen kurzen Abriss über die aus unserer Sicht relevanten rechtlichen Aspekte digitaler Dokumentenverwaltung: Steuern, Haftung, Datenschutz und Revisionssicherheit.

Digitale Archivierung und Steuern Buchhaltungsprogramme gibt es mit und ohne digitale Archivierung. Wer keine Daten einscannt, hält die Rechnungen jedoch ohnehin weiterhin in Papier vor. Folgende Vorschriften sollten Sie generell beachten:

- Digitalisierte steuerlich relevante Daten sollten von anderen digitalisierten Daten getrennt archiviert werden.

- Es sollte vorher mit dem Finanzamt oder einem Wirtschaftsprüfer genau geklärt werden, welche Dokumente steuerlich relevant sind, da es dafür keine klaren Vorgaben gibt.

- Eröffnungsbilanzen, Jahresabschlüsse, Konzernabschlüsse, gestempelte Zollpapiere und Eingangsrechnungen, für die die Vorsteuer geltend gemacht werden kann, müssen in Papierform aufgehoben werden. Alle anderen Dokumente können durch Scannen digitalisiert werden.

- Der Scanvorgang muss genau dokumentiert sein und genauen Anforderungen entsprechen. Die Daten müssen vor Veränderung und Zugriff durch Unbefugte geschützt werden und jederzeit auffindbar und verfügbar sein.

- Originär digitale Dokumente – etwa E-Mails – müssen auch digital archiviert werden. Das ist aber in der Praxis nur dann nötig, wenn ein Unternehmen überwiegend digitale Dokumente benutzt.

- Belege wie Rechnungen oder Quittungen in Papierform können als TIF oder PDF gespeichert werden. Daten in Datenbanken müssen aber so gespeichert werden, dass das Finanzamt sie per Software auch auswerten kann (maschinelle Auswertbarkeit).

- Unternehmen müssen darauf achten, dass sie bei Daten, die maschinell auswertbar sind, auch gängige Formate benutzen. Sonst müssen sie selbst dafür aufkommen, die geforderten Daten in das neue Format zu übertragen.

- Bei der Einführung eines digitalen Archivsystems sollten sich Unternehmen schon von Anfang an darüber Gedanken machen, wie sie ihre digitalen Daten auf andere Datenträger oder Systeme übertragen können (Migration). Sie müssen eine solche Migration genau dokumentieren.

Digitale Dokumente und Haftung Rechtlich relevante Unterlagen ergeben sich häufig aus der Korrespondenz mit Kunden, Lieferanten oder Partnern. Auch die Gerichte machen hier Vorgaben zur Digitalisierung. Wichtig ist es, dass im Verlauf der Geschäftsbeziehung getroffene mündliche Vereinbarungen elektronisch erfasst werden, zum Beispiel durch Übertragen einer handschriftlichen Telefonnotiz ins elektronische Ablagesystem. Ansonsten gilt:

■ Digitale Dokumente unterliegen der »freien Beweisführung« des Gerichtes. Das heißt, ein Gericht muss sie nicht als beweiskräftige Dokumente anerkennen.

■ Digitale Dokumente werden nur als rechtlich vollwertige Dokumente anerkannt, wenn sie »qualifiziert digital signiert« werden.

Digitale Dokumente und Datenschutz Unternehmen sollten per Arbeitsvertrag oder Betriebsvereinbarung das Verfassen von privaten E-Mails über den Firmenserver untersagen, um nicht in rechtliche Schwierigkeiten zu gelangen:

■ Unternehmen sollten darauf achten, keine Daten zu archivieren, die dem Datenschutz unterliegen. Sie müssen sonst für die komplizierte Löschung von Daten aufkommen.

■ Private E-Mails von Mitarbeitern unterliegen außerdem dem Fernmeldegeheimnis.

Digitale Dokumente und Revisionssicherheit Digitale Archivierung sollte revisionssicher erfolgen: Soft- und hardwaremäßig muss sichergestellt sein, dass Daten nicht manipulierbar sind, nur von Berechtigten eingesehen werden können, nach einem geordneten Verfahren archiviert werden und zu jeder Zeit wieder auffindbar und lesbar sind.

■ Der Begriff der Revisionssicherheit ist rechtlich nicht verbindlich.

■ Technische Voraussetzungen der Revisionssicherheit werden in einer Buchhaltungssoftware meistens erfüllt. Darüber hinaus sollte man Daten auf nicht überschreibbaren Medien archivieren und dafür auch ein Dokumentenmanagementsystem einführen.

Virtuelles Arbeiten und Ablage

Die Globalisierung schreitet voran, und Mitarbeiter, die viel reisen und offline arbeiten müssen, brauchen schnelle, praktikable Lösungen, um alle notwendigen Daten zur Verfügung zu haben. Für diese Mitarbeiter sollte die IT-Abteilung eine Lösung für einen stressfreien Datenzugriff auch aus der Ferne bereitstellen. Dafür gibt es mehrere Möglichkeiten. Laptop-User können zum Beispiel vor der Reise jeweils eine Kopie des aktuellen Team-Laufwerkes durch ein von der Firma zur Verfügung gestelltes Synchronisationsprogramm auf die Festplatte kopieren. Das geht sehr schnell und ist komfortabel. Wir empfehlen dann allerdings, während der Reise neu erstellte Dateien separat zu speichern – zum Beispiel in einem Ordner »Neue Dateien« – und nach der Rückkehr ins Büro manuell ins Teamlaufwerk zu überführen. Das Management kann auch in Zusammenarbeit mit der hausinternen IT-Abteilung sichere Möglichkeiten schaffen, um sich von überall über WLAN, VPN oder per Handy ins Teamlaufwerk einwählen zu können.

In großen Firmen kann man sich von vielen Firmenstandorten aus mit seinem Profil einloggen. Um überall arbeitsfähig zu sein, müssen aber die Reisezeiten und Hotelaufenthalte ebenfalls abgedeckt sein. Wer mit einem PDA (Personal Digital Assistant) arbeitet, sollte eine standardisierte Form der Bearbeitung mit seinem Sekretariat absprechen (Tipps zu diesem Thema finden Sie auch in Kapitel 3).

Veränderungsmanagement

Genug der Worte, jetzt sollten Taten folgen: Werden Sie Vorbild für die Mitarbeiter und starten Sie mit der Umsetzung bei sich selbst. Beginnen Sie mit dem Aufräumen.

Arbeiten Sie nach dem *Sofort!*-Prinzip

Entschließen Sie sich, ab heute nach dem *Sofort!*-Prinzip zu arbeiten. Das bedeutet, kleine und überschaubare Arbeiten mit einer Erledigungsdauer von bis zu fünf Minuten tatsächlich sofort zu tun und bis zur Ablage zu Ende zu bearbeiten. Folgende Beobachtungen aus unseren Coachings mögen Sie schmunzeln lassen, weil Sie die Methode kennen: Sie gehen morgens Ihre Post durch und nehmen sich vor: »Auf diesen Brief muss ich antworten!« Bei einer E-Mail im Posteingang denken Sie: »Ich sollte diesen E-Mail-Wahnsinn beenden und den Kollegen anrufen und fragen, was er damit meint!« Das Werbeanschreiben eines Beraters finden Sie interessant und denken: »Könnte ich mir einmal durchlesen, wenn ich Zeit habe!«

Wir schlagen Ihnen nach dem *Sofort!*-Prinzip folgende Vorgehensweise vor: Schreiben oder diktieren Sie im Fall des Antwortschreibens den Brief sofort. Im zweiten Fall rufen Sie den Kollegen an und klären

Abbildung 9: So arbeiten Sie nach dem *Sofort!*-Prinzip

Sie spüren sofort die Erleichterung, wenn Sie Dinge nicht länger vor sich her schieben – das erhöht die Produktivität und die Motivation!

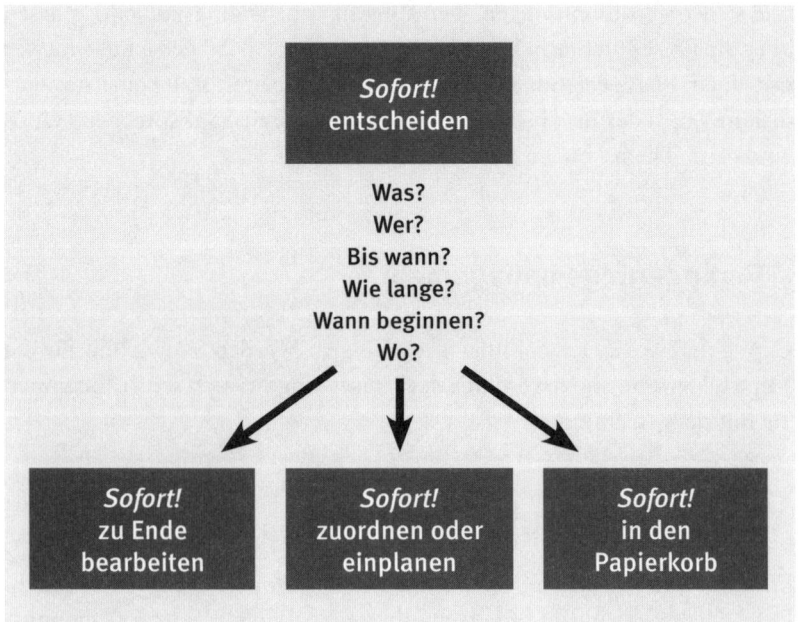

den Sachverhalt sofort, bevor Sie noch einige weitere Male diese Mail öffnen und wieder schließen. Brauchen Sie mehr Zeit zur Vorbereitung oder eine persönliche Besprechung, verabreden sich mit ihm zu einem festgesetzten Zeitpunkt, und planen Sie sofort Ihre Vorbereitung ein. Im dritten Fall sollten Sie nicht darauf spekulieren, irgendwann einmal viel Zeit zu haben. Lesen Sie das Schreiben sofort, und entscheiden Sie, ob Sie das Know-how des Beraters in einem Projekt benötigen könnten, Sie es zu Ihrer Sekretärin in die Wiedervorlage geben oder einfach wegwerfen, da der Berater Sie ohnehin wieder anschreibt oder Sie bei Bedarf recherchieren können.

Wir möchten Sie ermuntern, mehr »Mut zur Lücke« zu entwickeln und gerade im Bereich der E-Mails oder Aktennotizen »zur Kenntnis« ganz konsequent Unterlagen zu löschen und dem Papierkorb zuzuführen. Befreien Sie sich von unnötigen Informationen. Wenn Sie ein Dokument zum Beispiel als Hintergrundinformation aufbewahren wollen, dann ordnen Sie es sofort zu! Ist etwas für andere Personen oder Abteilungen interessant, leiten Sie es mit Kommentar oder Empfehlung sofort weiter.

Fällen Sie Entscheidungen, und trennen Sie sich von alten Verhaltensweisen. Legen Sie den Brief nicht erst einmal zur Seite, um ihn zu schreiben, wenn Sie in Stimmung sind. Seien Sie auch im Fall der E-Mail konsequent: Drucken Sie sie nicht erst aus und legen sie nicht auf einen Stapel frei nach dem Motto: »Wenn ich den Verfasser mal sehe, frage ich ihn danach«. Und die Werbeanschreiben lassen wie viele andere Unterlagen den Stapel »Zu Lesendes« nur weiterwachsen.

▶ ▶ ▷ **Die beste Methode ist es, beim Aufräumen des Schreibtisches das Fällen von Entscheidungen zu üben (siehe Checkliste 9 am Ende des Buches).**

Das Aktivitätenbuch: zentrales Arbeitsmittel für handschriftliche Notizen

Als Arbeitsmittel bewährt sich auch für handschriftliche Notizen ein Standard: das Aktivitätenbuch. Es ist Ziel und Quelle gleichzeitig, deshalb sollten Sie es immer mit sich führen. Nehmen Sie es auch mit nach

Abbildung 10: Das Aktivitätenbuch

Weniger ist mehr: Konzentrieren Sie sich auf ein Werkzeug für handschriftliche Notizen.

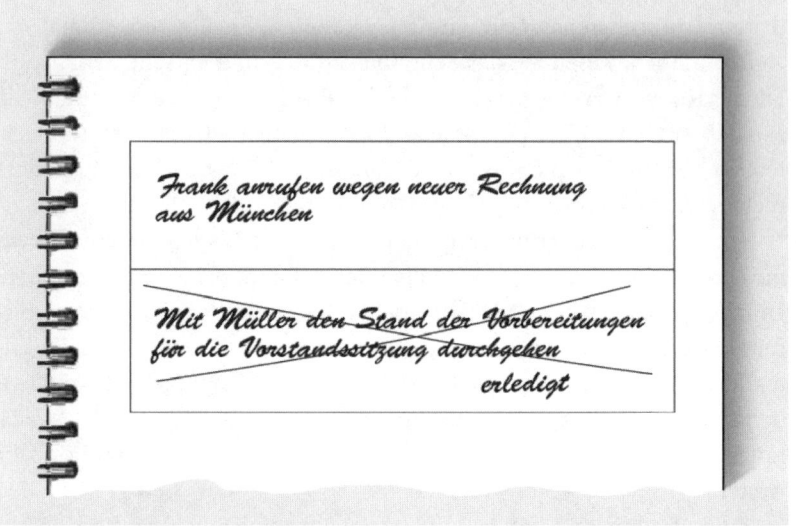

Hause. Immer und überall, wenn Ihnen etwas einfällt, schreiben Sie es dort auf, und Sie müssen es nicht erinnern. Natürlich lässt sich das auch elektronisch mit einem Personal Digital Assistant (PDA) erfassen.

Veränderungsmanagement im Team

Nach der Optimierung der eigenen Arbeitsweise setzen Sie nun eine standardisierte Organisation zusammen mit den Mitarbeitern um. Das wird in vielen Firmen »Clean Desk Policy« (CDP) genannt. Folgende Führungsfragen sollten Sie sich vorab stellen:

- ■ Wollen Sie für Ihr Team eine standardisierte Form der Papierablage am Arbeitsplatz?
- ■ Benötigen Sie eine gemeinsame papierene Wiedervorlage, und wollen Sie diese verbindlich einführen?

- Wollen Sie ein Aktivitätenbuch einführen, um Zettelwirtschaft zu vermeiden?
- Sind alle Schreibtische für eine CDP geeignet (Büroausstattung)?
- Sind ausreichend Hängeregistervorrichtungen vorhanden?
- Gibt es ausreichend Ordner und Stehsammler?

Die Aufräumaktion im Team hat Teambildungscharakter. Im nächsten Teammeeting sollten Sie das Thema anschneiden und Ihre Vorstellungen präsentieren. Hier ist es wichtig, drei bis vier klare Ziele vorzugeben und die Entscheidungen über das *Wie* dem Team zu übertragen. Denn das Team identifiziert sich eher mit der Veränderung, wenn es beispielsweise die Oberbegriffe bei einer standardisierten Hängeregisterablage selbst bestimmen kann. Nutzen Sie die Checklisten 10 und 11 im Anhang, um das Papierarchiv zu straffen und neu zu sortieren.

Casestudy

Praxisinterview mit Herrn O., Bereichsleiter

Kunde: Multinationaler Konzern
Branche: Automotive
Beratungs- und Coaching-Design: Vorabphase mit dem Management, mehrere Workshops zur Erarbeitung der Ablagestruktur, Rollout mit drei Lernanstößen bei allen 250 Mitarbeitern
Zeitlicher Ablauf: Prozessbegleitung über 9 Monate
Anzahl der gecoachten Mitarbeiter: 250 Personen

»Herr O., Sie hatten einen Bereich mit mehr als 250 Mitarbeitern übernommen und wollten von Anfang an die richtigen Pflöcke setzen – was haben Sie getan?«

»Ich habe mich in mehreren Runden mit meinen Führungskräften zusammengesetzt und peu à peu für das Verständnis für Standards an Büroarbeitsplätzen geworben. Das haben wir dann mit Ihrem Training vertieft und danach Top-down-Standards erarbeitet.«

■ *»Wie gut haben Ihre Führungskräfte Ihren »Lean-Ansatz« – weg von Unordnung, hin zu weniger Papier und strukturierter Fileserverstruktur – am Anfang wirklich verstanden?«*

»Ich war da schon ein wenig blauäugig und habe die Sprengkraft dieses Veränderungsprojektes immer wieder zu spüren bekommen. Die Erstellung und Einführung von Standards wurden manchmal auch Ihnen als Beratungsinstitut angelastet. Das war eindeutig als ein Mangel an Engagement vonseiten der Führungskräfte zu deuten.«

■ *»Wie konnten Sie dennoch zur Veränderung ermuntern?«*

»Interessanterweise haben die Mitarbeiter selbst besonders im Ablagestrukturprojekt und in Ihren Ablageworkshops sehr gut mitgemacht. Es war deutlich, dass hier eine Vereinheitlichung gewünscht wurde. Und die Coachings haben dann viel Unterstützung gegeben, die neue effizientere Arbeitsweise tatsächlich auch beizubehalten.«

■ *»Wie betrachten Sie das erzielte Ergebnis im Vergleich zu anderen Bereichen?«*

»Wir haben extrem viele Altunterlagen entsorgt und zu strukturierten Arbeitsplätzen gefunden. Wenn Sie heute durch die einzelnen Abteilungen gehen, finden Sie einen durchgängigen Standard. Das sehe ich nicht, wenn ich mich in anderen Bereichen umschaue. Und meine Kollegen auf Bereichsebene beginnen erst langsam, hier Prioritäten zu setzen und Handlungsbedarf zu erkennen, diesen Prozess von oben einzuleiten.«

■ *»Was tun Sie, um die Ergebnisse nachhaltig zu sichern?«*

»Wir haben nach einigen Monaten eine Umfrage zu Akzeptanz und Umsetzungsgrad gestartet. Diese Ergebnisse waren sehr gut. 80 Prozent der Mitarbeiter finden die Ablagestruktur gut und mehr als

70 Prozent betrachten ihren Arbeitsplatz als organisiert. Wir haben jedoch auch festgestellt, dass wir eine weitere Unterstützung durch selbst durchgeführte Audits brauchen. Jedes Team hat einen Kollegen aus einem anderen Bereich, der halbjährlich einen Besuch am Arbeitsplatz abstattet und den Grad der Umsetzung mit dem Beteiligten bewertet.«

Fazit

1. Unternehmen müssen dringend die Informationsplattformen reorganisieren, und zwar von oben mit klaren Vorgaben zur Sicherung der Business-Continuity und Reduzierung des Risikos. Das Führungstool »standardisiertes Dokumentenmanagement« wird von den meisten Führungskräften verkannt und als zu delegierende administrative Aufgabe abgetan.

2. Doppel- und Dreifachlagerung von Dokumenten kosten viel Geld, erhöhen Suchzeiten und sorgen für Frust.

3. Zuerst sollte ein Standard für die Organisation der papierenen Unterlagen am Arbeitsplatz entwickelt und definiert werden, ob und in welchen Bereichen Papier die führende Akte ist.

4. Danach sollte die elektronische Ablagestruktur als ein an Prozessen und nicht an Mitarbeiterfunktionen orientiertes System entwickelt werden.

5. Dieser Ablageort wird zur Standardablage erklärt. Ablagen auf der Festplatte und im persönlichen Laufwerk sind Individuallösungen, unterstützen keine Teamarbeit und werden daher abgeschafft bzw. sind nur für persönliche Dokumente da.

6. Wichtige E-Mails, die rechtlich relevant sind, gehören zugriffssicher abgelegt.

7. Wer ein Dokumentenmanagementsystem einführen will, sollte wissen, dass es nicht reicht, Geld bereitzustellen und zu hoffen, dass die neue Software so attraktiv ist, dass die Mitarbeiter sie auch nutzen.

8. Das Management muss gut recherchieren, mit einer Steuerungs- und Implementierungsgruppe den Gesamtprozess stringent verfolgen und in kontroversen Diskussionen Entscheidungen fällen.

9. Wer auf ein DMS umstellt, sollte sich die Rechtslage genau erläutern lassen.

10. Der Anpassungsprozess im Unternehmen dauert lange, oft werden steuerlich relevante Originale und rechtliche Grundsatzpapiere zusätzlich in Papier beibehalten.

3

Effektives Informationsmanagement

»Während ich ohne E-Mail nicht mehr leben könnte,
ist mir der übrige Kommunikationskram schnorz.«

George Gruntz

Niemand wird sich heutzutage über zu wenig Information beklagen. Im Gegenteil: Kaum eine Führungskraft ist in der Lage, dem Überangebot an täglichen Informationen Herr zu werden. Die 24 Stunden des Tages reichen meist nicht aus, um aus den Massen von E-Mails oder Newslettern die jeweils relevanten Informationen zu extrahieren. Eine Führungskraft, die etwa zwanzig Mitarbeiter führt, benötigt täglich allein zwei Stunden, um die elektronischen Nachrichten ihrer Mitarbeiter zu beantworten.

Weniger ist mehr

Paradox ist, dass sich durch die zunehmende Informationsdichte Manager offensichtlich angespornt fühlen, immer schneller auf eingehende Nachrichten zu reagieren. Unsere Erhebungen bei Kunden zeigen, dass auch Führungskräfte teilweise im Minutenbereich antworten. Blackberry und Co. machen es möglich, dass der Mensch immer mehr Zeit im elektronischen Posteingang verbringt und so manche Führungskraft zur eigenen Sekretärin wird. Nicht selten werden die eigenen Mitarbeiter vom Chef mit E-Mails »überversorgt«, weil das Elektrifizieren von Nachrichten und Aufgaben so schnell und unkompliziert vonstatten geht. Eine Umfrage unter 60 Führungskräften und 120 Sachbearbeitern (Institut für Beratung und Training 2007) belegt diesen Trend mit Zahlen (Abbildung 11).

E-Mails sind Fluch und Segen zugleich. Laut einer Umfrage im Auftrag von Newsweek glauben 70 Prozent der Befragten, ohne E-Mail

Abbildung 11: Zunahme der E-Mails pro Jahr

Unsere Befragung von 60 Führungskräften zeigt, dass bei 29 Prozent aller Befragten die Anzahl der E-Mails um 50 Prozent gestiegen ist. Bei 9 Prozent der Befragten sind es 75 Prozent, und bei 33 Prozent hat sich die Anzahl der täglichen E-Mails sogar verdoppelt.

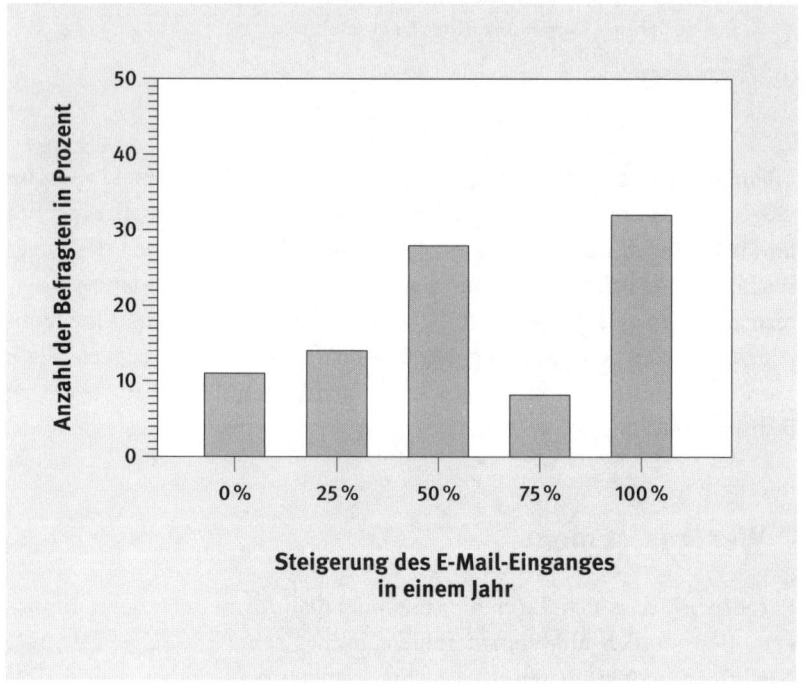

nicht leben zu können, und 60 Prozent sind darüber hinaus der Meinung, ihre Arbeit werde dadurch effizienter. Gleichzeitig klagen aber 94 Prozent der Befragten darüber, dass sie pro Tag mindestens eine Stunde darauf verwenden, zahllose E-Mails zu beantworten oder unwichtige Nachrichten zu löschen.

Wir ernten in unseren Coachings nicht selten fragende Blicke, wenn wir anregen, den Posteingang mehrmals täglich gebündelt abzuarbeiten. Einige Manager halten das tatsächlich für unmöglich! 22 Prozent aller Finanzmanager rufen auch abends ihre E-Mails ab (Deutsche Gesellschaft für Personalführung 2007), um permanent auf Empfang zu sein. Nur wenige können dem hohen Druck der ständigen Erreichbarkeit entfliehen und tatsächlich nach Feierabend abschalten.

Ob privat oder geschäftlich, viele Führungskräfte kommen in Sachen Informationsverarbeitung täglich an ihre Grenzen, gerade weil sie einen permanenten Zugriff der Technik zulassen. Dadurch sind viele Manager nicht mehr in der Lage, auf Anhieb wichtige von unwichtigen Informationen zu unterscheiden. Sie verbringen zu viel Zeit mit dem eigenen E-Mail-Management und zu wenig Zeit mit strategischen Aufgaben. Und das ist genau das Problem.

Wie aber kommt der Blackberry-gesteuerte Manager (wieder) dazu, sich den wirklich wichtigen Aufgaben zuzuwenden? Nicht, ohne auf mindestens drei Ebenen für Klarheit, Struktur und Effektivität und Effizienz zu sorgen. Wie in Kapitel 1 beschrieben, ist die Selbststeuerungsfähigkeit für jede Führungskraft extrem wichtig. Denn wo die Selbststeuerung fehlt, versagt auch die Steuerung des Teams. Es besteht die Gefahr, dass falsche Prioritäten in den Vordergrund geraten und sich Mitarbeiteraktivitäten, Projekte und Informationen verselbstständigen. Aus unserer Sicht gibt es drei Erfolgsfaktoren, die ein effektives Informationsmanagement bedingen:

1. die Selbststeuerungsfähigkeit der Führungskraft;
2. das effektive Zusammenspiel zwischen Führungskraft und Assistenz;
3. das Vorhandensein transparenter Kommunikationsstandards im Team und in der Organisation.

Alle drei Faktoren bedingen einander und beeinflussen sich gegenseitig. Die besten Organisationsstandards sind wirkungslos, wenn sie vom Team oder vom einzelnen Mitarbeiter nicht gelebt werden, weil sich der eigene Vorgesetzte davon ausnimmt. Insofern macht es Sinn, wenn Sie als Führungskraft am eigenen Schreibtisch und in Ihrem persönlichen Verhalten mit der »Veränderung« anfangen. Das kann eine echte Initialzündung für Ihr gesamtes Team sein. Nutzen Sie die Gelegenheit, sich auf den folgenden Seiten selbst etwas genauer zu beobachten und anhand der Beispiele und Tipps Anregungen zur Umsetzung von mehr Effizienz im eigenen Informationsverhalten zu bekommen.

Abbildung 12: Die Erfolgsfaktoren für ein effektives Informationsmanagement

Die drei Erfolgskomponenten für ein effektives Informationsmanagement sind eine optimale Selbststeuerung, eine effektive Zusammenarbeit zwischen Führungskraft und Assistenz und transparente Teamstandards.

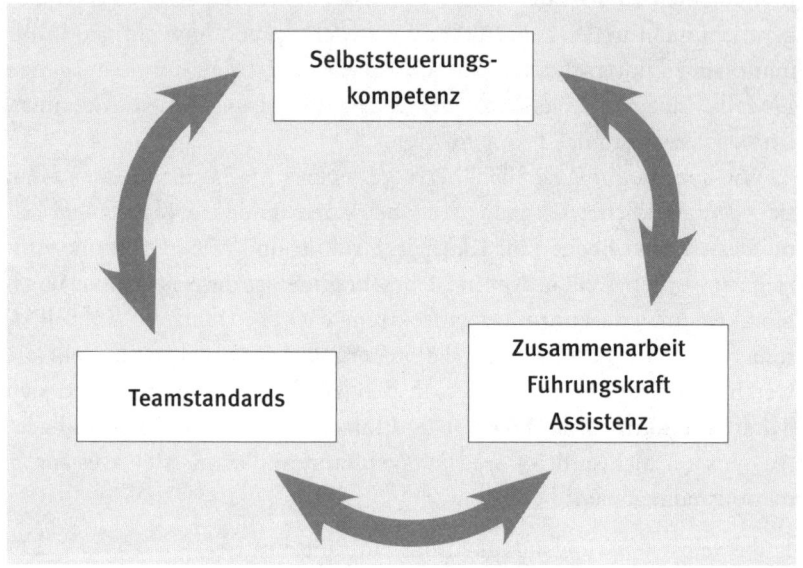

Erhöhen Sie Ihre Selbststeuerungsfähigkeit

»Es gibt nichts Gutes, außer man tut es.«
Erich Kästner

Eine gute Selbststeuerung bedeutet, Dinge selbstbestimmt zu tun und sich Zeit nehmen zu können für Aufgaben, die man einplanen muss, weil sie nicht mal eben nebenbei erledigt werden können. Selbstbestimmt arbeiten bedeutet auch, sich nicht von jeder Arbeitsunterbrechung irritieren zu lassen, sondern Routinen einen klaren zeitlichen Rahmen zu geben und konzeptionelle Zeitfenster festzulegen. Mithilfe des *Sofort!*-Prinzips können Sie es in weniger als sechs Wochen schaffen, Ihre tägliche Informationsflut in den Griff zu bekommen.

Das *Sofort!*-Prinzip

Das Sofort-Prinzip haben Sie schon im Veränderungsmanagement von Kapitel 2 kennen gelernt. Jetzt möchten wir am Beispiel der elektronischen Postbearbeitung aufzeigen, wie Sie noch mehr Zeit gewinnen können. Mit den nachfolgenden Tipps können Sie nachhaltig mehr Struktur und Transparenz für Ihre E-Mail-Bearbeitung erwirken. Öffnen Sie ab sofort keine E-Mail mehr, ohne zu entscheiden, was Sie als Nächstes zu tun haben. Es gibt nur die vier folgenden Möglichkeiten:

Sofort lesen und löschen Haben Sie Mut zur Lücke, und trennen Sie sich möglichst gleich von Informationen, die Sie immer mal lesen wollten, von denen Sie aber wissen, dass Sie sowieso nicht dazu kommen. Newsletter sind dafür ein gutes Beispiel. Nehmen Sie sich ab sofort wenige Minuten, und überfliegen Sie das Inhaltsverzeichnis beziehungsweise die erste Seite, ob Ihnen ein Thema interessant erscheint. Entscheiden Sie danach sofort, ob Sie die Mail löschen oder ob Sie in der laufenden Kalenderwoche eine halbe Stunde zum Lesen blocken.

Sofort in fünf Minuten erledigen Denken Sie nicht lange darüber nach, was Sie tun würden, wenn Sie Zeit hätten, sondern schlagen Sie zum Beispiel eine angefragte Information nach, und beantworten Sie die Mail sofort. So sollten Sie mit allen kleineren Anfragen und Aufgaben verfahren. Denn alles, was sofort erledigt wird, ist zehnmal besser, als Notizen zu machen oder die geöffnete Nachricht anschließend wieder als »ungelesen« zu markieren. Aufgeschobene Arbeiten generieren Störungen und verschlingen nachweislich mehr Zeit als ihre sofortige Erledigung. Sie erzeugen zudem ein schlechtes Gewissen und können Stress auslösen.

Sofort ablegen Lassen Sie künftig keine abgearbeitete E-Mail mehr im Posteingang stehen – das lenkt nur ab und führt zu Unübersichtlichkeit. In der Regel ist die informativere Nachricht in Ihrem Ordner »Gesendete Nachrichten« zu finden, denn hier sind Ihre Kommentare und Anweisungen enthalten. Greifen Sie daher lieber zu der gesendeten Nachricht, und ordnen Sie diese zu.

Abbildung 13: E-Mail-Bearbeitung

Entscheiden Sie ab sofort beim Öffnen einer E-Mail, was zu tun ist.
Schließen Sie die Nachricht nicht, bevor Sie entschieden haben, ob sie
gelöscht, beantwortet, abgelegt oder eingeplant werden muss.

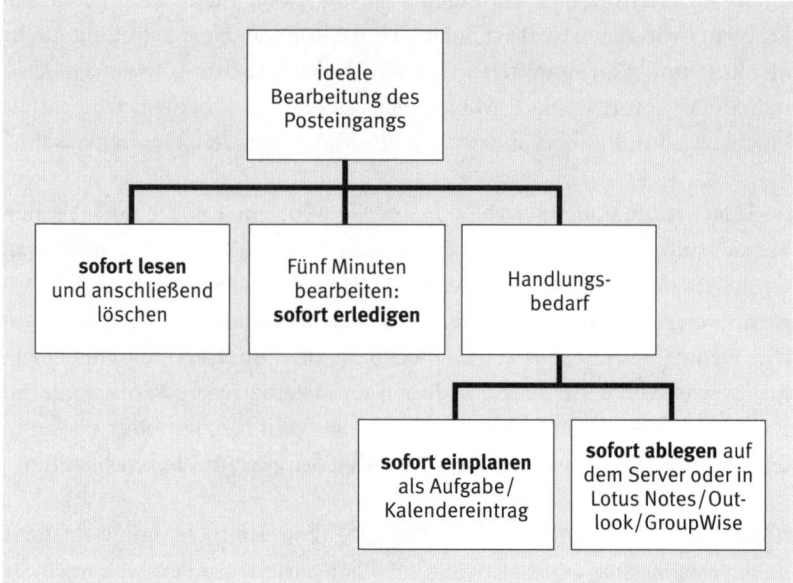

Einplanen Gibt es Handlungsbedarf, dann sollten Sie sofort entscheiden, bis wann die Aufgabe erledigt werden muss, wie lange die
Erledigung dauert und wann Sie damit anfangen. Alles in allem hört
sich das einfach und logisch an – häufig stellen wir uns diese Fragen
jedoch nicht. Deshalb ist der Umgang mit einzuplanenden E-Mails eine
anspruchsvolle Angelegenheit. Wirklich hilfreich kann es daher sein,
mit der Aufgabenliste Ihrer Groupware zu arbeiten. Die meisten Tools
bieten die Möglichkeit, zu erledigende E-Mails in »Aufgaben« zu kopieren (Lotus Notes) oder zu verschieben (Outlook) und sie dann mit
einem Wiedervorlagedatum zu versehen.

Das Abarbeiten des Posteingangs funktioniert noch besser, wenn Sie
Ihre tägliche Planung auf diese Routine abstimmen. Ein paar Grundre-

geln helfen, das *Sofort!*-Prinzip erfolgreich umzusetzen und der Kommunikationsfalle zu entkommen:

Schalten Sie ab   Definieren Sie Zeiten, die nur Ihnen selbst gehören. Die Kernbetriebszeiten von Handy und Blackberry sollten den üblichen Arbeitszeiten entsprechen. Das heißt nicht, dass Sie Ihr Handy um 17 Uhr ausstellen müssen, aber ab 20 Uhr sollten Sie in Erwägung ziehen, Ihren elektronischen Helfer in den Feierabend zu schicken. Benutzen Sie unterschiedliche Geräte für die berufliche und private Kommunikation. Ist das nicht möglich, dann schalten Sie Ihren dienstlichen Blackberry am Wochenende ab oder zumindest auf »stumm«.

Bündeln Sie Ihre E-Mail-Bearbeitung   Lernen Sie, nicht immer sofort auf jede Kommunikationsanfrage zu reagieren. Gehen Sie gegen den natürlichen Impuls der Neugierde an und stellen Sie sich Folgendes vor: Haben Sie früher dem Postboten die Briefe aus der Hand gerissen, um sofort informiert zu sein? Probieren Sie daher auch, E-Mails zu festgelegten Zeiten, zum Beispiel morgens, mittags und abends, zu beantworten.

Vermeiden Sie Ablenkungen   Stellen Sie die Erinnerungs- und Alarmfunktion im Posteingang aus. Das »Pling« eingehender Nachrichten reißt Sie nur unnötig aus Ihrer derzeitigen Arbeit heraus und verleitet Sie, doch mal eben der Neugier zu folgen. Auch visuelle Pop-ups lenken extrem ab, wenn man zum Beispiel gerade ein Angebot schreibt, auf das man sich konzentrieren will. Schalten Sie auch diese aus.

Entgehen Sie dem »Cc«-Wahn   E-Mails, die mehr als fünf Menschen in der »Cc-Zeile« aufführen, können nicht höchste Priorität haben. Ein Kunde von uns nannte das mal »CYA-Mails« (»Cover your ass«). Leiden Sie auch unter einer Vielzahl von »Cc-Mails«? Dann stellen Sie in Ihrem Posteingang über den Regelassistenten ein, dass künftig alle »Cc«-Nachrichten direkt in einen entsprechenden Ordner verschoben werden. Diesen können Sie sich dann einmal am Tag ansehen. Ihre Aufmerksamkeit können Sie dann gezielt auf alle direkt an Sie gerichteten Nachrichten im Posteingang richten. Nicht selten erleben wir Führungskräfte, die nach folgender Faustregel arbeiten: »Cc-Mails lese ich nicht, sondern lösche sie sofort. Bitte schreiben Sie mich direkt an, wenn ich etwas unternehmen soll«.

So arbeiten Sie effektiv und effizient mit dem Blackberry

Die unternehmensweite Einführung von Blackberry und Co. stellt hohe Ansprüche an das Arbeitsverhalten der Führungskräfte. Wie können Sie den Blackberry für sich selbst im Sinne einer effektiven und effizienten Arbeitsorganisation nutzen? Wir möchten Ihnen gerne folgende Tipps mit auf den Weg geben:

■ Definieren Sie klare Zeiten, in denen Sie nicht gestört werden möchten. Stellen Sie den Blackberry in dieser Zeit auf »lautlos«.

■ Lassen Sie – wenn möglich – die wichtigsten Ordner Ihres E-Mail-Systems synchronisieren, damit Sie Ihre Nachrichten auch in das Ordnersystem des Blackberrys einordnen können. Sie müssen die E-Mail am Arbeitsplatz dann nicht noch einmal anfassen und bearbeiten.

■ Ihr Sekretariat kann mit der hauseigenen IT klären, welche Einstellungen zur Optimierung des Blackberrys noch möglich sind. So kann zum Beispiel eingestellt werden, dass Nachrichten nach dem Verschieben in der Ordneransicht des Blackberrys auch aus dem Posteingang verschwinden.

So strukturieren Sie Ihre elektronische Wiedervorlage

Gemäß dem *Sofort!*-Prinzip sollten Sie aus allen Nachrichten mit Handlungsbedarf, die Sie nicht in fünf Minuten erledigen können, eine Aufgabe beziehungsweise einen Kalendereintrag machen. Denn in einem überfüllten Posteingang können Sie nicht unterscheiden, welche E-Mails wann und mit welchem Zeitaufwand zu erledigen sind. Verbleibt die E-Mail im Posteingang, wird Sie dadurch weder schneller erledigt, noch erscheint sie zum gewünschten Wiedervorlagetermin automatisch. Wir raten Ihnen daher, auf das elektronische Aufgabenmanagement umzusteigen:

- Machen Sie aus E-Mails, für die Sie Zeit einplanen müssen, Aufgaben.
- Versehen Sie diese Aufgaben mit Fälligkeits- und Startdatum.
- Vergeben Sie nur in Ausnahmefällen die Erinnerungsfunktion.
- Lassen Sie sich diese Aufgaben ab sofort im Kalender anzeigen (als Aufgabenblock in Outlook/GroupWise oder im Kalender selbst in Lotus Notes).
- Nutzen Sie auch die in der Groupware vorgesehene Möglichkeit, die Startseite individuell anzupassen, um beim Start des E-Mail-Systems sofort einen Überblick über Termine und Aufgaben des Tages zu bekommen.
- Wird die To-do-Liste nach und nach umfangreicher, helfen Kategorien wie Projekte, Kunde oder Telefonate, um dauerhaft den Überblick zu behalten
- Unterscheiden Sie genau, wann Sie eine E-Mail in einen Kalendereintrag verwandeln und wann in eine Aufgabe! Reine Terminvorlagen gehören in den Kalender, To-dos in die Aufgabenliste.

Auch komplexere Projektaufgaben können über die elektronische Wiedervorlage schnell und effizient kontrolliert werden. Die Teilschritte können entweder in weitere Teilaufgaben gepackt oder als neuer Wiedervorlagetermin organisiert werden. Später eintreffende E-Mails können problemlos über Dokumentenverknüpfungen (Lotus Notes) oder als Anlagen (Outlook) direkt in die laufende Wiedervorlage eingebunden werden.

Die freigeschaltete Aufgabenliste hilft auch Kollegen, im Urlaubs- und Krankheitsfall schnell einen Überblick über laufende und mittelfristige Aufgaben und Wiedervorlagen zu bekommen. Außerdem haben Sie die Möglichkeit, Aufgaben elektronisch an Ihre Mitarbeiter zu delegieren. Das hat den Vorteil, dass Sie alle erteilten Aufträge fristgerecht nachhalten können. Wir raten in unseren Führungskräftecoachings dazu, einen Teil der elektronischen Aufgaben durch das Vorzimmer nachfassen zu lassen.

E-Mails schnell und effizient lesen

Die Informationsflut hat in allen Arbeitsbereichen so stark zugenommen, dass die Zeit zum Lesen kaum ausreicht. Zusätzlich steigt das schlechte Gewissen, nicht alles Wichtige gelesen zu haben. Mit etwas Routine und Technik können Sie aber Ihre Leseleistung erheblich steigern und Ihre Lesebelastung vermindern:

■ Lesen Sie bei E-Mails Absender und Betreff. Entscheiden Sie dann, ob die E-Mail für Sie von Belang ist. Falls nein, löschen Sie sie.

■ Falls Sie anhand von Absender und Betreff nicht entscheiden können, ob die Mail für Sie wichtig ist, öffnen Sie sie und überfliegen Sie den Text. Meistens reicht das, um sie dann sofort zu bearbeiten oder zu löschen.

■ Sie haben bestimmt auch schon mal eine Mail gelesen, zurückgestellt, wieder gelesen und zurückgestellt, vergessen, wiederentdeckt und plötzlich ist es dringend und artet zu Stress aus. Also! Fassen Sie jede E-Mail gemäß dem *Sofort!*-Prinzip nur einmal an.

■ Erziehen Sie Ihre Kommunikationspartner. Und lassen Sie sich von den Verteilerlisten für Newsletter oder Rundschreiben streichen, die Sie aus Zeitmangel sowieso nicht lesen. Damit verringern Sie die E-Mail-Flut in Ihrem Posteingang, den Organisationsaufwand und Ihr schlechtes Gewissen.

■ Im Team sollte es Standard werden, dass die wichtigsten Inhalte von Anhängen generell in der Mail zusammengefasst werden.

Konzentriertes Arbeiten

Inzwischen haben es viele Versuche eindeutig bewiesen: Der Mensch ist nicht für das »Multitasking«, also das parallele Arbeiten, geschaffen – auch Frauen nicht. Arbeiten Sie stattdessen bewusst gemächlicher, und wickeln Sie Ihre Aufgaben nacheinander ab. Falls es Ihnen schwerfällt,

Ihre hektische Arbeitsweise aufzugeben, beschäftigen Sie sich mit Ihrer inneren Einstellung zu Zeit und Leistung, setzen Sie sich nicht unter Druck, sondern definieren Sie kleine Ziele.

Wenn Sie etwas vor sich haben, das nur Sie ganz allein tun können – zum Beispiel die Zusammenstellung der neusten Vertriebszahlen für den Vorstand –, dann gibt es nur eine Lösung: Blocken Sie sich Zeitfenster dafür im Kalender. Untersuchungen zeigen, dass anspruchsvolle Arbeiten mit Störungen doppelt so lange dauern wie ohne Störungen. Die Ausrede »Ich will für meine Mitarbeiter präsent sein« zieht also nicht. Denn ohne Störungen brauchen Sie für eine Arbeit eine statt zwei Stunden und haben demzufolge eine Stunde mehr für Ihre Mitarbeiter. Gewöhnen Sie sich also an, pro Woche im Schnitt fünf bis neun Stunden für konzentriertes Arbeiten einzuplanen.

Ordnung ist das halbe Leben – auch im E-Mail-Account

Das Abarbeiten des Posteingangs nach dem *Sofort!*-Prinzip bedarf einer optimalen Infrastruktur. Fehlen beispielsweise wichtige elektronische Ordner oder ist kein Wiedervorlagesystem eingerichtet, ist die Transparenz im elektronischen Posteingang gefährdet. Als Führungskraft sollten Sie dafür sorgen, dass die wichtigsten beziehungsweise die am meisten frequentierten Ordner zusammen und möglichst an erster Stelle stehen. Vergeben Sie beispielsweise Nummern (wie in Abbildung 14) um Ihre Kernordner auch visuell zusammenzuführen. Je übersichtlicher und schneller die Ordner erreichbar sind, umso schneller können Sie die E-Mails nach dem *Sofort!*-Prinzip zuordnen.

Die Ordnerbenennung sollte der Ablagesystematik Ihrer elektronischen und papierenen Ablage entsprechen, damit eine durchgängig logische Struktur für Ihre Informationen und Dokumente entsteht. Die Ordner Ihrer Ablagestruktur sollten die Geschäfts- oder die Kernprozesse Ihrer Abteilung oder Ihres Bereichs abbilden. Sind Sie ein Kunden- oder Projektbezogenes Team, muss sich das auch in Ihrer Ablauf- und Ablageorganisation wiederspiegeln. Nutzen Sie Checkliste 12 aus dem Anhang, um eine gemeinsame Teamablage mit gleicher Ordnersystematik aufzubauen.

Abbildung 14: Die wichtigsten Ordner

Die wichtigsten Ordner (Kunde und Projekte) befinden sich an erster Stelle. Durch die Nummerierung ist der Zugriff wesentlich erleichtert. Ohne Nummerierung werden alle Ordner automatisch alphabetisch abgelegt.

Als Führungskraft reicht es nicht aus, in Ihrem E-Mail-System nur Projekt- oder Themenordner abzubilden. Durch Ihre Führungsarbeit wird es beim täglichen Delegieren auch hilfreich sein, Rücksprachemappen in elektronischer Form zu installieren, damit sie nicht alles ausdrucken müssen. Rücksprachemappen machen immer dann Sinn, wenn man Informationen personenbezogen griffbereit haben möchte – zum Beispiel für die nächste Rücksprache oder wenn man in einem virtuellen Team arbeitet und kaum die Möglichkeit auf ein persönliches Vieraugengespräch mit der Kollegin oder dem Chef besteht. Beim nächsten Telefonat oder bei der nächsten Videokonferenz sind dann alle E-Mails, die Sie gemeinsam besprechen möchten, per Mausklick verfügbar.

Für alle anderen Informationen, also Ihre Projektdaten, Kundeninformationen oder unternehmensinterne Dokumente, macht eine themenbezogene Ablage am meisten Sinn. Sollte eine Information gleich in zwei Themenordern passen, fragen Sie sich, unter welchem Stichwort Sie dieses Thema am ehesten erinnern. Genau dort sollten Sie diese dann auch ablegen, denn Ihr Gedächtnis wird Sie diese Information wahrscheinlich auch künftig über dieses Schlagwort abrufen lassen.

Automatisches Vorfiltern

Das automatische Vorfiltern der elektronischen Post funktioniert mit und ohne Vorzimmer. Wenn Sie eine Sekretärin haben, erfahren Sie im Kapitel »Machen Sie Ihr Vorzimmer zum Verbündeten« mehr dazu. Wenn Sie ohne Vorzimmer arbeiten, sollten Sie wissen, dass alle herkömmlichen E-Mail-Systeme über einen Regelassistenten oder Agenten verfügen, der eingehende E-Mails je nach Betreff, Absender oder Priorität in einen Mailordner verschiebt. Insbesondere für Newsletter, Systemmeldungen oder Cc-Mails kann das Sinn machen. Nutzen Sie diese Möglichkeit, und lassen Sie einen Teil Ihres elektronischen Posteingangs durch definierte Regeln automatisch sortieren.

Stellvertretung im Posteingang

Haben Sie einen Stellvertreter, der während Ihrer Abwesenheit Ihre E-Mails bearbeitet oder dies künftig tun soll? Dann kann auch für diese Konstellation ein gemeinsames Ordnersystem sinnvoll sein. Schalten Sie sich gegenseitig die Maildatenbank (Lotus Notes) beziehungsweise die Posteingänge und relevanten Ordner im E-Mail-System frei. Erstellen Sie im eigenen Account und im Account des Kollegen den Ordner »Stellvertretung« mit folgenden Unterordnern: »erledigt«, »in Arbeit« und »zu löschen«. Achten Sie beim Freischalten Ihrer Datenbank und Ordner darauf, dass Ihre Stellvertretung auch alle relevanten Operationen (bearbeiten, verschieben, im Auftrag senden, eventuell auch löschen) ausführen kann. Ansonsten ist eine »ganzheitliche« Stellvertretung nicht möglich. Schließlich soll Ihr Kollege so wenig Mühe wie möglich mit der Arbeit in Ihrem Posteingang haben, und auch Sie sollten nach der Rückkehr aus dem Urlaub nicht wieder jede gelesene oder ungelesene Nachricht in die Hand nehmen müssen, um ihren Status zu klären. Diese Art der elektronischen Stellvertretung können Sie auch für Ihre Mitarbeiter einführen.

Nur mithilfe klarer Selbststeuerungs- und Teamregeln gelingt es Führungskräften, dauerhaft einen effektiven Arbeitsstil und Informationsmix zu etablieren. Ziel unserer Coachings ist es, Manager und ihre Teams anzuleiten, dass sich Zeiten der Kommunikation und des Informationsinputs abwechseln mit Phasen konzentrierten Arbeitens. Wer effektiv und effizient arbeitet, muss nachdenken können und sich erklären dür-

Abbildung 15: Die wichtigsten Unterordner

Anhand der Unterordner »erledigt«, »in Arbeit« und »zu löschen« erkennen Sie und Ihre Stellvertretung sofort, welche E-Mails schon erledigt sind und welche sich für eine gemeinsame Übergabe noch »in Arbeit« befinden.

fen. Dazu braucht er Zeit und die Chance, nicht ständig durch ein Klingeln, Blinken oder »In-der-Tür-stehen« unterbrochen zu werden. Die größte Kunst ist es heute, nicht immer technisch erreichbar und doch in dringenden Fällen sofort verfügbar zu sein. Definieren Sie Ihre Wichtigkeit für das Unternehmen neu: Seien Sie von Zeit zu Zeit nicht direkt erreichbar. Sollte der Vorstand nach Ihnen rufen, informiert Sie das Sekretariat sicherlich sofort. Im nächsten Kapitel erfahren Sie, was Ihre Sekretärin alles für Sie tun kann.

Machen Sie Ihr Vorzimmer zum Verbündeten

In unserer Arbeit mit Führungskräften werden wir häufig gefragt, ob es überhaupt *die* effiziente Form von Zusammenarbeit zwischen Assistenz und Führungskraft gibt. Sicherlich kommt es immer darauf an, in welcher Umgebung das Zweierteam arbeitet und wie stark die Führungskraft sich tatsächlich vom Vorzimmer »führen« lässt. Wir werden immer häufiger angefragt, genau diesen Prozess mit Coachings zu begleiten. Denn allzu oft sind Verhaltensweisen eingeschliffen und das Duo kommt aus dem Teufelskreis von Erwartungen und Enttäuschungen von allein nicht mehr heraus. Unsere Kunden, sowohl die Sekretärinnen als auch die Führungskräfte, sind oft äußerst erstaunt und dankbar, wie viel Veränderung durch Prozessbegleitung möglich ist. Folgende Kernaussagen zur effizienten Zusammenarbeit sollen als Benchmark gelten. Das Tandem Führungskraft und Assistenz arbeitet aus unserer Sicht optimal, wenn

- sich beide *täglich austauschen*, denn das sorgt für ein beidseitig informiertes Gespann, beugt Ad-hoc-Aktionen vor und fördert Motivation und Produktivität;
- beide eine *kommunizierte Arbeitsteilung* haben, denn das sorgt für ein professionelles Auftreten nach außen. Wenn die Sekretärin zum Beispiel die Hoheit über den Terminkalender hat, führt dies zu Klarheit gegenüber Vorgesetzten, Kollegen und eigenen Mitarbeitern;
- sich beide gegenseitig über *Engpässe, Kapazitätenplanung und Verbesserungspotenzial* in der Zusammenarbeit und im Team austau-

schen, denn dann sind eine flexible Planung und ein selbstbestimmtes Termin- und Zeitmanagement durch die Assistenz möglich;

■ beide optimal aufeinander abgestimmt sind und mithilfe einheitlicher Standards und optimierter Arbeitsabläufe *Hand in Hand arbeiten*, denn nur so ist eine nachhaltige Entlastung durch das Sekretariat möglich, und nur so kann der Chef auch mal ein paar Tage ohne das Vorzimmer auskommen – und es läuft trotzdem alles rund.

Nur wenige Chefs arbeiten mit ihren Assistenzen nach diesen Prinzipien. Wenn Sie nicht dazu gehören, sollten Sie nach einer guten Gelegenheit suchen, einen Neubeginn zu wagen. Eine Umstrukturierung in der Abteilung kann ein guter Anlass sein, mehr über das Sekretariat abzuwickeln. Am einfachsten hat es natürlich der Chef, der neu in eine Abteilung kommt und die Standards mit seiner Sekretärin entwickeln kann. Oder das Sekretariat wird neu besetzt, und so können neue Wege beschritten werden.

Die E-Mail-Bearbeitung durch das Sekretariat

Möchten Sie den ersten wirksamen Schritt hin zu einer optimalen Arbeitsteilung mit Ihrem Vorzimmer machen? Dann lassen Sie Ihren Posteingang durch Ihr Vorzimmer vorsortieren. Bei der papierenen Post würde auch keine Vorstandssekretärin auf die Idee kommen, diese ungeöffnet als Stapel auf den Schreibtisch ihres Chefs zu legen.

Wenn Ihre Assistenz alle E-Mails und Einladungen filtert, ist das eine wichtige Zeitersparnis für Sie. Eine transparente Ordnerstruktur ist dabei eine wichtige Grundlage. Denn schließlich müssen Sie wissen, was Ihr Sekretariat für Sie schon erledigt hat. Erstellen Sie daher gemeinsam eine einfache und wirksame Ordnerstruktur, über die Sie beide effizient kommunizieren können. Wir haben die Erfahrung gemacht, dass weniger mehr ist. In den meisten Fällen reicht es aus, die Ordner »erledigt«, »in Arbeit« und »lesen« zu installieren. Manager, die ihre Ablage über das Sekretariat machen lassen, sind in der Regel von einem Ordner »print« begeistert: Alle vom Sekretariat abzulegenden beziehungsweise auszudruckenden Daten und Informationen werden in diesen Ordner geschoben und in regelmäßigen Abständen von der Assistenz erledigt.

Abbildung 16: Weitere Unterordner

Über die Ordner »erledigt«, »in Arbeit«, »lesen« und »print« können Führungskraft und Assistenz miteinander kommunizieren, ohne sich ständig die E-Mails hin- und herschicken zu müssen. Der Vorteil: Der Status der jeweiligen E-Mail-Nachverfolgung und Bearbeitung kann über den Account des Chefs erfolgen.

Die Umstellung ist ein echter Veränderungsprozess! Nutzen Sie für die Umsetzung die Checkliste 14 am Ende des Buchs. Außerdem sind Geduld und Nachsicht vonnöten. Erfahrungsgemäß führt diese veränderte Aufteilung bereits innerhalb der ersten zwei Monate bei Ihnen zu einer großen Zeitersparnis in der Bearbeitung von E-Mails.

Die Aufgabenverfolgung durch das Sekretariat

Eine ganzheitliche Postbearbeitung durch das Vorzimmer schließt auch das Nachverfolgen von Deadlines mit ein. Damit steht die Sekretärin, die früher alle Aktennotizen geschrieben, Telefonate entgegengenommen und vereinbart sowie jeden Brief verfasst hat, vor großen Veränderungen, denn keine Rolle im Unternehmen hat sich mehr gewandelt als ihre. Heute lösen die Chefs per E-Mail Aufträge aus, von denen das Sekretariat gar nichts erfährt. Beide Seiten müssen daher dafür sorgen, dass die Sekretärin wieder mehr ins Geschehen eintauchen kann. Lesen Sie mehr über die Regelkommunikation mit dem Sekretariat in Kapitel 4 auf Seite 120.

Das Kalendermanagement durch das Sekretariat

Es kann nur einen Herrn oder eine Herrin über den Kalender geben. In vielen Büros ist das schon die Sekretärin, aber es gibt auch Mischformen. Nehmen beide Seiten munter Termine an, dann ist der Kalender schnell für die kommenden drei Monate ausgebucht. Oder schlimmer: Mündliche Terminzusagen landen erst gar nicht im Kalender, was das Vorzimmer regelmäßig in Schwierigkeiten bringt. Natürlich ist es auch wichtig, dass Führungskraft und Sekretariat die richtigen Fertigkeiten im Umgang mit der Groupware beherrschen. Nichts ist peinlicher, als wenn man hinter versehentlich gelöschten Kalendereinträgen »hinterher telefonieren« muss (meist liegt das an der ausgeprägten Löschfreudigkeit des Chefs). Das wirkt auf Außenstehende nicht wirklich kompetent. Checkliste 15 zeigt Ihnen, wie gutes Kalendermanagement geht.

Vertrauen schafft Freiheit

Machen Sie als Führungskraft den ersten Schritt! Binden Sie Ihr Sekretariat in die Umstellung ein, und reflektieren Sie gemeinsam, wo Wissens- und Kommunikationslücken sind. Erfragen Sie, ob Ihre Sekretärin sich von Ihnen »unterinformiert« fühlt. In unseren Coachings bestätigen uns das die Sekretärinnen regelmäßig. Lassen Sie zu, dass Sie gemanagt werden, denn nur so gewinnen Sie viel Freiheit. Klare Absprachen und Verantwortlichkeiten auf beiden Seiten geben Ihrer Sekretärin den notwendigen Aktionsspielraum. Sicherlich hat Ihre Assistenz eine Menge Ideen und Vorschläge, um Ihrer permanenten elektronischen Verfügbarkeit wirkungsvoll entgegenzuarbeiten und Ihnen mehr Luft für Führungsaufgaben und Strategiearbeit zu verschaffen. Außerdem sollten Sie gemeinsam erarbeiten, was eine Hol- und was eine Bringschuld in Ihrer Zusammenarbeit ist. Und geben Sie sich Zeit, ziehen Sie regelmäßig Bilanz, und vergessen Sie Ihre wichtigste Aktivität nicht: den täglichen Austausch mit dem Sekretariat als festen Termin.

Verbessern Sie Informations- und Kommunikationsstandards im Team

Elektronische Ablagemöglichkeiten haben in den letzten Jahren an Komplexität extrem zugenommen. Hatten unsere Kunden bis dahin maximal die Groupware und den Windows Explorer zu organisieren, sind die Anforderungen an die Wissenssicherung durch die Fortschritte in der Elektronischen Datenverarbeitung (EDV) inzwischen stark gestiegen.

Von dieser Entwicklung sind Führungskräfte und Mitarbeiter gleichermaßen betroffen. »Entweder Papier oder EDV« gilt nicht mehr. Informationen befinden sich heute in Aktenschränken, auf Datenbänken, in Postfächern, in Dokumentenmanagementsystemen, im Intranet, auf dem Abteilungslaufwerk, auf der Festplatte und in Schreibtischen. Wahrscheinlich dachten Sie bisher auch, dass mit der Zunahme der elektronischen Möglichkeiten eigentlich doch auch die papiernen Aktenberge schwinden müssten. Studien haben jedoch ergeben, dass sich seit Einführung der E-Mail die Anzahl der Ausdrucke mehr als verdreifacht hat. Wir wissen aus der Praxis, warum das so ist. Da es keine klare Regel gibt, wo Unterlagen verbindlich und »führend« abgelegt werden, wird erst einmal viel zu viel ausgedruckt, um es schwarz auf weiß zu haben. Um das zu vermeiden, sollten Sie die wichtigsten drei Informationsplattformen aufeinander abstimmen und konsequent organisieren:

- die Groupware (also Outlook, Lotus Notes und Co.);
- die Dateiablage über Server, Festplatten oder persönliche Laufwerke;
- Papier (im Archiv und Nachschlagebereich und am Schreibtisch).

Sind diese drei Informationsplattformen nicht synchronisiert, fällt es jedem Team schwer, Informationen und Daten effizient zu verwalten und Doppel- und Dreifachablagen zu verhindern. Hinzu kommt, dass 75 Prozent der heutigen »Kopfarbeiter« es nicht oder nur teilweise gelernt haben, ihren Arbeitsplatz effektiv zu gestalten. In der Praxis hat demnach jedermann gezwungenermaßen seinen eigenen Weg gefunden, mit der Informationsflut und der Vielfalt der Speichermedien umzugehen. Was für den einzelnen Arbeitsplatz vielleicht im Tagesgeschäft funktioniert, ist auf Team-, Projekt- und Abteilungsebene in der Regel nicht effizient. Denn Wissen ist der entscheidende Erfolgsfaktor für Un-

Abbildung 17: Drei Informationsplattformen

Das Teilen und Sichern von Teamwissen funktioniert dann, wenn die drei Informationsplattformen optimal aufeinander abgestimmt sind.

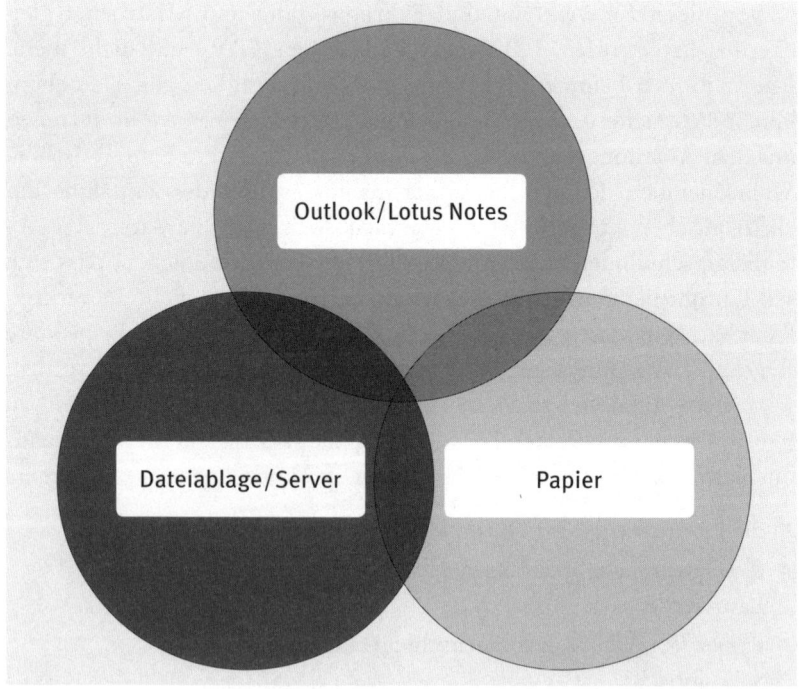

ternehmen und sollte einheitlich und transparent und vor allem personenunabhängig verwaltet werden.

Sie als Führungskraft sollten das Thema »effektives Informationsmanagement« daher zur Chefsache erklären. Es geht hier nicht um Banalitäten, die man ins Team oder an das Sekretariat delegiert, wie viele Manager zunächst glauben. Hier geht es um die langfristige Dokumentation Ihrer Geschäftsabläufe und eine nachhaltige und dauerhaft transparente Wissenssicherung für alle und von allen Mitarbeitern! Und das ist eine strategische Aufgabe, die in der Verantwortung des Managements liegt. Das gilt genauso für das »E-Mail-Management«, also das Verfassen, Weiterleiten und Ablegen von E-Mails in Ihrem Team. Sorgen Sie auch hier für einheitliche Standards, für eine E-Mail-Netiquette, um nicht in der Kommunikationsflut unterzugehen.

Synchronisation der Daten- und Informationsplattformen

Bei unserer täglichen Arbeit mit Teams und ihren Führungskräften verweisen wir gleich zu Beginn unserer Workshops auf folgenden Zusammenhang zwischen E-Mail Flut und Dateiablage:

▶ ▶ ▷ **Je intensiver ein Team oder eine Abteilung das eigene Team- oder Abteilungslaufwerk (zum Beispiel Dateiablage im Windows Explorer) nutzt, umso stärker lässt sich der interne E-Mail-Verkehr reduzieren.**

Das leuchtet den meisten Menschen sofort in dem Moment ein, in dem sie darüber nachdenken. Viele Teams waren sich vorher jedoch nicht über dieses Zusammenspiel bewusst. Es macht also Sinn, zwischen internem und externem elektronischen Daten- und Informationsaustausch zu unterscheiden. Warum? Ganz einfach, weil Sie E-Mails von außen nicht steuern können. Wenn Kunden, Lieferanten oder externe Partner Nachrichten an Sie schicken, agieren Sie als Dienstleister und/oder Geschäftspartner. Beeinflussen können Sie diesen Maileingang nicht. Anders sieht es im internen E-Mail-Verkehr aus. Wenn Präsentationen, Protokolle oder Angebote inklusive Schriftverkehr über eine gemeinsame elektronische Plattform transparent abgelegt sind (wie in Kapitel 2 vorgestellt), kann jedes Teammitglied diese Informationen einsehen und nutzen. Teams brauchen zur Informationsbeschaffung keine E-Mails mehr zu schreiben, sondern wissen, wo die Dateien liegen. Motivieren und unterstützen Sie als Führungskraft Ihr Team darin, gemeinsame Standards für ein effektives Informationsmanagement und damit für eine Reduktion der internen E-Mail-Flut zu machen.

Was gilt es konkret beim Abstimmen der drei wichtigsten Informationsplattformen Papier, Outlook/Lotus Notes und Dateiablage zu beachten? Mit Checkliste 12 haben Sie bereits eine gemeinsame elektronische Teamablage eingeführt. Jetzt kommt es darauf an, diese ebenfalls auf die Papierablage und die Ordnerstruktur in Outlook beziehungsweise Lotus Notes zu übertragen. Wenn Sie also eine kunden- oder produktorientierte Ablauforganisation haben, dann sollte sowohl auf dem gemeinsamen Laufwerk, als auch in der Papierablage und individuellen Ordnerstruktur in Outlook/Lotus Notes die Ordnerstruktur identisch sein.

Die Papierablage

Sie reduziert sich meist auf vertragliche Dokumente und Personalunterlagen, die in Papierform archiviert werden müssen. Sie können meist ohne großen Aufwand eingescannt werden und sind damit in eine elektronische Ablagestruktur integrierbar. Der parallel entstandene elektronische Schriftverkehr kann somit am gleichen Ort abgelegt werden. Wer mehr Papierunterlagen im Original hat, sollte über ein Dokumentenmanagementsystem nachdenken (siehe Kapitel 2).

E-Mail-Standards im Team

Gehört relevanter elektronischer Schriftverkehr in die Postfächer Ihrer Mitarbeiter oder auf die gemeinsame Wissensplattform? Wir empfehlen, alle elektronischen Nachrichten mit Dokumentencharakter auf das gemeinsame Laufwerk oder in ein Datenbanksystem für die Gruppe abzulegen. Legen Sie mit Ihren Mitarbeitern fest, welche E-Mails tatsächlich in der Groupware jedes Einzelnen verbleiben können und welche zum jeweiligen Projekt oder Kundenvorgang in die Dateiablage gehö-ren. Nur so schaffen Sie es, dass jedes Teammitglied nach und nach seine persönlichen Ordner aufgibt, Wissen teilbar wird und dabei ganz nebenbei auch die individuelle Größe von Postfächern und Datenban-ken reduziert werden kann. Verwenden Sie dazu Checkliste 13 am Ende des Buches.

Für alle Anwender von Lotus Notes ist das Ablegen von E-Mails im Windows Explorer in der Regel aufwändiger als bei Outlook-Nutzern. Letztere ziehen die Nachrichten mit der Maus einfach in den geöffneten Windows Explorer. Aus Lotus Notes hingegen kann die E-Mail entwe-der nur im Text- oder PDF-Format exportiert werden.

E-Mails im Tagesgeschäft

Wenn Sie festgelegt haben, welche E-Mails künftig in der gemeinsamen Dateiablage abgelegt werden, haben Sie diese einem »sicheren« Archiv zugeführt. Dann ist besonders für elektronische Nachrichten eine ein-heitliche Dateibenennung extrem wichtig. Der eindeutige Name inklu-sive Empfangs- oder Sendedatum erspart Ihnen Nachrichten mit dem Betreff »AW: AW: AW: Preisinfo«, die erstens nicht aussagefähig sind, und bei denen zweitens das Empfangs- und Sendedatum nicht abgelesen werden kann, da in Windows Explorer abgelegte Nachrichten nur das Ablagedatum zeigen.

Viel zu viele E-Mails sind in der Vergangenheit jedoch sofort nach Eintreffen im Posteingang in den persönlichen Archiven (als Unterord-ner im Posteingang) verschwunden. Die Mitarbeiter waren dazu ge-zwungen, da sie teilweise nur 50-MB-große Postfächer hatten. Heute haben viele Unternehmen größere Postfächer bis zu 2 Gigabyte für die Mitarbeiter. Gibt es bei Ihnen noch persönliche Ordner, dann schaffen Sie auch hier Klarheit im Team, und lassen Sie sich von Ihrer internen IT-Abteilung beraten. Beschließen Sie anschließend eine moderate Lö-sung im Team, die sowohl dem »Jäger und Sammler« als auch dem »Schnelllöscher« zugute kommt. Entscheidend ist, eine klare Linie zu fahren und den Mitarbeitern eine sichere Archivlösung in Abstimmung mit unternehmensinternen Vorgaben zu bieten.

Die Stellvertretung im elektronischen Posteingang

Für die Steuerung Ihres Teams in Urlaubs- und Krankheitszeiten sollten Sie Regelungen erarbeiten, wie Sie den Geschäftsbetrieb ohne Reibungsverluste aufrechterhalten. Das Freischalten des Posteingangs, des Kalenders und der Aufgaben darf hier nicht zur Hürde werden. Wir erarbeiten mit den Führungskräften oft die Standards gemeinsam und setzen sie im Coaching mit den Mitarbeitern um. Sie dürfen schließlich nicht in die missliche Lage geraten, dass es keine klare Regelung für Stellvertretungen gibt – und zum Beispiel ein Mitarbeiter krank wird und den Abwesenheitsagenten nicht aktivieren kann, sodass ein Kundenauftrag per E-Mail an ihn geschickt wird und nichts passiert. Deshalb ist es für die Aufrechterhaltung des Geschäftes unerlässlich, für klare Stellvertretungen zu sorgen.

Die Kommunikation top-down ins Team

Top-down-Informationen können Innovationen auslösen, leider aber auch das Gegenteil. Mitarbeiter äußern immer häufiger Ärger über die Informationsüberflutung und sind dadurch weniger produktiv. Deshalb ist es ausschlaggebend, dass Informationen wohldosiert und mit klarer Beauftragung weitergeleitet werden. Bei der künftigen Informationsweitergabe per E-Mail sollten Sie Folgendes beachten:

■ Prüfen Sie, warum Sie diese Information streuen beziehungsweise weiterleiten wollen. Fragen Sie sich selbst: »Bin ich vielleicht zu bequem, um die E-Mail selbst zu lesen und dann eine Entscheidung zu fällen?«

■ Seien Sie Vorbild und arbeiten Sie mit aussagekräftigen Betreffs und klar formulierten Angaben in Ihren Nachrichten. Das erleichtert die Weiterverarbeitung für den Empfänger ungemein.

■ Gehen Sie mit den Nachrichten- und Verlaufoptionen Ihres E-Mail-Tools sparsam um, und lassen Sie sich nur in Einzelfällen das Übermitteln beziehungsweise das Lesen Ihrer Nachrichten bestätigen.

■ Setzen Sie nach Möglichkeit nur eine Person ins Adressfeld und möglichst wenige Personen in »Kopie«.

■ Setzen Sie Prioritäten bei der Wichtigkeit und erarbeiten Sie im Team einen Kodex, was Sie mit Betreffkürzeln wie »z. K./zur Kenntnis« oder »fyi/zur Info« genau meinen.

■ Kommunizieren Sie wichtige Informationen mit besonderer Auswirkung nur mündlich.

Das Reduzieren der »Cc-Mails«

Wir erleben viele Führungskräfte in unserer Coachingarbeit, die darüber klagen, von Informationen überflutet zu werden. Dennoch mögen viele Manager nicht von »Cc-Mails« lassen. In diesem Fall ermutigen wir dazu, durch stringente Aufgabenverteilung und Projektverantwortlichkeit Vertrauen in die Arbeit der Mitarbeiter zu gewinnen und mittelfristig die Anzahl der »Cc-Mails« zu reduzieren.

Es gibt im Gegenzug auch viele Mitarbeiter, die nicht davon lassen können, alle Informationen in Kopie an den Vorgesetzten zu senden. Hier sollten Sie als Führungskraft hinterfragen, was die Gründe dafür sein könnten. Uns begegnen in der Praxis meist folgende Varianten:

■ Der Mitarbeiter weiß nicht, dass Sie keine unfertigen Zwischenstände, sondern nur abgeschlossene Vorgänge in »Cc« wollen.

■ Der Mitarbeiter schickt »Cc-Mails«, weil er seine Kompetenzen nicht kennt und Sie deshalb in die komplette Korrespondenz einbinden möchte.

■ Der Mitarbeiter hat Angst, eigene Entscheidungen zu fällen, und nimmt den Vorgesetzten durch Nachrichten in Kopie mit in die Verantwortung. In solchen Fällen sind Lesebestätigungen bei E-Mails besonders beliebt.

Trifft einer dieser Fälle zu, sollten Sie das Problem unter vier Augen ansprechen.

Das Entwickeln einer E-Mail-Netiquette

»Netiquette« oder »Netikette« ist ein Kunstwort aus den englischen Wörtern »net« (Netz) und »etiquette« (Etiquette). Es ist eine Sammelbezeichnung für Verhaltensvorschläge in der Netzkultur. Der Begriff wird mittlerweile für alle Bereiche in Datennetzen verwendet, in denen Menschen miteinander kommunizieren. Obwohl Standards von vielen Netzteilnehmern als sinnvoll erachtet werden, hat eine Netiquette keinerlei rechtliche Relevanz. Wir als externe Berater machen immer wieder die Erfahrung, dass Organisationen darunter leiden, dass es keine einheitlichen Standards gibt. Nur wenige unserer Kunden haben tatsächlich verbindliche Leitsätze im Umgang mit elektronischen Nachrichten formuliert. Und so ist es auch nicht verwunderlich, wenn wir in vielen Teams und Bereichen echte Pionierarbeit in Sachen E-Mail-Netiquette leisten.

Sollte auch in Ihrem Bereich eine einheitliche und verbindliche Netiquette notwendig sein, weil Kollegen und Mitarbeiter Ihnen Mails schicken, die unübersichtlich sind, unkommentierte Anhänge enthalten oder schlichtweg sprachlich zu wünschen übrig lassen, dann wagen Sie den Schritt, und etablieren Sie einen Standard. Geben Sie im nächsten Jour fixe den Startschuss für das neue Projekt, und benennen Sie eine Projektleitung. Vielleicht haben Kollegen in anderen Bereichen ebenfalls Interesse und schließen sich Ihnen an. Eine E-Mail-Netiquette sollte folgende Regelungen enthalten:

- Standards beim *Erstellen und Formulieren* von elektronischen Nachrichten (einheitlicher Betreff, Signatur, etc.);
- Verbindlichkeiten beim *Weiterverarbeiten* (also weiterleiten oder beantworten) von Nachrichten;
- Regelungen bei *Abwesenheiten* und für die *Stellvertretung* der elektronischen Postverwaltung;
- *rechtliche Rahmenbedingungen* und Archivierungsvorschriften;
- Vereinbarungen zum verbindlichen *Kalendermanagement*;
- Vorgaben zur Nutzung von elektronischen und papiernen *Ablageorten*: Wo werden die E-Mails und Dokumente gespeichert?

Da das Erstellen und das Weiterverarbeiten von E-Mails zu den grundlegenden und alltäglichen Tätigkeiten in den meisten Unternehmen gehört, zeigen wir Ihnen in den beiden folgenden Auflistungen, worauf Sie hier bei der Einführung der Netiquette achten sollten.

Die wichtigsten Regeln beim Erstellen von E-Mails

1. Jede E-Mail sollte eine einheitliche Signatur haben, sodass jede Nachricht dasselbe Erscheinungsbild hat. Das ist beim internen E-Mail-Verkehr nicht ganz so wichtig, hat aber eine nachhaltige Wirkung bei externen Empfängern.

2. Keine E-Mail ohne Betreff! Die Betreffzeile muss aussagefähig sein und in direktem Zusammenhang mit dem Inhalt stehen. Anbei einige Beispiele, wie es nicht beziehungsweise wie der Betreff aussehen sollte:

   ■ »Reklamation«: besser »Kunde X Reklamation Ventile«
   ■ »Termin«: besser »Verkaufsmeeting neuer Termin «
   ■ »Rechnungen«: besser »Lieferant X Rechnungen 06-08«

3. Klare Zuordnung der Adressaten:

   ■ Von dem Adressaten im Adressfeld wird immer eine aktive Antwort, Reaktion, Entscheidung oder Information erwartet.
   ■ »Cc«-Empfänger erhalten Nachrichten nur zur Info, ohne Verbindlichkeit des Lesens, Reagierens oder der Zustimmung.
   ■ In das »Bcc«-Feld sollten in der Regel keine Adressaten gesetzt werden.

4. Jede Nachricht enthält eine Anrede in akzeptabler Form.

5. Die rechtlichen Vorgaben für im Auftrag gesendete Nachrichten (wie p. p. a., i. A. oder i. V.) sollten mit der eigenen Rechtsabteilung geklärt werden.

6. Inhalt und Text: E-Mails sind möglichst kurz und nur zu einem Thema zu formulieren. Die Erwartungshaltung des Versenders muss eindeutig sein (Termin, Antwort, Entscheidung, Frage). Sätze sollten möglichst ausformuliert werden.

7. Terminanfragen sollten über das elektronische Besprechungsmanagement erfolgen.

8. Anlagen sind vorzugsweise auf dem Server oder auf einer gemeinsamen Datenbank zu hinterlegen, damit die Informationen dem ganzen Team zugänglich werden.

9. Verteiler oder Adressgruppen vereinfachen das Versenden von Nachrichten an mehrere Personen. Sie sollten jedoch regelmäßig aktualisiert werden.

Die wichtigsten Regeln beim Weiterbearbeiten von E-Mails

1. Stoppen Sie große Verteiler. Gehen Sie nicht automatisch auf »allen antworten«, sondern prüfen Sie kritisch, wer Ihre Antwort erhalten sollte.

2. Nutzen Sie Zustelloptionen wohldosiert. Arbeiten Sie nur in Ausnahmefällen mit Lese- oder Übermittlungsbestätigungen, Prioritäten, Dringlichkeiten oder der Verschlüsselung von Nachrichten.

3. Mails sollten bei Anwesenheit innerhalb eines im Unternehmen festgelegten Zeitrahmens (zum Beispiel innerhalb von einem oder zwei Tagen) beantwortet werden.

4. Die Weiterleiten-Funktion sollte nur mit klaren Handlungsanweisungen einsetzt werden – also nur für solche Themen, die den Empfänger betreffen.

5. Mails, die mehr als vier- bis fünfmal hin und her gehen, sind sogenannte »Ping-Pong-Mails«. Solche Bandwürmer entstehen häufig beim allzu leichtfertigem Umgang mit den Funktionen »Antworten« (AW:) und »Weiterleiten« (WG:). Dadurch werden E-Mails unnötig aufgebläht. Bei regem Austausch von Antworten auf Antworten wächst nicht nur die Betreffzeile (AW: AW: AW: AW: Anfrage), auch die ursprüngliche Nachricht wird – je nach Voreinstellung – bei jeder Antwort aufs Neue übernommen. Schaffen Sie hierzu klare Vereinbarungen.

6. In allen Teams sind Vertreterregelungen zu treffen und die entsprechenden Zugangsberechtigungen einzurichten, um eine Beantwortung von E-Mails innerhalb der genannten Zeit zu ermöglichen.

7. Bei ganztägigen Abwesenheiten muss der Abwesenheitsassistent aktiviert sein. Ein Stellvertreter ist zu benennen (inklusive Mailadresse und Telefonnummer), damit wichtige und dringende Anfragen umgehend bearbeitet werden können – oder der Stellvertreter bearbeitet den Posteingang direkt.

Virtuelles Arbeiten und Informationsmanagement

Führen Sie ein virtuelles Team oder haben Sie Kollegen, die auf einem anderen Kontinent oder an einem anderen Standort arbeiten? Dann haben Sie sicherlich schon die Erfahrung gemacht, dass es trotz Prozessstandards und Netiquette-Regeln zu Missverständnissen kommen kann. Woran liegt das? Die Anforderungen an Führungskräfte und Mitarbeiter in virtuellen Gruppen sind extrem anspruchsvoll. Im Gegensatz zu Teams vor Ort macht virtuell vernetzten Kopfarbeitern die dauerhaft eingeschränkte direkte Kommunikation zu schaffen, da Konflikte so nur unzureichend gelöst werden können. Die Kommunikation über E-Mail zum Beispiel macht es schwer, Konflikte rechtzeitig zu erkennen, weil in diesem Medium eher Sachaspekte betont werden und subjektive Einstellungen und Empfindungen zu kurz kommen (mehr dazu in Kapitel 6). Wir haben die Erfahrung gemacht, dass es meist folgende Punkte sind, die die Effektivität und Effizienz in virtuellen Teams gefährden:

Asynchrone Kommunikation und schnelle Vervielfältigung Auch wenn wir es manchmal nicht wahrhaben wollen, aber die Kommunikation per E-Mail ist eine asynchrone – also eine Einbahnstraße. Der Empfänger kann nicht während des Schreibens reagieren. Missverständnisse entstehen, weil dem geschriebenen Wort oft mehr Bedeutung beigemessen wird als zum Beispiel einem persönlichen Gespräch. Man liest die E-Mail, ist empört und setzt beim Antworten Kollegen oder Vorgesetzte direkt auf »Cc«. Die Schnelligkeit der Kommunikation begünstigt den Teufelskreis der Eskalation.

Ungewohnte Transparenz Die Technik, die das virtuelle Arbeiten ermöglicht, bietet eine für viele Mitarbeiter ungewohnte Transparenz in Zeiteinteilung und Arbeitsabläufe. Diese Transparenz schürt Konkurrenz und kann Bedenken vor elektronischer Überwachung auslösen. Nicht selten führt das zum »Horten« von Wissen oder endet gar in einem Boykott der elektronischen Kommunikationsplattformen, auf die das virtuelle Team ja gerade angewiesen ist.

Flache Hierarchien Gerade in virtuellen Teams verflachen Hierarchien schneller, da viele Mitarbeiter es begrüßen, quer durch die Hierarchiestufen kommunizieren zu können. Für die meisten Führungskräfte bedeutet dies jedoch ein erhöhtes F.-Mail-Aufkommen und damit eine noch größere Störanfälligkeit. Ohne ein umsichtiges Sekretariat oder eine konsequente Planung verliert ein virtueller Manager da schnell den Überblick.

Mit folgenden Maßnahmen können Sie diesen Entwicklungen entgegenwirken:

Routinen und Kommunikation Etablieren Sie Alltagsroutinen, und schaffen Sie Raum für persönliche Kommunikation in Blogs, Chats oder Diskussionsforen und idealerweise über regelmäßige Präsenzveranstaltungen.

Konfliktmanagement Seien Sie Vorbild und sprechen Sie Konflikte offen an. Beschreiben Sie, ohne zu bewerten: »Mir ist aufgefallen, dass …, das hinterlässt bei mir den Eindruck, als ob … Wie sieht das aus Ihrer Sicht aus?«

Gezielte Medienwahl Die gezielte Wahl des Kommunikationswegs beugt Missverständnissen vor – insbesondere bei Kritikgesprächen. Überlegen Sie genau, welche Dinge Sie wem am Telefon, via Mail oder in der nächsten Videokonferenz sagen. Transparenz ist wichtig, aber nicht alles muss auf dem Marktplatz ausgetragen werden. Wie Sie mit Konflikten in virtuellen Teams umgehen, finden Sie in Kapitel 6.

Veränderungsmanagement

Fangen Sie noch heute an, und bearbeiten Sie Ihre E-Mails nach dem Sofort-Prinzip. Halten Sie sich an die folgenden Anweisungen, um Ihren Posteingang dauerhaft in den Griff zu bekommen:

Schritt 1 Machen Sie einen Schnitt! Schieben Sie alle E-Mails (aus dem Posteingang und den Gesendeten), die älter als zwei Wochen sind, in einen Archivordner in der aktuellen Datenbank. Diesen können Sie nach und nach ausmisten. Wichtig ist, dass Sie sich ab jetzt mit den aktuellen Nachrichten und To-dos beschäftigen.

Schritt 2 Bearbeiten Sie nun alle aktuellen E-Mails der letzten beiden Wochen nach dem *Sofort!*-Prinzip. Sollten Sie den Vorgang nicht in einem Rutsch schaffen, planen Sie für die nächsten Tage halbstündige Termine mit sich selbst ein, um dran zu bleiben. So wird's gemacht:

- E-Mails, deren Bearbeitung oder Beantwortung nicht länger als fünf Minuten dauert, erledigen Sie sofort, danach sofort löschen oder ablegen.
- E-Mails, die eine längere Bearbeitungs- oder Beantwortungszeit benötigen, planen Sie in Ihrem Kalender als Aufgabe oder Termin fix ein.
- Andere E-Mails werden entweder gelöscht, archiviert oder einem Kunden- oder Projektordner oder dem Ordner »Lesen« zugeteilt.
- Stellen Sie für Newsletter, Systemmeldungen oder »Cc-Mails« im Regelassistenten eine automatische Vorfilterung dieser Nachrichten ein.

Schritt 3 Ist der Posteingang leer, dann bearbeiten Sie die gesendeten Mails:

- E-Mails, die Sie nicht mehr brauchen, löschen Sie.
- E-Mails, die eine Antwort oder eine Reaktion vom E-Mail-Empfänger erfordern, verschieben Sie in die Aufgaben als Wiedervorlage oder in einen Ihrer Rückspracheordner.
- Andere E-Mails werden entweder archiviert oder einem Kunden- oder Projektordner zugeteilt.

Schritt 4 Sind Ihr Posteingang und der Ordner »Gesendete« leer? Dann sorgen Sie für Nachhaltigkeit, sonst sind sie schnell wieder voll!

- Arbeiten Sie Ihren Posteingang ab sofort mehrmals täglich gebündelt ab. Je nach Aufgabenbereich kann das Intervall variieren.
- Blocken Sie sich direkt im Kalender täglich mindestens dreimal 30 Minuten Zeit für Ihre E-Mail-Bearbeitung.
- Gehen Sie einmal am Tag Ihre gesendeten Mails nach dem Sofort-Prinzip durch!
- Hinterfragen Sie sich kritisch: Wie oft sind Sie noch in das Archiv gegangen, um die alten Mails zu suchen?

Erliegen Sie nicht dem Impuls, die Bearbeitung einer E-Mail auf später zu verschieben. Wenn Sie sich zur Gewohnheit machen, E-Mails nur einmal »anzufassen«, dann werden Sie nicht mehr so schnell in alte Verhaltensmuster zurückfallen.

Casestudy

Praxisinterview mit Herrn M., Betriebsleiter.

Kunde: Multinationaler Konzern
Branche: Pharmazie
Beratungs- und Coaching-Design: zwei Managementworkshops, zwei Multiplikatoren-Kickoffs, zwei Coachingeinheiten pro Multiplikator (Train-the-Trainer-Konzept)
Zeitlicher Verlauf: Prozessbegleitung über 4 Monate
Anzahl der gecoachten Mitarbeiter: 120

»Herr M., wie kam es dazu, dass Sie gemeinsam mit Ihrem Managementteam eine Netiquette für den kompletten Betrieb erarbeiten wollten?«

»Ich hatte in den letzten Wochen und Monaten vermehrt E-Mails erhalten, die sowohl vom inhaltlichen als auch vom äußerlichen Erscheinungsbild extrem unprofessionell waren. Zudem hatte ich den Eindruck, dass viele Mitarbeiter im Umgang mit Lotus Notes noch nicht ausreichend geschult sind.«

»*Was waren Ihre Ziele?*«

»Auf der einen Seite wollten wir ein Regelwerk für einen professionellen Umgang mit dem Medium E-Mail erarbeiten. Auf der anderen Seite war mir wichtig, die Mitarbeiter für das Thema Netiquette – also professionelle elektronische Kommunikation – auch im Kundenkontakt zu sensibilisieren.«

»*Was war an dieser Situation die besondere Herausforderung?*«

»Uns war nicht wirklich klar, wie wir sicherstellen konnten, dass das Thema auch den einzelnen Mitarbeiter erreicht. Schließlich wollten wir nicht alle 250 Mitarbeiter in eine Einzelschulung schicken, die dann eventuell das technische Know-how im Umgang mit dem E-Mail-Tool jedes Mitarbeiters verbessert hätte, aber keine verbindlichen Regelungen in Form einer Netiquette vermitteln würde.«

»*Wie genau sind Sie die Sache angegangen?*«

»Wir sind an eine externe Beratung herangetreten, die Profis im Bereich Informations- und Kommunikationsstandards sind. Nach dem ersten Gespräch war klar, dass erst einmal wir Führungskräfte ranmüssen. In einer zweiten Phase sollten dann jeweils fünf Mitarbeiter aus jeder unserer Hauptabteilungen hinzukommen. Neben dem Erarbeiten eines Netiquette-Regelwerks hat das komplette Managementteam noch einmal eine Auffrischung in Lotus Notes bekommen.«

»*Wie ist die Sache ausgegangen?*«

»Tatsächlich haben wir auf Managementebene noch eine Menge zum effizienten Einsatz von Lotus Notes dazugelernt und konnten auf dieser Grundlage ein solides Basisschulungskonzept für interne Multiplikatoren entwickeln. Ziel war es ja, ein Regelwerk in Sachen E-Mail zu erarbeiten, aber gleichzeitig nicht alle Mitarbeiter schulen zu lassen. Wir haben dann über Kick-off-Workshops und individuelle Coachingeinheiten pro Abteilung drei bis vier interne Experten in Sachen Lotus Notes und Netiquette ausbilden lassen. Das hat gut funktioniert.«

» *Wie beurteilen Sie heute Ihre Entscheidung?* «

»Die Umsetzung des Regelwerkes hätte sicherlich ohne die Einbindung der Mitarbeiter nicht annähernd so gut funktioniert. Ich bin froh, dass wir uns sowohl bei der Erarbeitung der Netiquette-Regeln als auch bei der Umsetzung auf die Erfahrung und das Engagement unserer Mitarbeiter verlassen haben. Es hat sich gezeigt, dass wir dadurch ein Mehr an Qualität und Nachhaltigkeit in die einzelnen Teams tragen konnten. Die Akzeptanz für das Projekt ›Netiquette‹ ist durch das Mitwirken der Mitarbeiter erheblich gestiegen.«

Fazit

1. Erhöhen Sie Ihre Selbststeuerungsfähigkeit, und arbeiten Sie Ihren Posteingang ab sofort nach dem *Sofort!*-Prinzip ab. Sie werden dadurch Ihre elektronischen Nachrichten schnell und nachhaltig bearbeiten und durch die Arbeit mit dem Kalender und der elektronischen Aufgabenliste eine zuverlässige Wiedervorlage für E-Mails erhalten.

   ■ Werden Sie nicht zum Sklaven Ihres Posteingangs, das ist unproduktiv und unprofessionell.

   ■ Bündeln Sie Ihre E-Mail-Bearbeitung.

   ■ Lassen Sie sich nicht durch neu eingetroffene E-Mails aus dem Konzept bringen.

2. Machen Sie – wenn vorhanden – Ihr Vorzimmer zum Verbündeten in Sachen E-Mail-Bearbeitung. Lassen Sie sich Ihre elektronische Post durch die Assistenz vorsortieren, und erstellen Sie sich Regeln für die automatische Verschiebung Ihrer E-Mails.

3. Machen Sie eine Bestandsaufnahme aller Informationsplattformen im Team, und erfassen Sie die Ablagen aller elektronischen und papiernen

Dokumente. Definieren Sie im Team, wo E-Mails abgelegt werden und welche Ablage führend ist.

4. Erarbeiten Sie in der Gruppe Stellvertretungsregeln, die bis auf den einzelnen Arbeitsplatz bezogen sind und einen reibungslosen Daten- und Informationsaustausch ermöglichen. Klären Sie im Team, welche Kollegen sich gegenseitig für den elektronischen Posteingang freischalten.

5. Synchronisieren Sie die Informationsplattformen im Team, indem Sie alle Medien (Papier, Outlook/Lotus Notes, Server) nach denselben Oberbegriffen strukturieren.

6. Erstellen Sie mit Ihrem Team oder Ihrer ganzen Abteilung eine E-Mail-Netiquette. So können Sie langfristig die E-Mail-Flut in Ihrem Team und an den Schnittstellen reduzieren und ein einheitliches Erscheinungsbild nach außen erreichen.

4.

Tagesplanung, Routinen, Aufgabenbündelung

»Wenn man es nicht schafft zu planen,
plant man, es nicht zu schaffen.«

Benjamin Franklin

Viele Führungskräfte bezeichnen Tagesplanung und Routinen nicht als ihre Kernkompetenz. Sie finden Planen langweilig oder unrealistisch: »Warum sollte ich planen? Es kommt doch sowieso alles anders.« Denken Sie auch so? Dann sollten Sie jetzt weiterlesen. Denn wir zeigen Ihnen, dass individuelles Zeitmanagement in Wahrheit ein Schlüssel zu Erfolg und Arbeitszufriedenheit ist.

Je häufiger eine Führungskraft täglich auf schnelle Züge aufspringen muss, umso stabiler sollten gewisse Routinen sein. Denn routinierte Strukturen in der Tages- und Wochenplanung bieten Sicherheit, um in Projekten, bei Strategieüberlegungen und schnellen Entscheidungen befreit agieren zu können. Im Privatleben klappt das bei vielen Menschen besser: Sie *nehmen* sich die Zeit, um Projekte wie Hausbau, Urlaub oder größere Anschaffungen professionell und stringent zu planen, weil ihre privaten Routinen (Einkaufen, Zeitung lesen oder Sport treiben) ein wesentlicher Ruhepol sind.

Wer eine solche zeitliche Aufteilung verinnerlicht hat, ist nicht so leicht aus dem Tritt zu bringen. Wo sie fehlt, fehlen häufig die Grenzen und Vorstellungen, was man wann macht. Im heutigen Arbeitsleben ist das besonders gefährlich: Wer keine stabilen Strukturen hat, ist besonders empfänglich für spontan hereinkommende Informationen und kann »süchtig« werden nach ständiger Erreichbarkeit. Gerade bei Führungskräften, die gewisse ungeliebte Tätigkeiten meiden, sind Handy und E-Mail konkurrierende Aktivitäten und führen zur Planlosigkeit. In Teams kann das zu dem Trugschluss führen, man sei besonders produktiv, wenn alle sofort auf E-Mails antworten und vielleicht sogar noch telefonieren, ob die E-Mail schon gelesen wurde. Ein solches Arbeitsverhalten macht jedoch weder den Einzelnen noch das Team oder Unternehmen effektiver. Je weniger Strukturen vorhanden sind, umso mehr Arbeitsunterbrechungen gibt es. Unseren Erhebungen zufolge (Institut für Beratung und Training 2007) verschwenden Mitarbeiter im Durchschnitt einen halben Tag pro Woche durch unproduktive Arbeitsunterbrechungen. Dadurch gehen einem Unternehmen mit 1 000 Mitarbeitern 7,1 Millionen Euro pro Jahr verloren. Und viele dieser Störungen werden unnötigerweise hingenommen, obwohl sie bei einer besseren Steuerung durch Führungskräfte und Mitarbeiter hätten verhindert werden können.

Planen schützt vor Störungen

Warum nehmen Führungskräfte die Rolle des Planers nicht konsequent wahr? Weil sie selbst unter Überinformation und fehlender Planung leiden. Aufschieberitis wird immer noch als Kavaliersdelikt gehandelt, und Überinformation entsteht zum großen Teil durch hyperaktives Kommunikationsverhalten der Führungskraft selbst. Doch auch auf der Mitarbeiterebene greift der E-Mail-Wahn immer weiter um sich. Schon Bill Gates hat gesagt, dass die Elektrifizierung unfertiger Zustände zum Chaos führt. Wenn wir die Posteingänge von Führungskräften analysieren, sehen wir beispielsweise viel zu viele »Cc-Mails« mit unnötigen, übereilten und unpräzisen Informationen.

Fehlende Planung schlägt sich besonders in einem unstrukturierten Tagesablauf nieder. Das führt aus unserer Sicht zu falsch verstandener Spontaneität, die in der Regel unnötige, kurzfristige Planänderungen zur Folge hat, die wiederum Störungen oder Fehler nach sich ziehen. Neben der negativen Auswirkung auf die Produktivität des gesamten Teams sorgt ein störungsanfälliger und unstrukturierter Arbeitsalltag auch für erheblichen Frust bei Mitarbeitern. Glücksforscher bestätigen, dass Menschen dann die größte Arbeitszufriedenheit zeigen, wenn sie in einem bestimmten Zeitfenster voll konzentriert und ohne Störungen ihre Leistungsfähigkeit voll ausschöpfen können.

Wie sieht der Arbeitsalltag von Kopfarbeitern heute aus? Sie stöhnen besonders über zu viele E-Mails: »Ich kann nur reagieren, und bin zu stark fremdgesteuert.« Diese negative Sicht auf die Tagesarbeit verantworten Manager zu einem guten Teil mit, teilweise sind sie sogar der Auslöser. Eine Analyse der Ursachen oder gar eine Veränderung dieses Zustandes bleibt meist aus. Wir beobachten immer wieder, dass Routinen für eine geordnete Ablauforganisation fehlen, die bindend sind und eingehalten werden. Durch die Alltagshektik aufgrund mangelnder Planung fehlt dann die Zeit, strategische und taktische Konzepte zu liefern, um dauerhaft flexibel auf neue Anforderungen zu reagieren. Somit fühlen sich viele Teams fremdbestimmt und zeigen weder Bereitschaft noch Engagement, um gegenzusteuern.

Wie Führungskräfte selbst unter Überinformation und fehlender Planung leiden, zeigt folgendes Beispiel. Die Führungskraft hat sich im elektronischen Kalender eine Stunde reserviert, um sich konzeptionell auf ein Thema vorbereiten. Doch dazu kommt es erst gar nicht:

▪ Der ständige Blick auf den E-Mail-Eingang verhindert konzentriertes Arbeiten. Mails werden aus Zeitmangel jedoch nicht zu Ende bearbeitet und nur kurz überflogen. Das nimmt durch Mehrfachbearbeitung letztlich mehr Zeit in Anspruch.

▪ Das elektronische Terminmanagement kann sich stündlich ändern und wird deshalb ständig selbst kontrolliert. Um sich die »Flexibilität« zu erhalten, überall dabei zu sein, sagt die Führungskraft Termine zum gleichen Zeitpunkt »unter Vorbehalt« zu. Durch die Unverbindlichkeit der elektronischen Terminorganisation wird parallel viel telefoniert – zu viel Energie fließt in diese Tätigkeiten.

▪ Parallel zum Festnetz gehen Telefonate über das Handy ein, der Manager ist auf allen Kanälen erreichbar und wird ständig gestört. Ist das Handy dann noch ein Blackberry, ist die permanente Verfügbarkeit perfekt, da Nachrichten zu jeder Tages- und Nachtzeit gelesen und bearbeitet werden können.

▪ Parallel gehen Instant Messages ein, da Kollegen weltweit sehen, dass die Führungskraft online ist.

▪ Das »Hereinschauen« einiger Mitarbeiter, die nur darauf gewartet haben, dass die Führungskraft endlich wieder im Büro auftaucht, löst unstrukturierte Kurzbesprechungen aus.

Die Führungskräfte, die selbst keine Ruhe zum konzentrierten Arbeiten finden, »outen« sich meist als Informations-Junkies, die mit blitzschnellen E-Mail-Reaktionen an übergroße Verteiler punkten wollen. Sie leiten E-Mails unstrukturiert ohne klare Instruktionen an Mitarbeiter weiter, ohne zu erkennen, dass sie damit beim Mitarbeiter Verwirrung auslösen. Sie versuchen, im E-Mail-Dschungel durch Nachverfolgungsoptionen und Lesebestätigungen den Überblick zu behalten, lösen dadurch aber eine Kettenreaktion von Kontrollmechanismen aus, die viele Mitarbeiter ebenfalls übernehmen. Viele Führungskräfte lieben es sich einzuschalten, obwohl sie in E-Mails nur in »Cc« gesetzt sind. Damit entmachten sie nicht selten ihre kompetenten Sachbearbeiter, lösen unwirtschaftliche Doppelarbeiten aus und sind für die Informationskonfusion selbst mitverantwortlich. Vor lauter E-Mails vergessen sie häufig, mit Kunden, Kollegen und Mitarbeitern zu sprechen. So werden Probleme, die zeitnah mündlich geklärt werden könnten, verkompliziert und eskalieren nicht selten. (Alles Wichtige zum Thema »Effektives Informationsmanagement« finden Sie in Kapitel 3.).

Das eben beschriebene Beispiel zeigt, wie schwierig es geworden ist, im Arbeitsalltag in gewissen Zeitfenstern »nach Plan« zu arbeiten. Laut einer amerikanischen Studie (University of California, Examining The Nature of Fragmented Work) arbeiten Kopfarbeiter nur noch ganze elf Minuten pro Stunde ungestört und konzentriert. Diese äußerst stressige und unwirtschaftliche Arbeitssituation wird allerdings nur zum Teil durch die elektronischen Medien ausgelöst. Für viele Menschen sind die neuen Kommunikationsformen ein willkommenes Alibi: Sie unterstützen die Unlust am Planen und bieten immer eine Entschuldigung für liegengebliebene Arbeiten, denn die neue Mail war ja so wichtig!

Lesen Sie im folgenden Kapitel, wie Sie es schaffen, mit einem individuellen Zeitmanagementmodell Ihre Tages- und Wochenplanung in den Griff zu bekommen und wieder Ruhe und Zeit für die Kernaufgaben zu finden.

Mit richtiger Planung zum Erfolg

»Der Erfolg kommt nur über die Brücke der Planung zu dir.«
Adolf Loos

Eine Tages- und Wochenplanung hilft Management und Team, das Richtige zu tun und effektiv zu sein. Führungskräfte haben dabei eine Vorbildfunktion. Sie sollten zeigen, dass Planung ein Bestandteil des Unternehmenserfolges ist und standardisierte Arbeitsschritte und Routinen von der Unternehmensleitung unterstützt werden. Die Einsicht, dass auch Kopfarbeiter gut daran tun, eine kontinuierliche Arbeitsvorbereitung und Planung zu machen, kommt beim Management jedoch erst langsam an.

Würden gewerbliche Mitarbeiter ein Auto nach den Planungsstandards von Kollegen aus dem Marketing produzieren, käme am Ende jedes Auto als ungewolltes Unikat aus der Fertigung. Natürlich antwortet der Kopfarbeiter sofort: »Man kann am Büroarbeitsplatz keine Standards einführen, meine Leistung würde eingeschränkt, weil Standards unflexibel machen – nur das Genie beherrscht das Chaos.« Lassen Sie sich als Führungskraft hier nicht von den eigenen Mitarbeitern den Wind aus den Segeln nehmen! Denn es geht nicht darum, die kreativen Ideen zu stoppen und alle Mitarbeiter gleichzuschalten. Es geht darum, über die Planung und Auswertung der Fehler sinnvolle Verbesserungen durch Routinen zu etablieren, um das Alltägliche zu beschleunigen und mehr Zeit für weitere wertschöpfende Arbeiten zu gewinnen.

Führungskräftetypen und ihr Planungsverhalten

Wir möchten an zwei Führungskräftetypen veranschaulichen, warum die Selbststeuerung und das Führen von Mitarbeitern so anspruchsvoll und schwierig sind. Erst stellen wir eine Führungskraft vor, die sehr spontan und teilweise sprunghaft ist, danach den Typus Manager, der selbst sein bester Sachbearbeiter ist und wenig delegiert und kommuniziert. Beide Typen werden der eigenen Führungsrolle nicht ausreichend gerecht – und das empfinden wir in unseren Beratungen als große Herausforderung für das gesamte Team.

Der Macher

Gute Mitarbeiter werden in der Regel Führungskräfte. Sie haben sich an vielen beruflichen Schauplätzen als aktive Gestalter bewährt. Jetzt gilt es, die Rolle zu wechseln. Und dieses Hineinwachsen in die Führungsaufgabe ist für den »Macher« oft schwer. Legt die Führungskraft ihre Fähigkeiten, schnell, spontan und eigenmächtig zu agieren, nicht ab, trägt sie viel Unruhe in die eigene Organisation. Bei den eigenen Mitarbeitern kann das schnell zu Frust und Überforderung führen, weil die Führungskraft nicht vorhersehbare Schnellschüsse auslöst und für Doppelarbeiten und Blindleistungen sorgt. Ist die Führungskraft selbst als Macher »hyperaktiv«, übernehmen schnell die Mitarbeiter des gesamten Bereichs diesen Arbeitsstil. Ein Beispiel: Führungskräfte, die unstrukturiert Aufträge ins Team geben, liefern gerade den Mitarbeitern Möglichkeiten auszuweichen, die ohnehin wenig Verantwortung übernehmen. Oder ein Mitarbeiter mit geringer Motivation und Kompetenz greift den Ad-hoc-Auftrag des Chefs gerne auf, um andere Arbeiten, zu denen er nicht in Stimmung ist oder die ihm zu kompliziert erscheinen, liegen zu lassen. Das Argument für dieses Verschleppen von Deadlines ist: »Der Chef hat mir doch diese neue dringliche Aufgabe übertragen, deshalb hatte ich keine Zeit für meine anderen Aufgaben.« Das Gefährliche an der Sache ist, dass der Macher das Kippen von Deadlines oft gar nicht oder zu spät bemerkt. Er ist eher selbstverliebt in seine aktive Rolle, die er nicht selbstkritisch hinterfragt.

Der Perfektionist

Auch der Perfektionist ist ein guter Mitarbeiter und Experte, der durch seinen exzellenten fachlichen Einsatz im Unternehmen aufgestiegen ist und Führungskraft wird. Dieser Führungstyp muss mühsam lernen, Wirksamkeit vor Perfektionismus zu setzen. Denn für ihn ist »weniger nicht mehr«, sondern »nicht perfekt« und damit schlecht. Das sorgt für Probleme, denn der Perfektionist delegiert ungern und macht viel zu viel selbst. Seine Rolle wäre es, vertrauensvoll und mutig Aufgaben an die Mitarbeiter zu übertragen, sich nur dann einzuschalten, wenn es notwendig ist, und die Mitarbeiter auch mal aus Fehlern lernen zu lassen. Doch oft wird gerade diesem Typus beim Eintreten in die Führungsebene nicht ausreichend vermittelt, dass die Parameter für die eigene Arbeit sich stark verändern und diese Veränderung die größte Herausforderung bedeutet. Der Perfektionist hat es schwer, denn er muss lernen, im Detail loszulassen, und damit leben, dass andere seinen fachlichen Job (anders) machen. Seine größte Herausforderung ist es, die Managerfähigkeit zu erwerben, »fünf auch mal gerade sein zu lassen« und die Arbeit nach der 80/20-Regel, dem Pareto-Prinzip, zu verrichten (mehr dazu in diesem Kapitel).

Die größte Falle des Perfektionisten ist es, sich ins Team delegierte Aufgaben ständig wieder vorlegen zu lassen. Er überlässt einem Mitarbeiter eine Aufgabe »schweren Herzens«. Der Mitarbeiter weiß oder spürt, dass der Vorgesetzte sie am liebsten selbst erledigen würde. Ist der Mitarbeiter ein Minimalist, wird er dem Vorgesetzten eine inhaltliche Frage zur Aufgabe stellen – und sofort schnappt die Falle zu. Der Vorgesetzte fühlt sich bestätigt und erkennt für sich, dass der Mitarbeiter den Auftrag doch nicht nach seinen Vorstellungen erledigen kann, weil ihm Know-how fehlt, und nimmt den Auftrag wieder zurück. Im Coaching von Führungskräften benötigen wir oft nur einen Blick in den elektronischen Posteingang um zu erkennen, ob diese Führungskraft anfällig für Rückdelegation ist.

Planbare und nicht planbare Tätigkeiten

Wer effektiv sein will, sollte sich durch Planung mehr Zeitsouveränität verschaffen. Eine Kundin aus der Automotive Branche erläuterte es einmal so: »Planen heißt mit Leidenschaft arbeiten.« Sie ist zufrieden, da sie sich Ziele steckt, die sie innerhalb eines Arbeitstages erledigen kann.

Für die individuelle Planung jeder Führungskraft ist es enorm hilfreich, wenn das Unternehmen Top-down-Ziele vorgibt, die dann über die Bereiche in die Abteilungen und Teams heruntergebrochen werden. Wenn dies vom Unternehmen nicht konsequent getan wird, empfehlen wir Ihnen, nicht auf die Initiative der Geschäftsleitung zu warten, sondern selbst Ziele für das Team festzulegen.

In unseren Beratungen unterstützen wir Teams durch Ziele-Workshops, in denen klar definierte, komplexe Aufgabenstellungen zum Beispiel für das nächste Jahr festgelegt werden, um im Team für mehr Transparenz zu sorgen. Sind diese Ziele einmal definiert, werden Aufgaben und Projekte auf Kapazitäten und Kompetenzen hin überprüft und mit klarer Verantwortlichkeit an bestimmte Personen übergeben.

Jetzt besteht die große Herausforderung auf Führungs- und Sachbearbeiterebene darin, die Konzept- und Projektarbeit ins Tagesgeschäft zu integrieren. Und damit sind wir auf dem Level der täglichen Arbeit, also der Tagesplanung angekommen. Abbildung 18 zeigt modellhaft, wie Führungskräfte und Teams gleichermaßen unterschiedliche Aufgaben durch Zeitblöcke verankern sollten.

Abbildung 18: Ein Modell für ein individuelles Zeitmanagment

Die richtige Mischung von selbstgesteuerter und unplanbarer Arbeit macht Unternehmen erfolgreich.

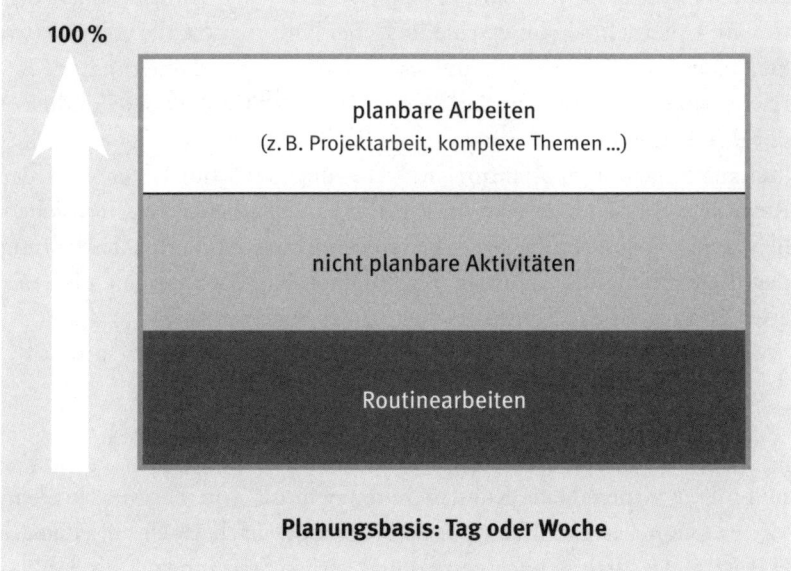

100 %

planbare Arbeiten
(z. B. Projektarbeit, komplexe Themen ...)

nicht planbare Aktivitäten

Routinearbeiten

Planungsbasis: Tag oder Woche

Diese Dreiteilung der Arbeitszeit gilt für jeden Arbeitsplatz. Wir hören oft den Satz: »Wir müssen immer flexibler sein, und viele Parameter ändern sich so schnell, dass es sich gar nicht mehr lohnt zu planen.« Hier halten wir ein Plädoyer für Planung: Gerade durch die Notwendigkeit von Flexibilität brauchen Führungskräfte und Teams eine klare Vorstellung, was sie unbedingt an einem Tag, in einer Woche oder in einem Monat erledigen wollen. Ansonsten sind sie noch anfälliger für Ad-hoc-Aktionen und Ablenkungen. Ein Bankvorstand beschrieb im Rahmen eines Coachings seine Arbeitsbelastung so: »Den ganzen Tag werde ich verplant und habe das Gefühl, zu wenig konzeptionelle Arbeit zu tun. Daher habe ich diese auch nicht geplant. Neulich wurden mir die Konsequenzen deutlich. Am Jahresanfang war weniger Tagesgeschäft zu erledigen, sodass ich auch weniger ›verplant‹ war. Ich hatte keinen Überblick über meine konzeptionellen Aufgaben und musste mir mühsam zusammenschreiben, welche wichtigen Vorhaben ich zu tun hatte. Nach meinem Coaching heißt mein Plädoyer: Plane deine eigenen Arbeitsvorhaben kontinuierlich, dann weißt du immer, was zu tun ist und kannst freiwerdende Zeit sofort füllen.«

Der prozentuale Zeitaufwand für die drei Aktivitäten (Routinen, planbare und nicht planbare Aufgaben) ist je nach Aufgabe und Position im Unternehmen unterschiedlich. Bei Führungskräften sollten etwa 40 Prozent der Arbeitszeit eingesetzt werden für die Steuerung des Bereiches und die Umsetzungsbegleitung der Unternehmensziele (inklusive der dazugehörenden Meetings), etwa 40 Prozent für Routinen (mit Fokus auf Regelkommunikation und Führung der Mitarbeiter) und der Rest für nicht planbare Aktivitäten. Ein Sachbearbeiter benötigt sicherlich mehr als 80 Prozent der Arbeitszeit für die routinierte Abarbeitung des Tagesgeschäftes inklusive ungeplanter Kundenanfragen und nur etwa 20 Prozent der Zeit für Projekt- oder Sonderaufgaben.

Selbststeuerung und die Planung der eigenen Arbeit

In unserer Arbeit beim Kunden hören wir oft von Führungskräften: »Konzeptionelles kann ich nur vor 9 Uhr oder nach 18 Uhr erledigen.« Das ist weder effektiv noch gesund und verleitet sogar dazu, mit der Planung der eigenen Arbeit erst gar nicht zu beginnen. Auch kann diese Aussage geprägt sein von der Unlust, mit einer unangenehmen Aufgabe zu beginnen. Wer aber seine wertvolle Arbeitszeit nicht ausreichend plant, tappt häufig in die Falle, Dringendes vor Wichtigem zu erledigen. Führungskräfte sollten sich an zwei bewährten Modellen orientieren, wenn sie ihre Arbeit optimieren wollen: dem Pareto-Prinzip und der Eisenhower-Matrix. Das Pareto-Prinzip wurde im 19. Jahrhundert von Vilfredo Pareto, einem italienischen Ökonomen und Soziologen, entwickelt. Er untersuchte die Verteilung des Volksvermögens in Italien und fand heraus, dass circa 20 Prozent der Familien etwa 80 Prozent des Vermögens besitzen. Seine Idee: Banken sollten sich also vornehmlich um diese 20 Prozent der Menschen kümmern, und ein Großteil ihrer Auftragslage wäre gesichert. Daraus leitet sich das Pareto-Prinzip ab, auch »80-zu-20-Regel«, »80-20-Verteilung« oder »Pareto-Effekt« genannt. Es besagt, dass sich viele Aufgaben mit einem Mitteleinsatz von etwa 20 Prozent so erledigen lassen, dass 80 Prozent aller Probleme gelöst werden.

Auch wenn der Ansatz zunächst etwas theoretisch klingt, enthält er einen interessanten Praxisbezug für Ihre eigene Arbeit. Achten Sie ab sofort darauf, wie viel Zeit und Energie Sie tatsächlich in Ihre Ergebnisse und Erfolge investieren. Und auch, wenn Sie nicht immer mit 20 Prozent Ihrer Arbeitszeit 80 Prozent Ihres Erfolges erzielen, kann diese Formel eine gute Richtschnur sein. Die Ergebnisse nach Pareto müssen nicht wirklich messbar sein. Nimmt eine Führungskraft sich vor, zwei bis drei wichtige Projekte an einem Tag zu erledigen und erledigt sie dies morgens als Erstes, ist ihr Tageserfolg bereits gesichert. Wer aber seinen Tag mit C-Prioritäten füllt, der weiß abends, obwohl er erschöpft ist, gar nicht, was er gemacht hat – also wird sein Erfolgsgefühl eher gegen 20 Prozent tendieren. Das ist natürlich auch Typsache. Denn es ist schwierig, den Perfektionisten dazu zu bewegen, seinen Anspruch auf 80 Prozent runterzuschrauben. Wer aber zu oft im Detail arbeitet, braucht meist zu viel Zeit und neigt dazu, die fünfte Stelle hinterm Komma zu errechnen, auch wenn das niemanden interessiert – außer den Perfektionisten natürlich.

▶ ▶ ▶   **Definieren Sie zunächst die anstehenden Ziele, Prioritäten und Aufgaben, und schreiben Sie danach die eigene Planung auf.**

Die Eisenhower-Matrix (Abbildung 19) hilft Ihnen, dringende von wichtigen Tätigkeiten zu unterscheiden, und unterstützt Sie aktiv beim Setzen der Prioritäten.

Der Fokus der Führungskraft sollte vor allem auf den B-Prioritäten liegen. Diese Aktivitäten entscheiden über Qualität und Nachhaltigkeit im Team und tragen nicht nur zum Unternehmenserfolg bei, sondern geben den Mitarbeitern auch klare Orientierung. Der Knackpunkt an der ganzen Sache ist allerdings, dass die B-Prioritäten einer konsequenten Planung und kontinuierlicher Nachverfolgung bedürfen.

Und genau an diesem Punkt hakt es oft. Denn viele Menschen neigen dazu, komplexe Aufgaben als Belastung zu empfinden, und haben Schwierigkeiten, mit diesen Aufgaben zu beginnen. Sie begründen dies

Abbildung 19: Die Eisenhower-Matrix

Führungskräfte befinden sich zu häufig im A- und C-Quadranten – egal, ob es sich um einen Macher oder einen Perfektionisten handelt.

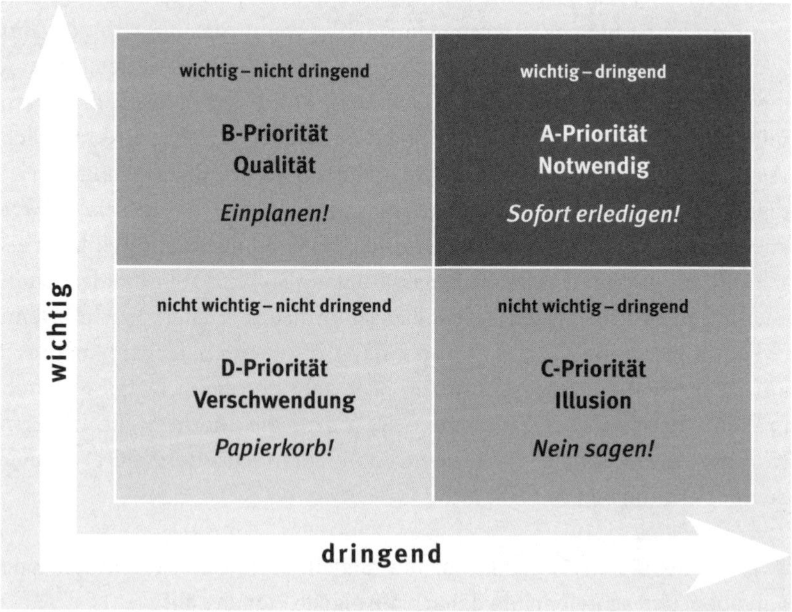

so: »Nur unter Druck kann ich richtig gut sein.« Oder: »Ich bin eben so ein Mensch!« Genauso ist es beim Schreiben einer Diplomarbeit: Ein Diplomand, der keine Lust hat oder nicht den Anfang findet, putzt da schon mal lieber die Wohnung.

Menschen beschäftigen sich in einem solchen Moment lieber mit Aufgaben, die kurzweiliger sind. Das Parkinsonsche Gesetz untermauert dieses Verhalten, denn es besagt, dass Arbeit die Tendenz hat, die zur Verfügung stehende Zeit komplett auszufüllen. Bezogen auf das Beispiel mit dem Diplomanden heißt das: Sobald sich der Diplomand für das Putzen der Wohnung entscheidet, wird er am gleichen Tag sicherlich nicht mehr dazu kommen, an der Diplomarbeit zu arbeiten. Im Arbeitsalltag unserer Kunden stellt sich diese Situation häufig wie folgt dar: Bastelt der Mitarbeiter nur lange genug am geliebten Excelsheet, das niemand in dieser Perfektion braucht, kann es passieren, dass die Zeit verfliegt und für die ungeliebte Projektarbeit verloren geht, die eigentlich wichtig und dringend ist. Da sich Arbeit also beliebig ausdehnt, empfehlen wir ein individuelles Zeitmanagement-Modell, das Stabilität und Sicherheit gibt für die Erledigung der wesentlichen Dinge. Im Folgenden finden Sie einige Tipps, wie Sie Struktur in Ihren Arbeitsalltag bringen und somit effizienter werden.

Verbindliche Zeitfenster schaffen

Bei Projektarbeiten empfiehlt es sich, in Meilensteinen zu planen und entsprechende Zeitblöcke im Kalender einzutragen. Wenn Sie sich bei einer Aufgabe hoch konzentrieren müssen und nicht gestört werden wollen, gibt es nur diese Lösung. Die Zeitfenster dürfen weder durch Sie noch durch Ihre Sekretärin wieder »freigegeben« werden, und Sie sollten die Tür schließen, wenn Sie produktiv sein wollen. Die Aussage »Ich arbeite bei offener Tür, denn ich muss für meine Mitarbeiter präsent sein« ist oft nur eine Ausrede und dient der Sache nicht. Denn ohne Störquellen ist die Führungskraft konzentriert und effektiv und kann danach ebenso gezielt mit den Mitarbeitern kommunizieren.

Auch Neurologen halten wenig von Multitasking. Zwei Hirnforscher der University of Michigan konnten nachweisen, dass das Gehirn um bis

Abbildung 20: Vereinbaren Sie Termine mit sich selbst als Zeitblöcke im Outlook-Kalender

Blocken Sie sich regelmäßig Zeiten für konzeptionelle Arbeiten, um auch Qualitätsthemen (gemäß dem B-Quadranten der Eisenhower-Matrix) für Sie und Ihr Team umsetzen zu können.

Montag, 7. Mai	Donnerstag, 10. Mai
↻ E-Mails bearbeiten 1 h	↻ E-Mails bearbeiten 1 h
09:00 12:00 Vorbereitung Druck Trainingsunterlagen 2 11:00 12:00 Onlinebanking, Rechnungen + ABs schicken	09:00 12.00 Einarbeitung neuer Mitarbeiter 3 h 13:30 16:00 Zusammenstellung Trainingsunterlagen Mappe

Dienstag, 8. Mai	Freitag, 11. Mai
↻ E-Mails bearbeiten 1 h	↻ E-Mails bearbeiten 1 h
10:00 12:00 Vorbereitung Meeting Wuppertal 2 h 14:00 15:00 Druckerei Besprechung Druck Trainingsunterlagen	09:00 13:00 Überarbeitung Power-Point Musterkunde Mappe 15:00 17:00 Recherche Netzwerke Sekretärinnen 2 h

Mittwoch, 9. Mai	Samstag, 12. Mai
↻ E-Mails bearbeiten 1 h	
09:00 12:00 Onlinebanking, Rechnungen + ABs schicken 13:00 14:30 Abwicklung Musterkunde Rollout 1,5 h	
	Sonntag, 13. Mai

zu 40 Prozent weniger leistet, wenn es gleichzeitig verschiedene Aufgaben bewältigen muss. »Durch Multitasking gewinnt man keine Zeit, man verliert sie«, lautet das Resümee der Forscher. Der ständige Wechsel zwischen den Aufgaben führt überdies dazu, nicht alle Informationen nachhaltig verarbeiten zu können (Tagesspiegel, Berlin 2007).

Führungskräfte und Mitarbeiter sollten unabhängig von Stellung und Aufgabe lernen, das regelmäßige Vorsichherschieben von Arbeit in den Griff zu bekommen. Fällen Sie sofort eine Entscheidung über den nächsten Arbeitsschritt und den Zeitpunkt der Bearbeitung. Sie können die Aufgabe bis zum terminierten Zeitpunkt beruhigt vergessen, da sie Ihnen automatisch wieder ins Gedächtnis gerufen wird.

▶ ▶ ▶ **Planen Sie Aufgaben, die Zeit beanspruchen, sofort ein – zum Beispiel in Form einer elektronischen Aufgabe.**

Eine solide Planung und ein gutes Selbstmanagement machen das ständige Aktualisieren und Priorisieren unerledigter Aufgabenlisten überflüssig. Das heißt nicht, dass Sie wichtige To-dos nicht auch das ein oder andere Mal zugunsten dringender Aufgaben verschieben müssen. Mit einer soliden Planung aber wissen Sie genau, was Sie »opfern« und neu planen müssen.

Aufgabenbündelung heißt Zeitgewinn

Neben Zeitfenstern für konzentriertes Arbeiten sind Zeitblöcke für die Bündelung gleichartiger Aufgaben wie E-Mail-Bearbeitung oder Telefonate eine weitere Quelle für Zeitgewinn. In der Bündelung der zahlreichen kleinen Routinen bringen Sie in einem Zeitblock alle notwendigen Angelegenheiten auf den Weg, um sich danach voll auf andere Aktivitäten konzentrieren zu können. Um effektiv und effizient zu agieren, sollten alle Teammitglieder und die Führungskraft folgende Routinen gebündelt abarbeiten:

- ■ E-Mails und Papierpost
- ■ Telefonate

■ regelmäßige Sachtätigkeiten wie Reportings
■ Regelkommunikation
■ Vor- und Nachbereitungen zu Meetings

In unseren Gruppen- und Einzelcoachings empfehlen wir seit Jahren erfolgreich, diese Tätigkeiten nicht nach dem Lustprinzip über den Tag zu verteilen, sondern zu bündeln.

Der sogenannte »Lustarbeiter« ist auf Managementebene übrigens recht häufig vertreten. Er arbeitet das ab, was ihm gerade in den Sinn kommt oder durch visuelle Ablenkung präsent ist. Das bedeutet, dass viele Arbeiten nur angefangen, aber nicht zu Ende bearbeitet werden. Dadurch entsteht viel Mehraufwand, weil diese Aufgaben mehrmals aufgegriffen werden müssen.

Die konsequente Umsetzung der Bündelung hängt stark vom Manager- und Mitarbeitertyp hat. Aber sowohl der Macher als auch der Perfektionist und natürlich alle Typen, die nicht so eindeutig zuzuordnen sind, können so ihre Schwächen wie Sprunghaftigkeit oder übermäßigen

Abbildung 21: Gewinnen Sie Zeit durch Aufgabenbündelung

Der Arbeitsstil in der linken Abbildung wird geprägt vom Lustprinzip und kostet Zeit. Das rechte Bild zeigt den Zeitgewinn durch klassische Aufgabenbündelung.

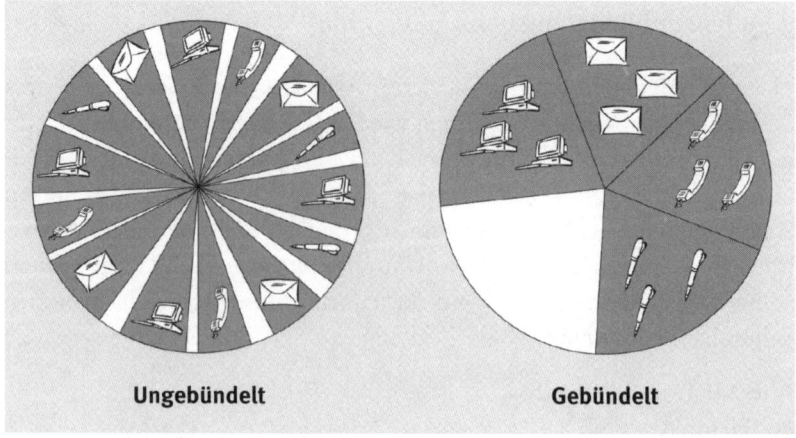

Ungebündelt   Gebündelt

Perfektionismus durch Bündelung in begrenzten Zeitfenstern in den Griff bekommen und ihre Stärken wie Marketing, Forschung und Entwicklung, Qualitätsverbesserung, Netzwerken oder Verkauf durch mehr Zeit ausbauen.

Effektive E-Mail-Bearbeitung

E-Mails sind für Unternehmen das gängige Kommunikationsmittel in der täglichen Arbeit geworden. Durch das elektronische Medium wird Arbeit verteilt, delegiert und nachgehalten, elektronische Besprechungsanfragen bestimmen den Kalender. In Unternehmen kann es passieren, dass sich Mitarbeiter – je nach E-Mail-Aufkommen – den ganzen Tag mit dem E-Mail-Posteingang beschäftigen. Ob das wirklichen Mehrwert bringt, wird mittlerweile von allen Seiten bezweifelt. In unseren Beratungen ermutigen wir unsere Kunden, das Augenmerk nicht permanent auf die E-Mails zu richten, da sie vielfältige Möglichkeiten zur Ablenkung bieten.

Besser ist es, mehrmals täglich gebündelt Ihren Posteingang abzuarbeiten – so können Sie der Informationsflut nachhaltig Herr werden. Dieses konzentrierte und stringente Vorgehen hilft Ihnen, sofort Entscheidungen zu fällen, sofort zu antworten, Wichtiges einzuplanen und belanglose Informationen und Aufgaben sofort auszusortieren. Wer eine Sekretärin hat, kann einen Teil der elektronischen Post von ihr vorsortieren lassen (siehe dazu Checkliste 14 am Ende des Buches und Kapitel 3).

Am wenigsten effektiv ist es, alle Nachrichten erst einmal auszudrucken oder oberflächlich anzusehen, um sie später noch einmal zu bearbeiten. Besser ist es – und da sind Führungskraft und Sekretärin gleichermaßen gefordert – sich immer wieder zu fragen: Welche Informationen sind überflüssig? Von welchen Verteilern kann man sich streichen lassen? Welche Mitarbeiter oder Kollegen verschicken zu häufig unnötige »Cc-Mails«? Wichtig ist es, E-Mails sofort

- ■ klar und knapp zu beantworten,
- ■ abzulegen,

- mit eindeutiger Anweisung weiterzuleiten,
- in Aufgaben oder Kalendereinträgen zu planen
- oder zu löschen.

Der optimalen E-Mail-Bearbeitung haben wir in Kapitel 3 ein ganzes Unterkapitel mit praktischen Tipps gewidmet.

Gebündelt telefonieren

Auch Telefonate können Sie problemlos zeitlich nacheinander legen, um unnötige Leerläufe bei Besetztzeichen oder Abwesenheit zu überbrücken. Darüber hinaus können Sie auch eingehende Telefonate bündeln, nämlich durch Umstellen auf Ihre Sekretärin oder auf einen Mitarbeiter im Team oder durch Einschalten des Anrufbeantworters. Das bedeutet für viele Führungskräfte und Teams zwar eine große Umstellung im Arbeitsverhalten, reduziert aber Arbeitsunterbrechungen enorm und führt zu mehr Arbeitszufriedenheit – insbesondere in Großraumbüros.

Deshalb ist es aus unserer Sicht wichtig, Zeiten zu definieren, in denen Sie nicht direkt erreichbar sind, und Zeiten, in denen Sie gebündelt telefonieren. So werden Sie nicht länger während des ganzen Arbeitstages willkürlich von Telefonaten aus der Arbeit gerissen. Kommunizieren Sie dieses neue Verhalten als Qualitätsinitiative an Ihre Mitarbeiter, und machen Sie deutlich, dass Sie damit nicht Ihre Telefonate auf andere abschieben, sondern dass Sie damit die Routine aufbauen, Telefonate nur noch in ganz besonderen Fällen sofort anzunehmen. Diese Ausnahmebedingungen sollten vorab insbesondere bei Vorhandensein eines Vorzimmers definiert werden – beispielsweise Anrufe, die Sie erwarten, sowie Anrufe Ihres unmittelbaren Vorgesetzten. Alle anderen telefonischen Anfragen, die an Sie herangetragen werden, sollten Sekretariat und Teammitglieder versuchen, selbst zu lösen. Es wird zunächst etwas Zeit brauchen, um zu erlernen, wer und was die Ausnahmen sind und wie Mitteilungen entgegengenommen werden sollen. Denn Sie müssen, wenn Sie zurückrufen, bestens mit Informationen versorgt sein. Wir empfehlen Filterfragen zu definieren:

- Wer ist der Anrufer?
- Was ist sein Anliegen?
- Muss er unbedingt mit Ihnen sprechen?
- Was können Sekretariat und Team bereits selbstständig erledigen?

Wichtig ist es, dieses neue Verhalten gegen die eigene Neugier zu verteidigen und das Handy während der Bürozeit auszuschalten oder bei der Sekretärin zu deponieren, sodass sie die Anrufe entgegennehmen kann.

Routine-Sachbearbeitung

Sich wiederholende Aufgabenstellungen wie Reporting, Controlling oder monatliche Projektabgleiche sollten so schnell und konzentriert wie möglich erledigt werden. Wenn Sie diese Arbeiten künftig in einem Rutsch erledigen, werden Sie feststellen, dass Sie diese nur einmal organisieren und vorbereiten müssen. Unser Tipp ist deshalb folgender: Sammeln Sie die benötigten Unterlagen selbst in einem elektronischen Unterordner, in einer elektronischen Ablage, in Papier in einem Hängeregister oder in der Wiedervorlage Ihrer Sekretärin. Blocken Sie einen wiederkehrenden (wöchentlichen oder monatlichen) Termin mit sich selbst im Kalender, und halten Sie sich an diese Verabredung. Zum festgelegten Termin haben Sie dann alle Unterlagen sofort zur Hand.

Hört sich logisch an? Dann setzen Sie es um. Bringen Sie mehr Verbindlichkeit in Ihre Routinen, indem Sie sich zum Beispiel durch Ihre Assistenz in diesen Punkten »kontrollieren« und »führen« lassen. Besprechen Sie, welche Maßnahmen das Sekretariat ergreifen darf, wenn die Sekretärin »Ausweichmanöver« feststellt.

Schnell und effektiv lesen

Kennen Sie das? In der Post ist ein interessanter Artikel, den Sie unbedingt lesen möchten. Schließlich muss man sich als Führungskraft auch zu Fachthemen immer wieder auf dem Laufenden halten. Die Lektüre nimmt allerdings deutlich mehr als fünf Minuten in Anspruch. Was nun? Am besten gleich auf den »Lesen«-Stapel? Nein! Wenn Sie aktuelle Informationen lesen und zeitnah verarbeiten möchten, sollten Sie einen verbindlichen Termin mit sich selbst vereinbaren, um sie durchzuarbeiten, oder die Unterlagen auf die nächste Geschäftsreise mitnehmen.

Die Vielzahl der interessanten Veröffentlichungen jedoch, für die Ihre Zeit nicht ausreicht, delegieren Sie am besten direkt an eines Ihrer Teammitglieder. Bis zur nächsten Regelrücksprache mit Ihnen kann das Material dann ausgewertet werden. Teamrelevante Erkenntnisse können im nächsten Meeting dem Gesamtteam zur Verfügung gestellt werden. So können Sie sich ganz nebenbei sicher und schnell einen Eindruck darüber verschaffen, wie effektiv die Mitarbeiter delegierte Aufgaben erledigen.

Lesen Sie künftig nur das, was Ihnen heute oder in naher Zukunft einen Mehrwert bringt. Ist der Artikel es wert, im Rahmen Ihrer Projekte gelesen zu werden, gibt es zwei Optionen: »Read it when you need it« oder sofort auswerten. Im ersten Fall ordnen Sie den Artikel, ohne ihn vorab zu lesen, einer Projektmappe zu und verarbeiten ihn, wenn Sie das Projekt angehen. Im zweiten Fall bearbeiten Sie den Artikel sofort, indem Sie zum Beispiel Anmerkungen am Rand machen und interessante Textpassagen markieren. Danach entscheiden Sie, was zu veranlassen ist – zum Beispiel einen Prospekt anfordern, ein Meeting einberufen, mit einem Mitarbeiter klären. Entweder geht der Artikel dann in die Rücksprachemappe des Mitarbeiters oder in die Wiedervorlage.

Wenn Sie das Gefühl haben, Sie lesen einfach drauflos und können sich nicht auf den Text konzentrieren, sollten Sie professionelles Schnelllesen trainieren. In Coachings und Trainings können Sie lernen, das Material nicht Wort für Wort anzuschauen, wie es die meisten von uns gelernt haben, sondern sich an Begriffen, Sätzen, Abschnitten oder Seiten zu orientieren. Das bedeutet keinen Verlust an inhaltlichem Verständnis. Sie erfassen einfach mehr und schneller!

Effektiv im Internet recherchieren

Ein echter Zeitfresser sind Internetrecherchen. Blockieren Sie sich auch dafür einen Termin im Kalender. In einer zusätzlichen Aufgabe notieren Sie, was Sie alles im Internet recherchieren wollen. Oder noch besser: Delegieren Sie Recherchen ins Team oder an Ihre Sekretärin. Dies ist ebenfalls eine gute Methode, die Arbeit anderer interessanter zu machen und sofort zu sehen, welches Potenzial der Mitarbeiter hat.

Suchen Sie verstärkt mit Suchmaschinen, in die Sie inhaltliche Zusammenhänge eingeben können und sofort verwertbare Ergebnisse bekommen. Und stoppen Sie eine Suche rechtzeitig, bei der Sie nicht fündig werden.

▶ ▶ ▶ **Setzen Sie sich ein zeitliches Limit, bevor Sie die Internetsuche beginnen. Halten Sie sich daran, anstatt sich von dem immensen Angebot ablenken zu lassen.**

Der eigene Rhythmus: Hochs und Tiefs richtig nutzen

Jeder Mensch hat einen eigenen Tagesrhythmus. Schlecht ist es, wenn Sie in Ihren Hochs an langweiligen Sitzungen teilnehmen oder E-Mails bearbeiten. Versuchen Sie vielmehr, Ihre Hochs für konzentriertes Arbeiten zu nutzen. Reden Sie sich selbst aber kein Tief ein, bloß weil Sie keine Lust auf eine komplexe Aufgabe haben. Nach unseren Erfahrungen ist es besser, den Arbeitstag nicht mit Kleinkram zu beginnen, sondern mit einer veritablen Projektarbeit – am besten noch vor dem ersten Blick in den Posteingang. Sie werden erstaunt sein, wie leicht Ihnen die Arbeit von der Hand geht. Diese Vorgehensweise hat drei Vorteile:

- Erstens beginnen Sie den Tag mit einem Erfolg, denn die wichtigste Aufgabe des Tages ist bereits erledigt.

- Zweitens wird Sie der Drive dieses ersten Erfolges bis weit in den Tag hinein beflügeln.

- Und drittens haben Sie die Aufgabe mit einem Minimum an Zeit auf die nächste Aktionsebene gebracht und ein klares Bild, wie es weitergeht.

Regelkommunikation und Planung im Team

Ihr Team sollte die Kernprozesse schnell, effizient und zufriedenstellend erledigen, damit das Tagesgeschäft reibungslos läuft. Auch hier ist Planung ein Erfolgsgarant. Je mehr der Dinge »ad hoc« erledigt werden, umso mehr blinder Aktionismus entsteht im Team! Daher sollten Sie sich als Führungskraft darauf konzentrieren, selbst den Überblick zu behalten und unkoordiniertes Vorgehen möglichst auszuschalten.

Wie ist das machbar? Setzen Sie durch Ihr individuelles Zeitmanagementmodell wirksame und nachhaltige Maßstäbe fürs Team. Durch eine koordinierte Regelkommunikation hat der Mitarbeiter einen festen Bezugspunkt und kann selbst Rückfragen mit Ihnen besser einplanen. Und Sie selbst haben einen besseren Überblick über den Arbeitsstand der Mitarbeiter und werden somit für die Mitarbeiter auch berechenbar. Gleichzeitig lernen Ihre Mitarbeiter, wie effektiv es ist, sich auf regelmäßige Gespräche strukturiert vorzubereiten. Denn wenn Sie die Regelkommunikation ernst nehmen, ist es ein Austausch unter Partnern, die gemeinsam ein Problem lösen wollen. Das heißt nicht, dass Sie Autorität abgeben müssen. Im Gegenteil, Sie vermeiden es, alles für den Mitarbeiter vorzudenken und nur dann Antworten zu bekommen, wenn Sie die richtigen Fragen stellen. Wer eine verlässliche Regelkommunikation etabliert, arbeitet effektiver.

Postbesprechung mit dem Sekretariat

Die wichtigste regelmäßige Besprechung ist die altbewährte »Postbesprechung« mit der Sekretärin. Sie sollte täglich stattfinden. Wenn Sie auf Reisen sind, ist eine telefonische Rücksprache zu empfehlen. Die Assistenz geht nach dem Lesen der eigenen Post und der Ihrer E-Mails gut vorbereitet in das Gespräch. Die wichtigsten Besprechungspunkte sollten sein:

- Wo gibt es bei der Terminlage Engpässe?
- Was kann das Sekretariat für den Manager vorbereiten?
- Wo gibt es kritische Punkte, die das Sekretariat wissen muss?

- Welche Informationen kann die Assistenz im Auftrag des Chefs eigenständig weitergeben?
- Wann und wie lange will die Führungskraft ungestört arbeiten?

Wir empfehlen, dass das Management die Überprüfung beziehungsweise die Kontrolle von Deadlines dem Sekretariat überträgt. Das heißt, die Regelrücksprache mit der Sekretärin ist das zentrale Steuerungsgespräch für einen reibungslosen Geschäftsablauf. Leider sind diese Gespräche in vielen Unternehmen nur ungenügend etabliert, wodurch immer wieder Unzufriedenheit entsteht. Besonders frustrierend ist es für die Sekretärin, wenn ihr persönlicher Regeltermin immer weiter im Tagesablauf nach hinten geschoben wird und das Gespräch – wenn überhaupt – unter Zeitdruck stattfindet und viele Themen wieder geschoben werden müssen. Arbeiten Sie gemeinsam mit Ihrem Vorzimmer daran, dass die Verbindlichkeit zu einem Austausch bestehen bleibt.

Einzelgespräche mit den Mitarbeitern

Auch die regelmäßigen Einzelgespräche zwischen der Führungskraft und ihren direkt berichtenden Mitarbeitern laufen unter dem Schlagwort Routinen. Falls Sie nach dem Prinzip leben »Ich bin immer für meine Mitarbeiter erreichbar und brauche keine Regeltermine«, dann setzen Sie sich ständigen Störungen aus und machen Ihre Mitarbeiter, die Sie sprechen wollen, zu »Wegelagerern«. Warum? Wer keinen verlässlichen Zeitpunkt für eine Rücksprache hat, muss darauf warten, bis sich beim Vorgesetzten eine Lücke bietet. Daher wird meist akribisch darauf geachtet, wann die Führungskraft ins Büro zurückkommt, oder die Sekretärin informiert das Team aktiv darüber: Er ist wieder da! Jetzt gilt es für den Mitarbeiter schnell zu sein und sofort den Fuß in der Tür zu haben für ein Gespräch. Das ist für beide Seiten unbefriedigend. Sie als Vorgesetzter werden zwangsläufig gestört, wenn Mitarbeiter und Kollegen immer mal wieder den Kopf zur Tür hereinstecken. Und Ihre Mitarbeiter fühlen sich nicht ausreichend wertgeschätzt, wenn sie Ihnen immer »auflauern« müssen. So entwickeln beide Seiten ein schlechtes Gewissen und arbeiten darüber hinaus nicht sehr produktiv.

Einzelgespräche hingegen sorgen für einen effizienten Kontakt. Sie sind Gruppenbesprechungen vorzuziehen. Führen Sie eine elektronische oder papierene Rücksprachemappe für jede Person, mit der Sie Einzelgespräche abhalten. Und sammeln Sie alle nicht vordringlichen Themen, die Sie diskutieren müssen, denn das kompakte Weitergeben von Informationen ist ökonomisch: Wichtiges geht nicht verloren und wird nicht vergessen. Legen Sie deshalb Deadlines und Projektmeilensteine nach Möglichkeit auf den jeweiligen Rücksprachetermin. Damit ist die notwendige Kontrolle sofort terminiert, und Sie müssen die Aufgabe nicht zusätzlich im Auge behalten. Achten Sie auch darauf, die Regelkommunikation nicht nur als Kontrolle zu nutzen, sondern thematisieren Sie vorausschauend, welche zusätzlichen Schwerpunkte und Aufgaben für den Mitarbeiter eine Herausforderung wären (mehr dazu in Kapitel 6 Kommunikation).

Vereinbaren Sie für die Einzelgespräche feste wöchentliche oder vierzehntägige Termine. So wird die Regelkommunikation zum Führungswerkzeug, denn Sie unterstützen die Mitarbeiter dabei, strukturierter zu arbeiten und weniger sprunghaft auf Sie zuzukommen. Am besten und verbindlichsten ist es, die Regelkommunikation sofort zu Jahresbeginn im elektronischen Kalender »durchzubuchen«. Wenn Sie oft spontan verreisen müssen, machen Sie es sich zum Prinzip, das nächste Treffen am Ende Ihres Einzelgesprächs und unter Berücksichtigung der Umstände zu terminieren.

Der Jour fixe im Team

Lassen Sie durch Ihr Vorzimmer ergänzend zu den Einzelgesprächen regelmäßige Teambesprechungen organisieren. Wenn unsere Kunden diesen Jour fixe einführen, dauert es oft bis zu einem halben Jahr, bis er zu einem Forum für ehrlich gemeinten Meinungsaustausch wird. Ziel ist es, im Jour fixe Qualitätsdenken und Teamgeist zu entwickeln. Wichtig ist aus unserer Sicht, dass die Führungskraft so schnell wie möglich die Rolle des Vortragenden abgibt. Das ist leichter gesagt als getan. Es gibt jedoch einfache Mittel, um von Anfang an für den Jour fixe feste Rollen für die Mitarbeiter zu verteilen. Das kann zum Beispiel die mündliche

Auswertung von Fachzeitschriften sein, die Mitarbeiter übernehmen, ein kleinerer Fachbeitrag zu einem inhaltlichen Thema oder eine Berichterstattung über das Lösen eines Qualitätsproblems.

Im Vordergrund des Jour fixe stehen Offenheit und Bereitschaft für einen ehrlichen Meinungsaustausch. Sie als Führungskraft können die Voraussetzungen dafür schaffen. Drehen Sie an den relevanten Qualitätsschrauben. Der Jour Fixe sollte wie das Einzelgespräch nicht zu stark vergangenheitsorientiert sein. Beschlüsse aus vorherigen Sitzungen sollten nur in Ausnahmefällen erneut diskutiert werden. Ihre Mitarbeiter sollten lernen, dass eine Deadline eine Deadline ist und nicht beginnen, in der wertvollen Zeit der Gruppe zu erläutern, warum sie diese nicht einhalten konnten. Fragen Sie immer nach Lösungen und übertragen Sie das Finden dieser Lösungen auf die Mitarbeiter. Hier spielen natürlich die Zusammensetzung des Teams und die Akzeptanz für bestimmte Themen und Entscheidungen eine wichtige Rolle. Wir haben uns deshalb auch in den Kapiteln 6 und 7 noch einmal ausführlich mit dem Thema Meetings und Akzeptanz im Team beschäftigt.

Vor- und Nachbereitungen von Meetings

Die letzte klassische Routineaufgabe betrifft wieder Ihr individuelles Zeitmanagement. Fast jeder Termin mit Mehrwert braucht eine Vor- und Nachbereitungszeit. Idealtypisch verbringen Sie so wenig Zeit wie möglich mit allen Beteiligten im Meeting selbst und investieren lieber so viel Zeit wie nötig in die Vor- und Nachbereitung dieses Meetings. Daher sollten Sie, sobald ein neuer Termin vereinbart wird, sofort Vor- und Nachbereitungszeit einplanen. Idealerweise delegieren Sie dies an Ihre Assistenz oder eines Ihrer Teammitglieder. Wir erleben es immer wieder in den Meetings unserer Kunden: Es geht viel zu viel Zeit verloren, wenn die Eingeladenen unvorbereitet in ein Meeting gehen und sich dort erst verständigen müssen, worum es eigentlich geht. Hierzu geben wir in Kapitel 6 noch einmal ausführliche Tipps und Hinweise.

In Sachen Meeting(un)kultur haben Sie als Führungskraft Vorbildfunktion. Einer unserer Kunden erzählte einmal die Geschichte eines Vorstandes, der eine Sitzung an einen entlegenen Besprechungsort verlegen ließ, an dem kein Licht zur Verfügung stand. Damit fand die Besprechung im Dunkeln statt, und er konnte sofort feststellen, wer von seinen Führungskräften die Unterlagen vorab gelesen hatte und mitreden konnte und wer schwieg, weil er sich mangels Licht nicht schnell genug einlesen konnte.

Ebenso wichtig wie die Vorbereitung ist die Nachbereitung von Besprechungsrunden, und auch hier spielen wieder Ihr Sekretariat und Ihr Team eine wichtige Rolle.

▶▶▶ **Machen Sie die Nachbereitung so zeitnah wie möglich, das spart enorm viel Zeit. Denn so können Sie die notwendigen To-dos sofort bei sich selbst einplanen oder delegieren.**

Arbeitsunterbrechungen und Störungen vermeiden

Wenn innerhalb eines Unternehmens ununterbrochen Störungen ausgelöst werden, zum Beispiel durch ständige »Laufkundschaft« aus anderen Abteilungen, kann dies als Teil der Unternehmenskultur gesehen werden. Das heißt, jeder Mitarbeiter erlebt sich mit seiner Information als so wichtig, dass er direkt zum Arbeitskollegen geht und den Sachverhalt vor Ort klären will. Oder aber es werden lauthals über die Schreibtische hinweg Fragen gestellt, die speziell in Großraumbüros Unruhe auslösen. Hier ist es Ihre Aufgabe als Führungskraft, gemeinsam mit dem Team herauszufinden, wer und was Störungen auslöst.

In unseren Trainings wird oft angemerkt, dass gerade Störungen durch Kollegen immer wieder zu Ärger und Zeitverlust führen. Dennoch wird das Thema nicht offen angesprochen. Übernehmen Sie hier die Funktion eines Katalysators. Denn Konflikte unter Kollegen sind nicht zu unterschätzen (hierzu mehr in Kapitel 6).

Durch Großraumbüros haben viele Mitarbeiter kein eigenes »Reich« mehr. Aber es gibt kreative Lösungen, sich trotzdem von Zeit zu Zeit Ruhe zu verschaffen. In vielen Unternehmen gibt es mittlerweile Besprechungszimmer mit Netzanschluss, die man mit Laptop nutzen kann. Oder man kann sich bei einem Kollegen, der auf Reisen ist, im Büro

Abbildung 22: Der Sägeblatteffekt

Es ist Aufgabe des Vorgesetzten, die Störungsanfälligkeit im Team durch Vorbildfunktion und Thematisieren des Missstandes zu reduzieren und gemeinsam mit den Mitarbeitern moderate Lösungen so finden.

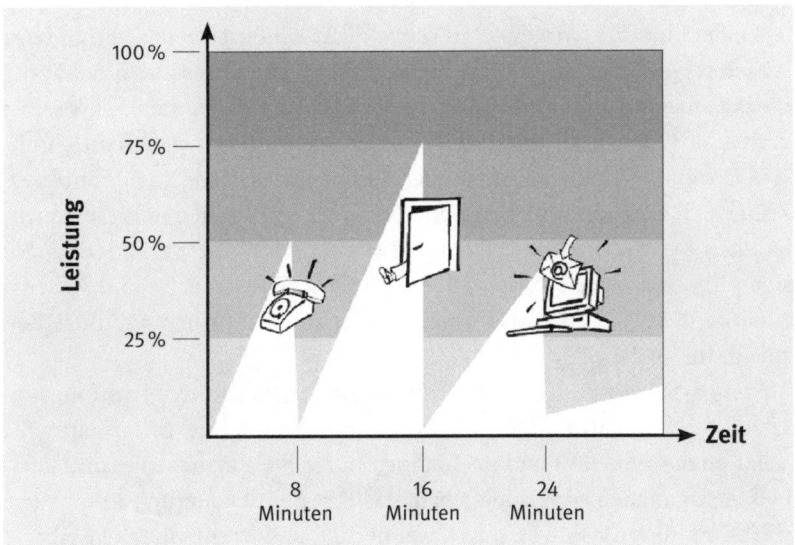

einloggen. Manchmal ist sogar ein Homeoffice-Tag für komplexe Denkaufgaben möglich. Machen Sie also das Thema Störungen und Arbeitsqualität zum Thema, und suchen Sie gemeinsam mit Ihren Mitarbeitern nach praktikablen Lösungen.

Standards im Team

Warten Sie als Teamleiter nicht, bis Ihr Unternehmen Qualitätsprogramme für mehr Effektivität und Effizienz bei Kopfarbeitern auflegt. Starten Sie zusammen mit Ihrem Team Ihr eigenes Qualitätsmanagement. Natürlich würde Ihnen ein unternehmensweites Konzept zum Lean-Office die Einführung von Verbesserungsmaßnahmen erleichtern. Sie können aber auch ohne ein umfangreiches Programm selbst aktives Qualitätsmanagement betreiben. Die Effektivität und Effizienz Ihrer Abteilung können Sie sofort positiv beeinflussen, indem Sie sich auf die kleinen machbaren Veränderungen konzentrieren und sich davon verabschieden, auf die perfekte und flächendeckende Ideallösung zu warten.

Leider sind die Vorgesetzten selbst allzu häufig eher die Verhinderer besserer Qualität. Viele Manager referieren fantastisch über Veränderungen, meinen damit aber eher die Veränderung der anderen. Sie selbst verhalten sich oft, als seien sie veränderungsrestistent. Doch durch unsere Coachings erfahren wir immer wieder, dass gerade auch Führungskräfte sich verändern wollen und können, wenn sie sich in diesen nachhaltigen Prozess begeben. Denn sie erleben, dass die Veränderung bei sich selbst die beste Stellschraube für »Office-Excellence« und Arbeitszufriedenheit ist. Und als Führungskraft zählt natürlich auch das beispielhafte Vorleben.

Gehen Sie voran: Seien Sie Motor für die eigene Motivation, und setzen Sie Standards mit Nachahmungseffekt für Ihre Mitarbeiter. Sie schaffen das wirksam und nachhaltig, indem Sie ein effektives und flexibles Zeitmanagementmodell leben, das Ihre Selbststeuerungskompetenz stärkt und Ihren Mitarbeitern Orientierung und Verbindlichkeit gibt.

Virtuelles Arbeiten und Zeitmanagement

Die moderne Technik eröffnet immer neue Möglichkeiten, Menschen an vielen Orten mit Informationen zu versorgen. Daher kann die Führungskraft, die auf Reisen ist, auch äußerst effektiv das Tagesgeschäft abarbeiten. Leben Sie daher als Führungskraft auch auf Reisen Ihr Modell des individuellen Zeitmanagements:

- Lesen Sie über den PDA Mails nur zu bestimmten Zeiten.
- Entscheiden Sie sofort, welche Aufgaben Sie direkt an Mitarbeiter oder an Ihre Sekretärin verteilen.
- Telefonieren Sie ein- bis zweimal pro Tag mit dem Sekretariat, da die Dinge zwischen den Zeilen mündlich einfach besser erläutert werden.

- Schaffen Sie die technischen Voraussetzungen für einen sicheren Datenaustausch durch die IT (siehe den Abschnitt »Virtuelles Arbeiten und Ablage« auf Seite 57).

- Erstellen Sie die Vor- und Nachbereitung von Besprechungen sofort vor Ort mit einem Laptop, oder lassen Sie diese durch mitreisende Mitarbeiter erstellen.

- Blocken Sie sich nach einer längeren Abwesenheit die ersten Stunden im Büro für das Abarbeiten der wichtigsten Reiseergebnisse und das Aufarbeiten des Liegengebliebenen.

Veränderungsmanagement

Legen Sie den Grundstein für Routinen und Arbeiten, die regelmäßig eingeplant werden sollten. Beziehen Sie bei der Umsetzung nach Möglichkeit Ihr Sekretariat mit ein. Machen Sie den ersten Schritt in Richtung eines effektiven und effizienten Zeitmanagementmodells und tragen Sie für das nächste halbe Jahr Folgendes im Voraus ein:

- Blocken Sie Zeit für die tägliche Regelkommunikation mit Ihrer Sekretärin.

- Blocken Sie Zeit für die wöchentlichen Einzelgespräche mit den Mitarbeitern.

- Planen Sie einen Jour fixe im Team: wöchentlich oder alle zwei Wochen.

- Blocken Sie für Routineaufgaben Zeit im Kalender.

- Planen Sie ab sofort komplexere Aufgaben als Verabredungen mit sich selbst in Ihren Kalender ein.

- Sehen Sie sich abends den nächsten Tag an.

- Sehen Sie freitags die nächste Woche und am Monatsende den nächsten Monat durch.

- Analysieren Sie am Ende der Woche beziehungsweise am Ende des Monats Schwachstellen, Rückstände und verschobene Deadlines.

Steigern Sie Ihre Selbstmanagement-Kompetenz konsequent. Beziehen Sie dann Ihre Mitarbeiter einzeln und danach das Team als Gesamtheit mit ein. Verändern Sie das eigene Arbeitsverhalten und das Ihres Teams konsequent und nachhaltig.

■ Erfassen Sie persönliche Rückstände, planen Sie deren Abarbeitung in den Kalender ein, delegieren Sie sie oder entscheiden Sie, ob das Thema überhaupt noch Mehrwert bringt.

■ Sichern Sie die neuen Routinen durch Ihre Sekretärin ab. Machen Sie sie zur Zeitwächterin und Feedbackpartnerin, wenn Sie selbst wieder in altes Verhalten zurückfallen.

■ Bearbeiten Sie Vorgänge vollständig zu Ende.

■ Achten Sie auf Mitarbeiter, die unkonzentriert und leicht ablenkbar sind. Erfassen Sie dieses Verhalten zum Beispiel im Entwicklungsbogen des Mitarbeiters, Checkliste 3, oder notieren Sie es für die nächste Rücksprache.

■ Die Veränderung des Arbeitsverhaltens sollten Sie auch ins Mitarbeiter-Jahresgespräch als Ziel übernehmen.

■ Erfassen Sie, welche unnötigen Störfaktoren im Team bestehen.

■ Tragen Sie im Jour fixe Ihre Beobachtungen vor, und geben Sie die Möglichkeit für Feedback.

■ Erarbeiten Sie mit der Gruppe Lösungen.

Casestudy

Praxisinterview mit Herrn S., Mitglied des Direktoriums, und Frau C., Assistenz

Kunde: Multinationales Familienunternehmen
Branche: Finanzdienstleistung
Beratungs- und Coaching-Design: Vier Module im Rahmen eines Umzuges, zwei Module in der alten, zwei Module im der neuen Umgebung.

Zeitlicher Verlauf: Prozessbegleitung über 12 Monate
Anzahl der gecoachten Mitarbeiter: 70 Personen

»*Ihr Unternehmen hatte uns als Berater engagiert, um geordnet und
›schlank‹ in neue Räume zu ziehen. Im Rahmen unserer Zusammenarbeit tauchten zusätzlich noch andere Verbesserungspotenziale auf
– zum Beispiel im Zusammenspiel von Führungskraft und Sekretariat. Wie kam es dazu?*«

»Ja, wir waren völlig überrascht, dass wir beim Abbau unserer Aktenberge und beim Aufbau einer elektronischen Ablagestruktur
plötzlich merkten: Wir müssen unbedingt auch die Kommunikation
zwischen Chef und Sekretärin verbessern, um missverständliche, unnötige Ablagen gar nicht erst entstehen zu lassen. Wir stellten nämlich fest, dass aufgrund mangelnder Kommunikation schon in unserem Innenverhältnis keine Klarheit herrschte, geschweige denn an
den Schnittstellen zu anderen Abteilungen.«

»*Frau C., wie konnten Sie als Sekretärin deutlich machen, dass Sie
mehr Zeit zusammen mit Ihrem Chef brauchen, um ihn zu ›steuern‹?*«

»Wir haben in den Gruppenarbeiten mit den anderen Sekretärinnen
erarbeitet, wie eine ideale Information des Backoffices aussieht. Das
haben wir dann – unterstützt durch den Coach – vorgetragen. Unsere
Chefs hatten eine andere Wahrnehmung und glaubten, Sie stünden
uns doch ständig zur Verfügung! Wir haben dann einige entscheidende Veränderungen vorgenommen.«

»*Herr S., betrachten Sie es als Erleichterung, stärker zu planen und
sich dabei in die Hände Ihres Sekretariats zu begeben?*«

»Ja, denn jetzt planen wir immer Freiräume für meine Projekte ein.
Freitags schauen wir uns gemeinsam den Kalender der nächsten Woche an und machen die Feinplanung. Da fliegen dann auch schon ein
paar Termine raus, in denen ich mich vertreten lassen kann – darauf
hat Frau C. ein Auge und spricht das Thema immer wieder an.«

▪ *» Was war die schwierigste Hürde?«*

»Als Dienstleister unterlagen wir oft einem sogenannten ›Dienstleistungsaffekt‹. Wir haben immer sofort auf Anfragen reagiert, obwohl der Kunde gar keinen Zeitdruck gemacht hat. Dadurch haben wir immer in der Gefahr gelebt, dass wir Rückstände aufbauen. Das hat deutlich abgenommen, und wir können abends unsere To-do-Liste in der Regel als erledigt betrachten.«

Fazit

1. Als Führungskraft sollten Sie Ihre eigene Planung im Griff haben und dafür sorgen, dass Ihre Mitarbeiter ohne Stress und mit notwendiger Ruhe ihren Kernaufgaben nachgehen können. Finden Sie dazu heraus, welcher Planungstyp Sie sind (siehe Checkliste 16 auf Seite 271).

2. Nur Dinge, die im Kalender stehen, werden umgesetzt! Erarbeiten Sie daher Ihr individuelles Zeitmanagementmodell, und legen Sie fest, wie viel Raum Sie Routinen und planbaren Arbeiten gegenüber ungeplanten Aktivitäten in einer Arbeitswoche geben wollen.

3. Als Manager sollten Sie 40 Prozent Ihrer Zeit mit Strategie-, Projekt- und Führungsthemen verbringen. Vergleichen Sie doch einmal diesen Wert mit dem Planungsverhalten Ihrer letzten Arbeitswoche.

4. Ein hohes E-Mail-Aufkommen und ständige Erreichbarkeit sind kein Grund, die eigene Planung zu vernachlässigen – im Gegenteil. Planung schafft Flexibilität und erhöht die Arbeitsfreude.

5. Hinterfragen Sie kritisch Ihren Planungs- und Kommunikationsstil. Sind Sie eventuell für einen Großteil von Ad-hoc-Aktionen verantwortlich, weil Sie im Team nicht über ausreichend Rücksprachetermine verfügen? Führen Sie für eine gewisse Zeit ein Störungsprotokoll (siehe Checkliste 18 auf Seite 276).

6. Überinformation entsteht, weil in Unternehmen häufig ein klares Regelwerk fehlt, das vorgibt, welche Information effektiv mit welchem Medium kommuniziert wird. Gehen Sie daher das Thema E-Mail-Management im

Team an und erarbeiten Sie, wie in Kapitel 3 beschrieben, ein Regelwerk für die ganze Abteilung.

7. Als Führungskraft sind Sie auch der entscheidende Filter, um Ruhe in den Arbeitsalltag der Mitarbeiter zu bringen. Kontrollieren Sie regelmäßig anhand der Liste im Abschnitt »Veränderungsmanagement« (Seite 127) Ihre persönliche Selbststeuerungskompetenz.

5.

Effektives Projekt- und Prozessmanagement

>> Wer das erste Knopfloch verfehlt,
kommt mit dem Zuknöpfen nicht zurande.<<

Johann Wolfgang von Goethe

Geld wird bei erfolgreichen Unternehmen mit Innovationen verdient, die in möglichst kurzer Zeit entwickelt und dann mit schlanken, strukturierten Prozessen umgesetzt oder verteilt werden. Die Praxis sieht oft anders aus: Komplexe, unstrukturierte Prozesse erzeugen jede Menge Doppelarbeit. Projekte werden verzögert oder aus Kostengründen vorzeitig beendet. Studien zeigen, dass in Deutschland fast jedes dritte Projekt scheitert. Seit Jahren verändert sich diese Quote kaum. Im Jahr 2006 beispielsweise schlugen 37 Prozent aller Projekte fehl (Studie GPM Gesellschaft für Projektmanagement).

Steuern statt aus dem Ruder laufen lassen

Das Projekt als ein Werkzeug zur Entwicklung von Innovationen ist per Definition ein *einmaliges* Vorhaben, das durch eine klare Zielvorgabe und oftmals beschränkte Ressourcen und Zeit gekennzeichnet ist. Prozesse bilden dagegen in der Regel *stets wiederkehrende* Tätigkeiten standardisiert ab. Soweit die Theorie – in der Praxis verwischen die Grenzen zwischen Projekt und Prozess häufig. Projekte, die eigentlich zu einer Prozessoptimierung führen sollten, bewirken gerade das Gegenteil, weil das direkte Übersetzen in den Prozessalltag zu lange dauert. Akzeptanz und Identifikation mit Veränderungsprojekten, hinter denen oft Prozessoptimierungen stehen, nehmen damit ab.

In allen Branchen ist die Tendenz zu beobachten, dass Unternehmen immer mehr und immer größere Projekte pro Jahr durchführen. Mehr als die Hälfte der befragten Organisationen einer Studie gaben schon im Jahre 2004 mehr als 10 Prozent der Gesamtkosten pro Jahr für Projekte aus. Bei 22 Prozent der Befragten entstanden jährlich bereits mehr als die Hälfte ihrer Gesamtkosten durch Projekte (Effi Studie 2004).

Neben dieser quantitativen Zunahme beobachten wir, dass die Erwartungen und damit auch die Projekte von Jahr zu Jahr sowohl *inhaltlich* als auch *organisatorisch* anspruchsvoller werden. Der Druck der hier für jedes einzelne Projektteam entstehen kann, ist nicht unerheblich, sodass der Kommunikation über realistische Projektziele eine große Bedeutung zukommt.

Die Praxis zeigt, dass Projekte häufig ein Spiegelbild von unklaren Kompetenzen, wenig stringenter Planung und damit ein idealer Ausgangspunkt für unternehmensinterne Ränkespiele sind. In den Teams selbst werden zwar pragmatische Lösungen erarbeitet, diese werden aber nicht selten wegen fehlender Zielabgleichung auf der Entscheidungsebene in langatmigen Projektmeetings durch die Führungskräfte verschoben, verwässert oder weggelobt. Das führt besonders auf der Mitarbeiterebene zu Demotivation.

Wir stellen immer wieder fest, dass es im Wesentlichen in der Hand des Managements liegt, Projekte zum Erfolg zu führen. Oft fehlt es im Projekt- und Prozessmanagement schlicht an Sorgfalt und – vor allem – an Führung. Vergleichende Studien (GPM Studie 2006) identifizieren vor allem den Projektstart und die »weichen Faktoren« als Hauptursachen für das Scheitern von Projekten. Die sieben meistgenannten Gründe sind

- unklare Anforderungen und Ziele,
- fehlende Ressourcen beim Projektstart,
- unzureichende Projektplanung,
- Mangel an qualifizierten Mitarbeitern,
- Politik, Bereichsegoismen und Kompetenzstreitigkeiten,
- schlechte Kommunikation,
- fehlende Erfahrung im Projektmanagement im Team und auf Leitungsebene.

Da der Übergang vom Projekt zur Prozessoptimierung in der Praxis häufig fließend ist, ist es naheliegend, beide Themen in diesem Kapitel miteinander zu verknüpfen. Denn viele Projektergebnisse gehen irgendwann in die »Produktion« und werden damit zum Standardprozess.

Dabei zeigt die Management-Erfahrung, dass alles, was nicht gemessen werden kann, schwer zu beeinflussen ist. Messen, steuern, regeln und korrigieren sind zentrale Führungsaufgaben. Wie ein Kapitän sein Schiff nach Wetter (Markt) steuert, gilt es die Passagiere (Mitarbeiter) bei Laune zu halten und das Boot (Unternehmen) sicher ans Ziel zu bringen. Je präziser die Wetterdaten (Kennzahlen) sind, desto einfacher ist die Kursbestimmung. Auch wenn in Ihrem Unternehmen das Controlling von Geschäftsprozessen bereits über feste Messgrößen wie Markt-, Kunden-, Innovations- und Ressourcendaten praktiziert wird, macht es Sinn, für das eigene Team beziehungsweise den eigenen Bereich Indikatoren zu entwickeln. Darauf gehen wir in diesem Kapitel ein.

Prozesse zu optimieren ist Chefsache, denn unterschiedliche Bearbeitungsstile und -zeiten kosten Geld, weil sie unter Umständen zu lange dauern und zu teuer sind. Ist das Wissen um eine effiziente Bearbeitung nicht einheitlich, kann in Stellvertretungssituationen und bei Neueinstellungen wertvolle Zeit verschwendet werden, weil neue Mitarbeiter umständlich eingearbeitet werden müssen. Wir stellen in unseren Teamtrainings immer wieder fest, dass neue Mitarbeiter viel zu lange »unproduktiv« sind, weil niemand sich die Zeit nimmt, an klar dokumentierten Standards einen Leitfaden für Arbeitsabläufe festzulegen. Der neue Mitarbeiter sieht überall andere Standards und übernimmt den Bearbeitungsstil, der ihm am besten zusagt. Lesen Sie in diesem Kapitel, wie Sie als Führungskraft durch die Innovation von Prozessen und Abläufen in Ihrer Organisation zum Erfolg Ihres Unternehmens beitragen können.

■ Projekte wirksam umsetzen

»Was wert ist, getan zu werden, ist wert, gut getan zu werden.«
Lord Philip Dormer Stanhope Chesterfield

Projekt ist nicht gleich Projekt, hören wir unsere Kunden häufig sagen. Wir sind allerdings davon überzeugt, dass auch das komplexeste Projekt und der umfangreichste Veränderungsprozess mit einer guten Pro-

Abbildung 23: Die drei Erfolgskomponenten

Die drei Erfolgskomponenten für gelungene Projekte sind die Einbindung relevanter Personengruppen, eine transparente und konsequente Projektsteuerung und eine klare Projektdefinition.

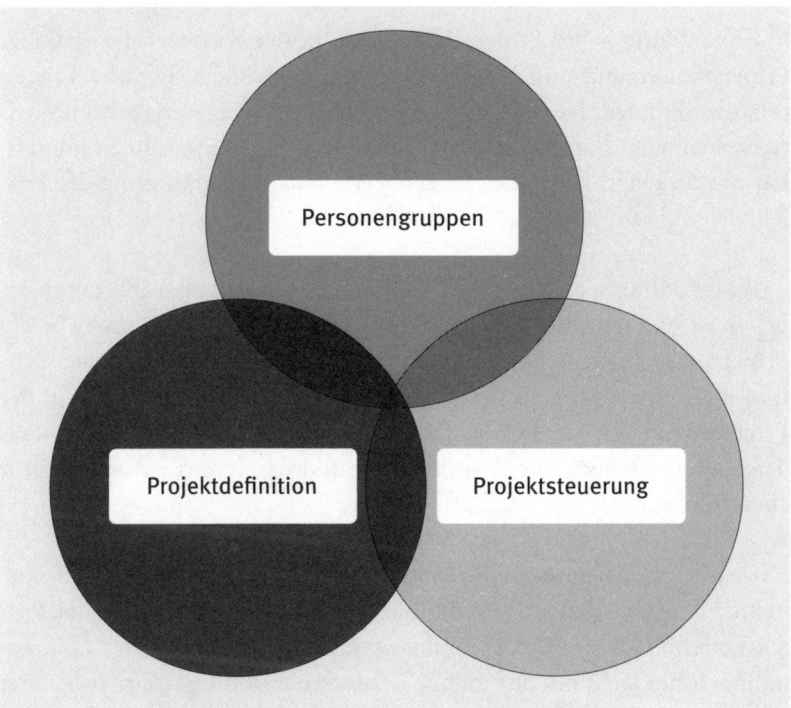

jektsteuerung (Organisation, Technik, Methode), einer eindeutigen Projektdefinition (Ziele, Vorgaben, Kennzahlen) und der konsequent flexiblen Einbindung relevanter Personengruppen (Geschäftsführung, Projektmitarbeiter, Kunden) erfolgreich umgesetzt werden kann. Erfolgreich bedeutet in diesem Zusammenhang, dass die Projektergebnisse im Rahmen der Budget-, Zeit- und Qualitätsziele liegen.

In der Regel macht die effektive Zusammenarbeit und Einbindung der folgenden vier Personengruppen schon über 50 Prozent des Projekterfolgs aus: Geschäftsführung, Projektleiter, Projektmitarbeiter und Kunde.

Geschäftsführung Die Geschäftsführung muss als »Schirmherr« einheitlich und entscheidungsfreudig hinter dem Projekt stehen. Ist die Geschäftsführung in sich uneinig (zum Beispiel Finanzvorstand gegen IT-Vorstand), droht ein Desaster.

Projektleiter Der Projektleiter sollte in der Ressourceneinteilung, Prioritätensetzung und Konfliktbewältigung schnelle Entscheidungen erlangen können. Ist er fachlich angreifbar, kann er sich in Konfliktsituationen nicht durchsetzen oder fehlt es an Planungs- und Kommunikationsfähigkeit, kann dies zu einer erheblichen Gefährdung der Projektziele führen.

Projektmitarbeiter Die Auswahl und Motivation der Projektmitarbeiter ist ein zentraler Erfolgsfaktor. Erfahrungsgemäß durchlebt ein Projekt verschiedene Stressphasen, in denen Mitarbeitern hohe Leistungsbereitschaft abgefordert wird. Das gute Personalmanagement der Projektleitung ist ein Erfolgsgarant, ein zu geringer Fokus auf dieses Thema kann jedoch zur Demotivation und damit zu Leistungseinbrüchen führen.

Kunde Der Kunde ist die Messgröße für den Erfolg eines Projekts, denn mit seiner Akzeptanz steht und fällt der Gesamtprozess. Eine Projektumfeldanalyse (PUMA) inklusive positiver oder negativer Einflussnahme lohnt sich, um auf mögliche Motive und Interessen vorbereitet zu sein (siehe dazu Checkliste 22 am Ende des Buches).

Definieren Sie das Projekt

Die eigentlich wichtigste Frage beim Start eines Projektes, nämlich die, wohin die Reise geht, sollte als Erstes beantwortet werden. Denn zu viele Projektteams beginnen mit dem, was ihnen besonders liegt – mit der Bewältigung kurzfristiger Herausforderungen. Erfahrene Projektmanager nehmen sich trotz Termindruck Zeit für die Startphase, klären die Projektziele genau und überlegen sich bereits im Vorfeld Wege, um später noch Änderungswünsche in das Projekt einbeziehen zu können.

Dieser Plan B ist notwendig, um bei einer möglicherweise notwendigen Anpassung der Projektziele nicht plötzlich handlungsunfähig zu sein. Ist das Projektziel eindeutig formuliert und sind die Anforderungen definiert, ist das die halbe Miete. Folgende Instrumente liefern die besten Voraussetzungen für eine gute Projektdefinition:

■ Erstellen Sie vor der Realisierung des Projektes ein Pflichtenheft oder einen Projektstrukturplan, um alle Anforderungen exakt zu benennen.

■ Zerlegen Sie danach das Projekt in kleine, voneinander isolierbare und überschaubare Teilprojekte.

■ Begleiten Sie das Projekt mit einem gezielten und kontinuierlichen Projektcontrolling. Der Zeit- und Energieaufwand für die Koordination und Überwachung der einzelnen Meilensteine in Hinblick auf Ressourcen und Kapazitäten muss jederzeit im Fokus bleiben.

■ Definieren Sie Prozess- und Ressourcendaten (Projektkennzahlen), um jederzeit ablesen zu können, wie gut oder schlecht die internen Prozesse des Projektes, bezogen auf Zeit, Qualität und Kosten laufen. Nur so ist ein Soll-Ist-Abgleich möglich.

Ein effektives Risikomanagement ermöglicht eine schnelle und wirkungsvolle Reaktion auf mögliche projektgefährdende oder projektverändernde Faktoren. In der Praxis verfügen gerade Mitarbeiter mit Projektleitungserfahrung und Projektmitarbeiter aus den Fachbereichen über enormes Know-how und Weitsicht. Sie als Führungskraft sollten sich das zunutze machen, indem Sie ein Frühwarnsystem erstellen. Idealerweise ist jedem möglichen »Risiko« ein verantwortlicher Mitarbeiter zugeordnet, der im Ernstfall sofort das komplette Projektteam informieren kann. Das ermöglicht ein schnelles und wirksames Einschreiten und minimiert den »Somebody-Everybody-Nobody-Effekt«. Dieser Effekt tritt ein, wenn Zuständigkeiten nicht klar mit Verantwortungen, Verbindlichkeiten und Zeitleisten versehen sind – unliebsame Arbeiten werden dann hin und her geschoben, und jeder denkt vom jeweils anderen, er würde sie erledigen.

Während der Projektarbeit ist das permanente Beachten und Visualisieren der eigentlichen Geschäftsziele eine Standardanforderung. Denn durch die präzise Fokussierung auf die Geschäftsziele und die gezielte Kostenkontrolle bezüglich des »Return on Investment« zeigt sich, ob ein Projekt erfolgreich abgeschlossen wird oder nicht. Gerade während der Erstellung von Pflichtenheften oder in Anpassungsphasen werden oftmals Anforderungen formuliert, die mit den eigentlichen Geschäftszielen nicht mehr viel zu tun haben und das Projekt in eine Richtung treiben, die nicht gewünscht und abgestimmt ist.

Verringern Sie die Komplexität der Projekte

In unseren Coachings mit Führungskräften betonen wir immer wieder, dass neben der Projektdefinition die Projektsteuerung von mindestens genauso großer Bedeutung für den erfolgreichen Abschluss ist. Die »gefühlte« Komplexität von Projekten entscheidet oft über das punktgenaue oder das verschleppte Ende eines Projektes. Folgende Maßnahmen helfen Ihnen dabei, die Komplexität zu reduzieren: das Planen von Routinen und Projektzeiten, ein aktueller Projektstatus, regelmäßige Projektbesprechungen, klare Kommunikationsstandards sowie eine offene Feedbackkultur.

Realistisches Planen von Routinen und Projektzeiten   Planen Sie die Projektarbeit mit fixierten Zeitfenstern konkret ein, sonst droht sie im Alltagsgeschäft unterzugehen. Denn oft wird dringliches Tagesgeschäft der wichtigen Projektarbeit vorgezogen. Häufig fehlt im Team die methodische Kompetenz, Projekte in die Tages- und Wochenplanung zu integrieren. Dafür gibt es in der Regel drei Gründe: Das Projekt hat offiziell zwar erste Priorität, wird aber informell nicht als solches definiert, die Mitarbeiter selbst haben tatsächlich nicht die Kapazitäten dafür oder sie sind wankelmütig und unsicher, ob sie nicht doch lieber das Tagesgeschäft der Projektarbeit vorziehen.

Aktueller Projektstatus   Sorgen Sie dafür, dass der Projektstatus regelmäßig aktualisiert wird und jederzeit für alle zugänglich ist, denn das fördert die Identifikation mit dem Projekt. Fehlt der aktuelle Status, wird der Überblick erschwert, um die eigenen Arbeitspakete voranzutreiben. Das sehen wir bei unseren Kunden speziell dann, wenn Projekte abteilungs- und hierarchieübergreifend aufgesetzt werden. Fehlende Verbindlichkeit und Priorisierung führen zu gegenseitigen Schuldzuweisungen nach dem Motto: »Wir hätten den Detailschritt schon längst fertiggestellt, wenn ihr uns den nötigen Input dazu geliefert hättet.«

Projektbesprechungen Verbindliche und regelmäßige Projektbesprechungen sind ein Muss, denn sie sind das Bindeglied der jeweiligen Projektteilnehmer. Fehlt diese Verbindlichkeit, übernehmen Teammitglieder die Rolle des Zuschauers. Auch sollten in Projektbesprechungen Ergebnisprotokolle erstellt werden, denn sonst werden die tatsächlich wichtigen Punkte informell in der Pause verhandelt und nicht festgehalten. Mehr über effektive Besprechungen erfahren Sie in Kapitel 6.

Klare Kommunikationsstandards Klare und verbindliche Kommunikationsstandards sowie der gezielte Einsatz von Medien und Technik minimieren Doppelarbeit und beugen Missverständnissen vor. Wenn jeder Projektmitarbeiter seine individuelle Planung in seinem selbst erstellten Excelsheet abbildet und nicht, wie vereinbart, im gemeinsamen Projektablaufplan arbeitet, dann gehen wichtige Informationen und Planungsschritte verloren. Der uneinheitliche Umgang mit Daten und Informationen zwingt jedes noch so intelligente Projektmanagementsystem in die Knie. Wenn das wichtige Dokument nicht auf dem gemeinsamen Projektlaufwerk liegt, sondern auf der Festplatte des Mitarbeiters, dann ist an effektive Kommunikation nicht zu denken.

Offene Feedbackkultur Eine offene und faire Feedbackkultur ist ein echter Motivationsfaktor. Es gibt nichts Schlimmeres als dicke Luft im Projektteam. Wenn der eine dem anderen nicht vertraut oder der nächste Projektschritt »ausgesessen« wird, sind oft handfeste Krisen die Folge. Hier sind Teammitglieder genauso gefragt wie Sie als Führungskraft, denn Klärung ist hier die einzige Möglichkeit der Schadensbegrenzung.

Projekte steuern heißt auch sich selbst steuern

Was sind nun die konkreten »Stellschrauben« einer erfolgreichen Projektabwicklung? Liest man die einschlägige Literatur zum Thema Projektmanagement, hat man das Gefühl, dass schon alles gesagt ist, nur noch nicht von allen. Im täglichen Beratungsgeschäft verweisen wir unabhängig von Branche und Unternehmensgröße immer wieder auf die gleichen drei Parameter: eine klare Projekt- und Zieldefinition, der flexible und konsequente Umgang mit den relevanten Personengruppen und eine effiziente Projektsteuerung.

Bedingung für eine erfolgreiche Projektabwicklung ist aber wiederum die Fähigkeit zur Selbststeuerung der eigenen Aktivitäten. Viele Führungskräfte merken zu spät, dass sie den Überblick über das wertschöpfende Projektgeschäft verloren haben. Das kann passieren, wenn sich die Führungskraft im Projektteam inhaltlich unentbehrlich macht, zum Flaschenhals wird und durch ihr eigenes Arbeitsverhalten die Rückdelegation von Sachaufgaben »provoziert«. So kann schnell der Blick für das Wesentliche verloren gehen. Mithilfe der Checkliste 21 auf Seite 280 können Sie feststellen, ob in den drei genannten Erfolgsparametern die Voraussetzungen für eine optimale Projektabwicklung gegeben sind.

Was bedeutet effektive Selbststeuerung?

Ein kurzer Blick in den Kalender jeder Führungskraft macht deutlich, warum in der Regel zu wenig Zeit für Projektsteuerung da ist: Der Zeitaufwand für interne Meetings und externe Besprechungen nimmt in der Regel mehr als 75 Prozent der Zeit ein. Unsere Evaluierungen am Arbeitsplatz machen deutlich, dass dieser Trend eher zu- als abnimmt. Das Ergebnis: Viele Führungskräfte sind schon lange nicht mehr Herr ihres eigenen Kalenders und bauen – wenn vorhanden – auf die Verhandlungsfähigkeit ihres Vorzimmers.

Was können Sie also tun, wenn Sie sich wie der Hamster im Rad fühlen? Einfach anhalten! Ohne Überblick ist es nicht möglich, Prioritäten zu setzen. Und den Überblick verlieren Sie, wenn wertvolle Arbeitszeit neben den vielen Besprechungsterminen auch noch für Routinen wie zum Beispiel E-Mail-Bearbeitung oder ungeplante Aktivitäten verloren geht. Die Zeit für Konzeptionelles bleibt dann meist auf der Strecke.

Nur wer es schafft, sich Zeit für planbare Projektarbeit zu nehmen, behält den Überblick über Projekte und Teilschritte. Als Führungskraft müssen Sie gemäß der Eisenhower-Matrix (siehe Kapitel 4 auf Seite 110) möglichst viel Zeit in dem B-Quadranten verbringen, also wichtige Konzept- und Qualitätsarbeit leisten. Das ist auch das Kerngeschäft der Führungskraft in Projekten. Unserer Erfahrung nach geht hier allerdings nichts ohne gezielte Planung. Qualitätsverbesserung wird nur passieren, wenn sie im Kalender steht! Denn wenn Sie nicht regelmäßig feste Zeiten für Projekt- und Führungsaufgaben einplanen, geht es Ihnen nicht anders als vielen Ihrer Managementkollegen: Die Qualitätsarbeit und damit auch das Projektcontrolling kommen zu kurz, da Sie entweder ständig beim »Feuerlöschen« sind oder zu tief im administrativen Geschäft stecken.

Als Berater kennen wir diesen Typ Führungskraft, der ständig damit beschäftigt ist, Löcher zu stopfen und Risiken zu minimieren. Die Brände und Risiken entstehen jedoch zum großen Teil nur, weil die Führungskraft selbst nicht früh genug geplant und gesteuert hat. Man könnte meinen, dass die Führungskraft die Kartoffeln aus dem Feuer holt, die sie selbst hineingelegt hat. So feiert man (zweifelhafte) Erfolge! Das Pendant ist der Manager, der schwerpunktmäßig immer mit Routinen und Tagesgeschäft beschäftigt ist. Beide Arbeitsstile erschweren eine konsequente und effektive Konzentration auf das Wesentliche.

Sich selbst zu steuern bedeutet also, sich kritisch mit dem eigenen Arbeitsstil auseinanderzusetzen und nicht das gesamte Umfeld für die eigenen Verhaltensweisen verantwortlich zu machen. Häufig hören wir in unseren Coachings, wie »fremdgesteuert« sich Führungskräfte fühlen. Ein Großteil unserer Arbeit besteht dann darin, eine gemeinsame Ist-Analyse des eigenen Arbeitsverhaltens zu machen, um den Blick für den Eigenanteil an der unerwünschten Situation zu schärfen. Ziel ist es, machbare Schritte zu definieren, die die Selbststeuerungskompetenz der Führungskraft steigern, und diese in die tägliche Arbeit einfließen zu lassen. Dazu gehören je nach Persönlichkeit, Rolle und Aufgabengebiet folgende Maßnahmen:

Zeitmanagementmodell Ein individuelles Zeitmanagementmodell benennt konkret, wie viel Zeit für Routinen und unplanbare Aktivitäten neben der Konzept- und Projektarbeit im Kalender vorgesehen ist. Für welche Routinen benötige ich wie viel Zeit? Wie viele Stunden möchte ich maximal pro Woche in Meetings sitzen? Wo platziere ich individuelle Zeitblöcke für Konzeptarbeit und Projektcontrolling? Erstellen Sie, wie in Kapitel 4 beschrieben, Ihr eigenes Zeitmanagementmodell.

Störungsanalyse Machen Sie eine Analyse der selbst- und fremdverursachten Arbeitsunterbrechungen beziehungsweise Störungen. Sie als Führungskraft sollten sich fragen, wie Sie durch klare Signale im eigenen Umfeld für weniger Störungen sorgen können. Nutzen Sie die Checklisten 17 und 18 zum Orten Ihrer Störquellen.

Projektauflistung Erstellen Sie eine Liste der Projekte, für die mehr Zeit für Steuerung benötigt wird. Welche Mitarbeiter oder Prozessschritte brauchen derzeit mehr Aufmerksamkeit? Wo ist die eigene Rolle als Projektleiter oder Projektcontroller besonders zeitaufwändig?

Systematische Verschlankung Was ist überflüssig? Welche Aufgaben, Routinen oder Regeltermine können künftig Mitarbeiter oder Kollegen übernehmen? Was kann zusätzlich an operativer Arbeit ins Team oder an Experten in den Fachabteilungen »zurückdelegiert« werden? Nutzen Sie Checklisten 6 bis 8 zur Optimierung Ihrer Delegation.

Controlling in eigener Sache Da Rückfälle in alte Verhaltensmuster an der Tagesordnung sind, macht es Sinn, mit sich selbst Vereinbarungen zu treffen, die überprüfbar sind. In Sachen Planung und Vermeiden von Störungen sollten Sie zudem das eigene Vorzimmer zum Verbündeten machen.

Gute Kommunikation sichert Engagement

Wenn Sie möchten, dass ein Projektteam vom Start weg Motivation und Identifikation zeigt, dann geben Sie das Projektziel nicht von oben herab vor, sondern lassen Sie das Team bei der Zielfindung mitreden. Diesen Tipp geben erfahrene Projektleiter gerne weiter. Dabei geht es nicht darum, das Projekt den Teammitgliedern zu überlassen. Jedes Projektteam sollte jedoch von Beginn an die Möglichkeit bekommen, eigene Vorstellungen zum gemeinsamen Ziel einzubringen. Das geht am besten in einem gemeinsamen Kick-off-Meeting. Auch wenn es banal klingt: Jede Stunde, die ein Projektteam in einem Kick-off-Meeting in die Projektvorbereitung investiert, spart danach die vielfache Anzahl an Stunden für die Bekämpfung von Ineffizienz, Missverständnissen und Konflikten.

Insbesondere dann, wenn Projektmitglieder weitab vom nächsten Teammitglied arbeiten, brauchen sie ein starkes, identitätsstiftendes Ziel. Hinter »fremden« Zielen steht kein Mensch wirklich. Studien zeigen, dass 40 Prozent aller Projekte an mangelnder Kommunikation scheitern. Im Projekt sind schnelle und sichere Entscheidungen wichtig, gute Kommunikation ist damit ein entscheidender Erfolgsfaktor. Die Praxis zeigt, dass sich erfolgreiche Projektteams auch nicht nach außen abkapseln, sondern aktiv auf ihre Umwelt und die am Rande betroffenen Personengruppen zugehen.

Prozesse optimieren und wirkungsvoll umsetzen

»Kernprozesse bilden sich aus der Verknüpfung von Aktivitäten, Entscheidungen, Informationen und Materialflüssen, die zusammen den Wettbewerbsvorteil eines Unternehmens ausmachen.«
Robert B. Kaplan / Laura Murdock

Im Laufe der Jahre verändern sich in jeder Organisation das Produkt- und Leistungsangebot, die Kundenstruktur, Mitarbeiterzahl oder Rahmenbedingungen am Arbeitsplatz. Damit wandeln sich in aller Regel auch die Geschäftsprozesse des Unternehmens. Viele Manager sind sich dessen jedoch zu spät bewusst – sie halten zu lange an vermeintlich bewährten Abläufen fest und versäumen es, die Arbeitsprozesse effektiv und effizient den Veränderungen anzupassen. Und tatsächlich werden heute immer noch etwa durchschnittlich 2,5 Stunden pro Woche und

Mitarbeiter für das Suchen von Unterlagen verschwendet (Institut für Beratung und Training 2007). Wir sehen in unserer täglichen Beraterpraxis, wie schwer sich Unternehmen tun, Geschäftsprozesse zu verschlanken, zu dokumentieren oder zu vereinheitlichen.

Auch von Fachverbänden oder staatlichen Stellen aufgesetzte Optimierungsprozesse nach ISO- oder anderen branchenspezifischen Normen entwickeln häufig nicht die notwendige Dynamik, um flächendeckend die Kern- und Hilfsprozesse von Management und Mitarbeitern wirklich effizient zu machen. Oft stellt sich vielmehr die Frage, ob sie Menschen nicht eher zu Sklaven unverstandener Prozessvorgaben machen, als Qualität und Nachhaltigkeit zu unterstützen. In vielen Unternehmen wird das Erfassen und Dokumentieren von Prozessen in der Regel als »von oben aufgesetzte« und unnötige Bürokratie betrachtet. Die so entstandenen umfangreichen Qualitätshandbücher werden zwar erstellt, aber keiner nimmt sie wirklich ernst. Viele werden auch nach Jahren nicht zu gelebter Prozessroutine.

Besonders deutlich wird die mangelnde Akzeptanz von Qualitätsoffensiven und dazugehörigen Handbüchern, wenn die zum Erhalt der Zertifizierung notwendigen externen Audits anstehen. In letzter Minute werden dann noch Dokumentationen und Prozesse mühsam für die Auditoren »getunt«. Der gelebte Prozess wird aber eigentlich beibehalten und nur für das Audit an die Norm angepasst – das erleben wir in der Praxis häufig.

Viele Führungskräfte – insbesondere aus der Fertigung – können die Aussage bekräftigen, dass Prozesse klar definierte Regeln und Methoden für effizientes und effektives Arbeiten und der Garant für hochwertige Ergebnisse sind. Sie haben jahrelange Erfahrung mit externen Auditoren, ISO-Zertifizierungen und »schlankem« Gedankengut wie Six Sigma, Kaizen oder Lean-Management. Der Ansatz, Prozessschritte zu dokumentieren und über eine qualitative oder quantitative Kennzahl messen und bewerten zu können, ist produktionsorientierten Managern bekannt. Umso erstaunlicher ist es, dass der Verwaltungsbereich in Sachen Prozessoptimierung jahrelang vernachlässigt wurde.

In unserer Beraterpraxis erleben wir regelmäßig Führungskräfte aus der Fertigung, die staunen, wenn sie das erste Mal außerhalb der Produktion einen Bereich übernehmen, der ausschließlich aus »Kopfarbeitern« besteht. Diese Manager stellen schnell fest, dass sich durch fehlende Absprache und Dokumentation von Arbeitsschritten und Abläufen über das Maß hinaus ungewollte kreative Freiräume entwickelt haben, die zu Effizienzverlusten führen. Dazu ist die Bereitschaft, gleiche Prozesse für gleiche Arbeit einzuführen, meist gering. Diese Gegebenheiten erschweren es der Führungskraft, einen Überblick über Performance und Qualität der Teamergebnisse zu bekommen.

Folgende Signale deuten auf eine fehlende Transparenz in Geschäftsabläufen hin:

Überflüssige Prozessschritte Einzelne Prozessschritte werden aufrechterhalten, die gar nicht mehr aktuell und erforderlich sind. Angebote werden beispielsweise immer noch in Papierform abgelegt, obwohl diese jederzeit elektronisch zur Verfügung stehen.

Fehlende Qualitätsstandards bei der Softwarenutzung Einige Mitarbeiter geben beispielsweise die Kundendaten in das CRM-Tool (Customer Relationship Management) ein, andere erstellen individuelle Kundenkontakte in Outlook. Softwarestandards sind jedoch ein Muss: Gleiche Informationen gehören auf ein und dieselbe IT-Plattform.

Kaum Überblick über die Teamkapazitäten Die Führungskraft weiß nicht wirklich, was die jeweiligen Mitarbeiter den ganzen Tag tun. Das gibt zwar niemand gerne zu, ist aber in unseren Coachings eine häufige Äußerung.

Ungleiche Kundenbehandlung Es herrscht eine uneinheitliche Behandlung von internen und externen Kunden und Lieferanten, da es keine Standards gibt. So entwickeln Mitarbeiter eigenmächtig gegenüber Kunden und Lieferanten unterschiedliche Vorgaben, weil sie unterschiedliche Vorstellungen haben oder sich unterschiedlich organisieren. Das kann dazu führen, dass derselbe Lieferant die Auftragsbestätigung vom einen Einkäufer per E-Mail, vom anderen per Fax erhält.

Herrschaftswissen durch extremes Spezialistentum Wenn Wissen an bestimmte Personen gebunden ist und Informationen sogar im eigenen Team nur spärlich oder zu spät fließen, führt das zu kostspieligen Engpässen. Das hat in Urlaubszeiten oder bei Mitarbeiterwechseln einen echten Informationsverlust zur Folge, weil das Wissen dann nicht für alle gleichermaßen zugänglich ist.

Sollten Sie als Führungskraft in Ihrem Team Handlungsbedarf für Qualitätsstandards und Prozessoptimierungen sehen, ist es wichtig, Ihre Mitarbeiter von Anfang an einzubinden. Wir haben gute Erfahrungen mit Teamworkshops gemacht, die sich zunächst auf die täglichen Abläufe im Team konzentrieren. So haben die Mitarbeiter eine Chance, sich aus der eigenen Mikroarbeitswelt auf die gemeinsame Team-, Abteilungs- und Unternehmensebene »hochzuarbeiten«. Ein weiterer Vorteil solcher Prozessworkshops im Team ist der gegenseitige Austausch über das tägliche Tun. In vielen Fällen erhöht allein die Darstellung der Prozessschritte schon das Teambewusstsein und trägt zu einer Prozessverbesserung bei.

Definition und Umsetzung von Prozessstandards

Geschäftsprozesse von Unternehmen lassen sich in Kernprozesse und Hilfsprozesse (unterstützende Prozesse) unterteilen. Kernprozesse umfassen alle Tätigkeiten, die der direkten Erfüllung der (internen) Kundenbedürfnisse dienen. Sie leiten sich aus der Kernkompetenz eines Unternehmens oder einer Abteilung ab. In der Personalabteilung ist ein Kernprozess beispielsweise das Einstellen von Personal. Die Abgrenzung von unterstützendem Prozess und Kernprozess ist in der Praxis nicht immer so einfach. Ist beispielsweise die Küche bei einem Airline-Catering-Service ein Kernprozess? Falls die Qualität des Essens für den Abnehmer im Vordergrund steht, ist die Frage mit Ja zu beantworten.

Das Denken in Unternehmen orientiert sich zumeist an Funktionen und weniger an Prozessen. Und weil dieses Denken über Jahre gewachsen ist und in einer tayloristischen Welt funktionierte, fällt es so schwer, das Abteilungsdenken abzubauen – trotz aller Bemühungen der letzten Jahre, in Prozessen zu denken. Auffallend ist, wie stark sich diese Tatsache auch auf die Unternehmenskultur auswirkt. Im negativen Fall kommen wir in die nächste Abteilung und haben die Wahrnehmung, als wären wir in einer anderen Firma! Daher ist es Aufgabe des Managements, das Unternehmen auf ein arbeitsplatz- und abteilungsübergreifendes Prozessdenken umzustellen.

Effiziente Kern- und Hilfsprozesse für Ihr Team

Die meisten Kernprozesse sind im Verwaltungsbereich in der ERP (Enterprise Resource Planning) abgebildet und damit festgelegt. Unsere Erfahrung zeigt, dass es vor allem auch Sinn macht, die Hilfsprozesse im Auge zu behalten, weil hier die Effektivität und Effizienz häufig durch Verschwendung von Ressourcen und Doppel- oder Wiederholungsarbeiten gelähmt wird.

Nehmen Sie sich die Zeit – oft besteht hier Bedarf an externer Unterstützung –, in einem ein- bis zweitägigen Team-Workshop die gesamte Prozesskette Ihres Teams aufzuzeichnen und nach Optimierungsbedarf zu durchleuchten. Beginnen Sie mit einem Prozess, und gehen Sie wie folgt vor:

1. Im ersten Schritt wird der Prozessablauf mit seinen wesentlichen Teilprozessen erfasst. Hier hilft es, mit Metaplanwänden oder einer Wandzeitung zu arbeiten, um alle Teilschritte optisch abzubilden.

2. Als Zweites ermitteln Sie für diesen Prozess die relevanten Daten zum Messen der Effektivität und Effizienz (qualitative und quantitative Kennzahlen). Nehmen Sie sich ausreichend Zeit für die Festlegung dieser Kennzahlen, denn häufig ist es nicht einfach, diese zu definieren. Kennzahlen können sich auf die Qualität der Ausführung, die Bearbeitungs- und Liegezeit, die Häufigkeit von Fehlern und Rückfragen oder die gesamte Durchlaufzeit beziehen. Praxisbeispiele für solche Zahlen folgen später. Kennzahlen können entweder auf der Basis von Erfahrungswerten vom Team festgelegt oder durch Zeitnahme bei exemplarischen Vorgängen exakt ermittelt werden.

3. Identifizieren Sie im dritten Schritt auch die Effizienzkiller im Team und an den Schnittstellen. Gehen Sie ganz praktisch vor und bilden

Sie diese mit Symbolen (zum Beispiel als Blitz) am jeweiligen Teilschritt des Prozesses ab. Sammeln Sie gemeinsam mit Ihren Mitarbeitern erste Ideen zur Optimierung auf einem Flipchart.

4. Leiten Sie nun auf der Basis dieser Bestandsaufnahme Ziele zur Verbesserung des Prozesses ab. Durch die formulierten qualitativen und quantitativen Kennzahlen sind diese nun eindeutig messbar und können gemäß der SMART-Regel (siehe Kapitel 1) formuliert werden. Achten Sie als Führungskraft in jedem Fall darauf, dass sich die Prozessziele problemlos mit der aktuellen strategischen Geschäftsplanung vereinbaren lassen. Ohne das O.K. Ihres Vorgesetzten könnten Ihre Optimierungsanstrengungen ins Leere laufen.

5. Erstellen Sie nun einen Handlungsplan zur Umsetzung mit allen Teilschritten. Sorgen Sie dafür, dass alle Mitarbeiter aktiv an der Veränderung mitwirken. Legen Sie Verantwortlichkeiten für einzelne Aufgaben in diesem Handlungsplan fest. Das erhöht die Verbindlichkeit und gibt Ihnen einen guten Überblick über das Voranschreiten Ihrer Prozessoffensive. Außerdem ist der Prozess jetzt standardisiert und somit für alle im Team transparent und nachvollziehbar.

6. Dokumentieren Sie nach Abarbeitung des Handlungsplanes zu guter Letzt den Prozess.

7. Vergessen Sie nicht, sich mit Ihren Mitarbeitern Gedanken über mögliche interne und externe Vermarktungsmöglichkeiten zu den Prozessverbesserungen zu machen. Überlegen Sie, wie die Gruppe durch die definierten qualitativen und quantitativen Kennzahlen Erfolge feiern kann.

Kennzahlen und Messgrößen für Ihr Team

Um eine Prozessoptimierung im Team erfolgreich umzusetzen, kann es sinnvoll sein, dass Sie sich schon im Vorfeld mögliche qualitative und quantitative Kennzahlen überlegen, um damit das Team für das neue Projekt zu gewinnen. Binden Sie Ihre Mitarbeiter dann frühzeitig in Ihre Überlegungen ein. Denn Ihr Projekt zur Prozessoptimierung wird nur dann erfolgreich abgeschlossen sein, wenn die Optimierungsanstrengungen auch in effizienten, praktikablen Lösungen münden, die von den Mitarbeitern akzeptiert und »gelebt« werden.

Prozesse zu verändern, stellt für Führungskräfte und ihre Mitarbeiter eine große Herausforderung dar. Es geht schließlich nicht nur um den Prozess, sondern auch um den Mitarbeiter und dessen Arbeitsverhalten. Werden Prozesse verändert, verändern sich (zwangsläufig) auch die Arbeitsschritte. Werden diese nach einem bestimmten Schema standardisiert, müssen einige Mitarbeiter ihr Arbeitsverhalten an die neue Ausführung anpassen. Wir weisen daher in unseren Coachings immer wieder darauf hin, wie wichtig es ist, die Verbesserungen durch die Mitarbeiter formulieren zu lassen und deren Ideen aufzugreifen. Die Umsetzung macht dann viel mehr Freude und wird vom Team getragen.

Das Identifizieren und Messen von quantitativen Zielen (Anzahl von Angeboten, Vertragsabschlüssen oder Präsentationsterminen) ist wesentlich leichter als das von qualitativen Parametern. Denn quantitative Ziele

■ geben die tatsächliche Leistung unverzerrt wieder,
■ beeinflussen Verhaltensweisen nicht negativ, weil sie neutral und personenunabhängig sind,
■ sind wiederholbar und zuverlässig,
■ sind auf monatlicher oder vierteljährlicher Basis aktualisierbar.

Viele Aufgaben in Management und Verwaltung sind jedoch nicht quantifizierbar. Sie werden als qualitative Ziele bezeichnet und sind abhängig von schwer messbaren Inhalten und den handelnden Personen der Unternehmenskultur. Sie sind schwierig in ein Zahlengerüst zu übertragen. Das Konzept der Balanced Scorecard (BSC) versucht genau diese Parameter abzubilden. Beispiele für qualitative Parameter in einem Team sind:

■ Professionalisierungsgrad und Engagement der Mitarbeiter;
■ Teamleistung und Performance;
■ individuelle Arbeitszufriedenheit beziehungsweise Motivation;
■ Kundenzufriedenheit;
■ »gefühlte« oder tatsächliche Reibungsverluste oder Effizienzkiller.

Die Arbeitszufriedenheit ist genauso wie die Stimmung im Team ein sehr individueller Parameter. Aber es sind gerade diese »weichen Faktoren«, die die Produktivität eines Teams positiv beeinflussen können. Für viele Führungskräfte sind diese »gefühlten« Qualitäten in der Regel nur schwer zu fassen. Eine Verbesserung der Teamstimmung zum Beispiel bringt es mit sich, dass das Negative im Team erst einmal durch die Führungskraft und Teammitglieder angesprochen werden müsste und somit Konfliktpotenzial birgt. Viele Vorgesetzte fühlen sich dieser Aufgabe nicht gewachsen und verdrängen sie lieber. Dabei wäre es ein Weg, Teamstimmung und Motivation als Erfolgsfaktoren für den taglichen »Teamgebrauch« zu definieren und sie dauerhaft als Messkriterien im Team zu definieren. Auch diese Bestandsaufnahme ist wesentlich leichter, wenn ein externer Berater die Moderation zwischen Führungskraft und Team übernimmt. Folgende Vorgehensweise hat sich bewährt:

1. Identifizieren Sie Ihre qualitativen Ziele im Team:

   ▪ Was bedeuten für mich / uns qualitative Ziele?
   ▪ An welchen Faktoren mache / machen wir sie fest?
   ▪ Was wären für mich / uns qualitativ messbare Ziele?

2. Denken Sie weiter und gehen Sie an die Umsetzung:

   ▪ Was muss der Einzelne dafür tun / verändern?
   Was das Team?
   ▪ Welche Prozessschnittstellen oder vor- und nachgelagerten Prozessschritte werden durch qualitative Veränderungen berührt?

3. Werden Sie aktiv in Sachen (Eigen-)Marketing:

   ▪ Wie können qualitative Ziele nach außen kommuniziert werden? (Wir sind die Besten für / in ...)?
   ▪ Wer muss »überzeugt« werden (Kunde, interner Partner), damit die eigenen Prozesse nicht versanden?
   ▪ Woran merken interne oder externen Kunden die Veränderung?

Erfahrungsgemäß benötigt ein Team mehr Zeit für das Erheben von qualitativen Zielen als von quantitativen. Im Folgenden finden Sie zwei Beispiele für das Erarbeiten qualitativer und quantitativer Ziele und Kennzahlen.

Beispiel für ein qualitatives Ziel

Das qualitative Ziel ist die Kundenzufriedenheit bei der Reklamationsbearbeitung: »Der Kunde ist dauerhaft zufrieden und äußert sich positiv über die Zusammenarbeit«.

1. Die Qualität (der Kundenzufriedenheit) wird im Team dadurch messbar, dass maximal zwei telefonische und ein schriftlicher Kundenkontakt notwendig sind, bis die Reklamationsbearbeitung komplett abgeschlossen ist. Das bedeutet weniger organisatorischen Aufwand und Wiederholungsarbeit.

2. Die Reklamationsbearbeitung ist für alle transparent durch wenige vom System erzeugte elektronische Reminder, wenig E-Mail-Korrespondenz innerhalb des Konzerns und weniger aufwändige Übergaben bei einer Stellvertretung. Das bedeutet weniger Stress und personenunabhängige Kundenbetreuung.

3. Die Reklamationsabwicklung verkürzt sich, und es bleibt mehr Zeit für Projektarbeit. Das bedeutet mehr Arbeitszufriedenheit.

4. Zielerreichung: Was kann der Einzelne im Team tun, damit alle genannten Punkte realisierbar sind? Er sollte bei jedem Kundenkontakt möglichst »professionell nachfragen«. Dazu braucht jeder Mitarbeiter gute Produktkenntnisse. Mögliche Wissenslücken könnten durch gezielte Produktschulungen geschlossen werden. Das bedeutet mehr Professionalität und gezieltes Fachwissen.

Beispiel für ein quantitatives Ziel

Das quantitative Ziel ist Termintreue. Die vom Konzern vorgegebene Reaktionszeit auf Reklamationen soll in 90 Prozent der Fälle eingehalten werden.

1. Die Quantität wird messbar durch die aktuelle Zeitspanne von Reklamationseingang bis zum Abschluss des Prozesses. Die maximale Reaktionszeit auf schriftliche und telefonische Kundenreklamation beträgt 24 Stunden. Das bedeutet mehr Kundenzufriedenheit.

2. Der Zugriff auf die Reklamationsdaten wird für alle transparent. Durch das sofortige Erfassen der Reklamation im System kann umgehend reagiert werden und die Unterlagen werden innerhalb von 30 Sekunden gefunden. Das sichert einen schnellen Überblick für die nächste Schnittstelle im Reklamationsprozess.

3. Welche Maßnahmen ergreifen wir, um den Kunden trotz Reklamation positiv zu stimmen? Es sollten bei jedem Kundenkontakt möglichst alle notwendigen Systemvorgaben abgefragt werden, damit der Mitarbeiter den Kunden proaktiv informieren kann. Das sichert eine standardisierte Vorgehensweise, die auch von Stellvertretern übernommen werden sollte.

4. Die Führungskraft sollte die Verbesserungen (Soll-Ist Vergleich), die erzielt werden, permanent kommunizieren. Sollte Ihre ERP diese Auswertungen nicht leisten, erfüllt eine Excel-Statistik den gleichen Zweck. Die Zahlen bieten eine ideale Grundlage für das Überprüfen der eigenen Qualitätsstandards gegenüber den geforderten 90 Prozent und dienen der Selbstvermarktung.

Veränderungsmanagement

Um effektives Projekt- und Prozessmanagement zu betreiben, ist es zunächst notwendig, dass Sie Ihr Zeitmanagement auf die notwendige Projektarbeit und Prozessoptimierung ausrichten. Erstellen Sie dazu ein individuelles Zeitplanmodell, um ein Gefühl dafür zu bekommen, wie viel Zeit Sie für Ihre Routinen und planbaren Aufgaben benötigen. Dann können Sie bei ungeplanten Ad-hoc-Aktivitäten aktiv Prioritäten setzen.

1. Schätzen Sie prozentual den Anteil Ihrer täglichen Routinen (wie E-Mail–Bearbeitung, Vor- und Nachbereitungen von Gesprächen) und planbaren Aufgaben (wie Konzept-, Strategie- und Projektarbeit).

2. Vergleichen Sie das Verhältnis zwischen Routinen und planbaren Aufgaben mit Ihrem Kalender.

3. Nehmen Sie sich eine realistische und erreichbare Kennzahl (zum Beispiel vier Stunden pro Woche) für Konzeptarbeit in der kommenden Woche vor, die Sie konsequent in Ihrem Kalender blocken.

4. Sollten Sie gut mit dem Zeitblock ausgekommen sein, nehmen Sie sich einen zweiten für die kommende Woche vor. War es eher schwer, die vier Stunden am Stück oder in zwei Blöcken zu terminieren, dann probieren Sie es in der kommenden Woche erneut.

5. Ziel: Sie bekommen dauerhaft ein Gefühl dafür, wie viel Zeit Sie tatsächlich für Konzeptarbeit benötigen, um dauerhaft Ihre Arbeitszufriedenheit zu steigern und ohne schlechtes Gewissen auch mal ad hoc etwas Ungeplantes zu tun.

Die Checklisten zum Kapitel 5 am Ende des Buches helfen Ihnen, Schritt für Schritt zu einem effizienten Projekt- und Prozessmanagement zu kommen – von der Bestandsaufnahme aktueller Projekte und Prozesse über eine Projektumfeldanalyse bis hin zum Identifizieren qualitativer und quantitativer Kennzahlen.

Casestudy

Praxisinterview mit Herrn Dr. B., Referatsleiter

Kunde: Multinationaler Konzern
Branche: Pharmazie
Beratungs- und Coaching-Design: Analysephase/Interviews per Fragebogen, drei Workshops, zwei Caochingeinheiten pro Mitarbeiter
Zeitlicher Verlauf: Prozessbegleitung über 9 Monate
Anzahl der gecoachten Mitarbeiter: 24 (inklusive Referatsleitung)

»Herr Dr. B., wie kam es dazu, dass Sie sich gemeinsam mit Ihrem Team an das Thema Prozessoptimierung gewagt haben?«

»Ich wollte zwei Fliegen mit einer Klappe schlagen. Es ging mir erstens um eine interne Neustrukturierung der Zuständigkeiten. Konkret wollte ich die Aufgaben der in ›Tandems‹ arbeitenden Referenten und Servicemitarbeiter umverteilen. Zum Zweiten war ich auf der Suche nach wirklich messbaren Qualitätsstandards für meine Abteilung.«

» *Was waren Ihre Ziele?* «

»Ich hatte die Idee, dass wir unser Output und die Performance im Team verbessern. Wie ich das allerdings anstellen sollte, war mir nicht wirklich klar. Schließlich konnte und wollte ich mich nicht neben jeden meiner Mitarbeiter setzen und überprüfen, wie effizient oder standardisiert er oder sie arbeitet.«

» *Was war an dieser Situation die besondere Herausforderung?* «

»Ich hatte extreme Bedenken, ausreichend Akzeptanz und Engagement bei meinen Mitarbeitern für dieses Projekt zu bekommen. Wo wir als Pharmakonzern sowieso schon nach strengen gesetzlichen Standards arbeiten müssen und ›auditmüde‹ sind.«

» *Wie genau sind Sie die Sache angegangen?* «

»Nach Rücksprache mit unserer Personalabteilung habe ich mich für eine externe Prozessbegleitung entschieden, die ein auf uns zugeschnittenes und realistisches Umsetzungskonzept ermöglichte.«

» *Wie müssen wir uns das vorstellen?* «

»Nach einem ersten Kennenlernen hat der externe Berater eine Vorbefragung zu unserer Arbeitsweise, den Prozessen, Effizienzkillern und persönlichen Einschätzungen zu Optimierungspotenzialen gemacht. Das lief im Falle meiner Mitarbeiter anonym ab. Ich selbst habe das Input in Form eines Interviews geliefert. Anschließend wurden das Material ausgewertet und die Ergebnisse in einem Workshop mit allen Mitarbeitern bewertet und analysiert. Es folgten dann noch zwei Workshops mit unterschiedlichen Themenschwerpunkten. Zwischen den Workshops hat es jeweils individuelle Coachings für die Mitarbeiter gegeben.«

» Wie ist die Sache ausgegangen?«

»Unerwartet gut! Ich hatte zu Beginn Bedenken – vor allem, weil ich neben einer Vereinfachung der Prozesse ja auch eine interne Umstrukturierung im Sinn hatte. Sicherlich hat nicht alles sofort funktioniert. Durch die Coachings am Arbeitsplatz hatten meine Mitarbeiter aber die Chance, in Trockenübungen schon mal den Ernstfall zu proben und praktisch in kleinen Schritten die Veränderung zu probieren.«

» Wie beurteilen Sie heute Ihre Entscheidung?«

»Es war sicherlich im Nachhinein ein Wagnis. Ich bin froh, dass ich den Schritt mit meinen Mitarbeitern gemacht habe. Wir haben alle in dieser Zeit nicht nur etwas über Standards und Kennzahlen, sondern auch über uns selbst gelernt. Für mich war insbesondere das Thema qualitative Kennzahlen ein Schlüsselerlebnis. Ich hatte mir vorher nicht wirklich Gedanken über deren strategische Bedeutung gemacht.«

Fazit

Effektives Projektmanagement

1. Drei Erfolgsparameter: Ihre Projekte verlaufen dann erfolgreich, wenn Sie als Führungskraft von Anfang an relevante Personengruppen einbinden, auf eine klare Projektdefinition achten und diese eindeutig kommunizieren und wenn Sie während der kompletten Projektlaufzeit eine konsequente Projektsteuerung betreiben (lassen).

2. Echte Projektführungsqualitäten: Projektleitung ist nicht gleich Teamleitung. Bewährte Führungskräfte, die Delegation und Mitarbeiterführung aus dem »Effeff« beherrschen, sind nicht automatisch gute Projektleiter. Werden Sie sich bewusst, dass die Leitung eines Projektes unter Umständen auch für Sie persönlich »ein neues Projekt« ist. Passen Sie Ihr persönliches Zeitmanagementmodell der neuen Projektherausforderung an. Durch effektive Selbststeuerung meistern Sie den Spagat zwischen Projektcontrolling und Führungsaufgaben.

3. Gute Planung und Vorbereitung: Wenn Projekte scheitern, liegt das oft an schlechter Planung und Vorbereitung. Wenn Sie die Projektverantwortung haben, nehmen Sie sich vor allem in der Anfangsphase gemeinsam mit Ihrem Team Zeit, um Projektziele genau zu definieren und zu klären. Es kommt darauf an, dass Ihre Mitarbeiter verstehen, wohin die Reise geht.

4. Kontinuierliche Projektkommunikation: 40 Prozent aller Projekte scheitern aufgrund mangelnder Kommunikation. Beugen Sie vor mit Kick-off-Veranstaltungen in der Startphase und weiteren regelmäßigen Meetings. Bei komplexen, abteilungsübergreifenden Projekten fördern Kommunikationspläne den Informationsfluss, sodass niemand übergangen wird.

5. Externe Kommunikation: Projektteams sind keine Inseln im Unternehmen. Sorgen Sie dafür, dass Ihre Mitarbeiter systematisch Interessensgruppen des Projektes ermitteln und mit diesen Kontakt halten. Sensibilisieren Sie Ihre Projektmitarbeiter dafür, dass es wichtig ist, diese Beteiligten für Ihr Vorhaben zu gewinnen und bei der Definition der Projektziele einzubeziehen.

6. Transparentes Risikomanagement: Identifizieren Sie gemeinsam mit Ihren Mitarbeitern Risiken und Unwägbarkeiten des Projektes. Idealerweise kann das Team ein Frühwarnsystem etablieren, um im Notfall schnell handeln zu können: Jedem Risikofaktor wird ein Verantwortlicher zugeordnet. So übernimmt jeder Mitarbeiter persönlich Verantwortung für einen Spezialbereich und lernt dabei, über den Tellerrand zu gucken.

7. Ehrliche Feedbackkultur: Gerade in heißen Projektphasen liegen die Nerven schnell mal blank. Deshalb ist es wichtig, aufkommende Konflikte offen anzusprechen. Regen Sie als Führungskraft an, dass es in jeder Projektsitzung den Agenda-Punkt» »Kommunikationsengpässe« gibt.

Effektives Prozessmanagement

1. Fehlende Transparenz und Effizienz: Sind Ihnen in der letzten Zeit immer wieder Anzeichen für fehlende Transparenz und Effizienz in Geschäftsabläufen (überholte Arbeitsschritte oder fehlende Qualitätsstandards) aufgefallen? Dann sollten Sie eine Prozessoptimierung durchführen.

2. Kern- und Hilfsprozesse: Analysieren und dokumentieren Sie Ihre wichtigsten Kernprozesse. Arbeiten Sie, wenn möglich, auch team- oder bereichsübergreifend, damit etwaige Reibungsverluste an den Schnittstellen ebenfalls identifiziert werden können. Untersuchen Sie auch Ihre Hilfsprozesse kritisch nach unnötigen Arbeitsschritten, Doppel- und Mehrfacharbeiten.

3. Qualitative und quantitative Messgrößen: Erarbeiten Sie mit Ihren Mitarbeitern und Führungskräften in einem oder mehreren Workshops qualitative und quantitative Kennzahlen, um Qualitätsstandards zu definieren und Ziele überprüfen zu können.

4. Festschreibung von Qualitätsstandards und Prozesszielen: Schreiben Sie gemeinsam mit Ihrem Team Qualitätsstandards und Prozessziele fest. Damit bekommen Sie und Ihre Mitarbeiter objektive Parameter, an denen Sie sich orientieren können.

5. Eigenvermarktung: Machen Sie in Sachen Eigenwerbung keine halben Sachen, sondern beratschlagen Sie mit Ihren Mitarbeitern, wie die gewonnenen Messgrößen und Prozessstandards optimal nach innen und außen vermarktet werden können. Nur so können Erfolge gefeiert und Mitwirkende dauerhaft motiviert werden.

6. Führungstool: Sehen Sie Prozess- und Qualitätsstandards auch als zentrales Führungstool. Bringen Sie mehr über »weiche Parameter« wie Stimmung, Zufriedenheit und gefühlte Auslastung Ihrer Mitarbeiter in Erfahrung. Die erarbeiteten qualitativen Kennzahlen geben Ihnen einen Anhaltspunkt, was Ihre Mitarbeiter an Rahmenbedingungen brauchen.

Erfolgreiche Kommunikation

»Gedacht heißt nicht immer gesagt,
gesagt heißt nicht immer gehört,
gehört heißt nicht immer verstanden,
verstanden heißt nicht immer einverstanden,
einverstanden heißt nicht immer angewendet,
angewendet heißt noch lange nicht beibehalten.«

Konrad Lorenz

Abbildung 24: Wirkungskreis Kommunikation

Wirkungsvolle Kommunikation wird geprägt durch die persönliche Kommunikationskompetenz, die Inhalte (Führung und Strategie, Problemlösung oder Informationsweitergabe) und die richtige Kommunikationsform (Jour fixe, Informationsmeeting, Meeting, E-Mail, Telefon).

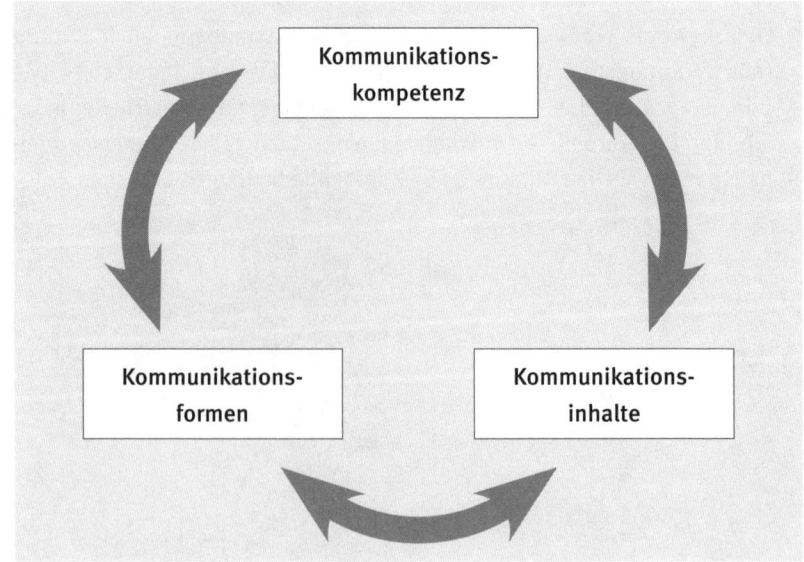

Wie der Begriff Führung so hat auch »Kommunikation« viele Auslegungen. Auch hier trifft der Spruch zu: »Es ist schon alles gesagt, nur noch nicht von allen.« Wer sich für die psychologischen oder soziologischen Aspekte von Kommunikation interessiert, findet hierzu hervorragende Fachliteratur.

In diesem Kapitel konzentrieren wir uns vor allem auf Kommunikationsschwerpunkte, die Sie selbst als Führungskraft beeinflussen können – nämlich auf Ihre eigene Kommunikationskompetenz und auf die Form und die Inhalte der Kommunikation.

Bevor wir jedoch in einzelnen Kapiteln auf die jeweiligen Aspekte genauer eingehen, vorab noch ein paar klassische Fehler, die Führungskräfte bei der Kommunikation immer wieder begehen.

Typische Kommunikationsfehler vermeiden

»Man kann nicht nicht kommunizieren.«

Niklas Luhmann / Paul Watzlawick

In unserer über 15-jährigen Beratungspraxis tauchen immer wieder drei Beispiele für unprofessionelle Kommunikation auf. Der erste Fall ist die große Stille in Vorstandsetagen, die gern von Vorständen als produktive Stille, von den Mitarbeitern aber häufig als »Ruhe vor dem Sturm« definiert wird. In solchen Unternehmen ist die Kommunikation top-down für die zuarbeitenden Führungskräfte und Mitarbeiter häufig unkalkulierbar. Das ist fatal und kann zu eklatantem Leistungsabfall oder gar zu mentaler Lähmung führen. Jeder rechnet damit, dass die Geschäftsleitung mal wieder plötzlich und unerwartet Aufträge platziert. Dafür hält man sich ständig bereit, und das löst auf der Mitarbeiterebene eine permanente Stresssituation aus. Hätten das mittlere Management und die Teams die Chance, sich kontinuierlich auch auf gemeinsam abgestimmte Aufgaben zu konzentrieren, wären Motivation und Zielerreichung wesentlich größer.

Das zweite Beispiel für hochgradig unproduktive Kommunikation beobachten wir oft in der Verständigung zwischen Unternehmenszentralen und deren dezentralen Standorten. Wenn die Zentrale ruft, lassen plötzlich alle den Stift aus der Hand fallen, und die große Hektik bricht aus. Häufig werden Notwendigkeit und Zeitpunkt der Informationsanfrage nicht deutlich genug kommuniziert, und die Situation gerät emotional aus den Fugen: »Warum will die Zentrale das wissen, wieso gerade jetzt? Die Information ist doch im letzten Reporting beinhaltet.« Man beruft Telefonkonferenzen ein, sendet E-Mails, die aber eigentlich auch nur verwirren, und muss dann im schlimmsten Fall in der Zentrale erscheinen, um den Fall persönlich zu klären. Das kostet Zeit, Geld und Nerven. Folgende Zahlen, die wir im Rahmen unserer Produktivitätsevaluierung erheben, belegen diese aufwändige Kommunikation: Es gibt eine direkte und fatale Korrelation zwischen dem Ansteigen der schriftlichen (E-Mails) und der persönlichen Kommunikation in Form von Besprechungen und Telefonkonferenzen. Im Gesamtzeitaufwand hat sich das Bearbeiten von E-Mails von 4,0 auf 8,8 Stunden pro Woche mehr als verdoppelt (Institut für Beratung und Training, 2007), während die Zeit für die Bearbeitung konventioneller Post nur um 37 Prozent auf 1,3 Stunden zurückgegangen ist. Die durch ineffektive Meetings vergeudete Zeit hat sich sogar verdreifacht (2,1 Wochenstunden). Vertiefende Interviews zu diesen Zahlen haben ergeben: Wer viel schreibt, hat mehr persönlichen Gesprächsbedarf, da zum Beispiel durch zu viele »Pingpong-E-Mails« keine Klärung herbeigeführt wird und der Ärger der Beteiligten durch missverständliche Aussagen steigt. Diese E-Mails werden teilweise für den Papierkorb produziert, und die Klärung muss über ein persönliches Meeting erfolgen.

Der dritte Fall inkonsequenter Kommunikation ist die »Politik der offenen Tür«. Diese Kommunikationsform konterkariert häufig eine gehaltvolle Verständigung. Augenscheinlich will die Führungskraft für die Mitarbeiter jederzeit ansprechbar sein, in Wirklichkeit geht es aber gar nicht um direktes Beziehungsmanagement. Im Gegenteil, denn eine offene Tür symbolisiert tatsächlich »zwischen Tür und Angel«. Ständig geöffnete Chef- und Mitarbeitertüren führen eher zu einer Beliebigkeit in der Kommunikation. Wer als Vorgesetzter seine Tür ständig geöffnet hat, lenkt sich ab. In unseren Coachings stellen wir bei diesem Typus Führungskraft häufig einen Mangel an konsequenter Führung fest. Interessanterweise ist bei einem solchen Kommunikationsverhalten des Vorgesetzten zielorientiertes, konzentriertes Arbeiten im gesamten Team eher selten. Das Argument zur Aufrechterhaltung der offenen Tür lautet oft: »Meine offene Tür signalisiert, dass ich für meine Mitarbeiter da bin.« Mit effektivem Arbeiten hat dies wenig zu tun. Im Arbeitsalltag gipfelt es darin, dass Mitarbeiter wahllos wegen einer Kleinigkeit den Kopf mal eben in die Tür stecken, keine Termine mehr vereinbart werden und die Qualität der Arbeit schlichtweg darunter leidet.

Auch die E-Mail-Flut löst an mittlerweile fast jedem Arbeitsplatz zu viele unstrukturierte Informationen aus. Das führt zu einer Aussage, die wir ständig hören: »Wir sind völlig von Informationen überflutet, die wirklich wichtigen Dinge hören wir aber immer zu spät.« Diese Aussage kann viele Ursachen haben. Eine ist mit Sicherheit die Führungskraft, die Wissen heute schwerpunktmäßig nicht mehr mündlich, sondern per E-Mail verteilt. Viele Führungskräfte machen es sich zu einfach: Sie überfordern ihre Mitarbeiter mit zu vielen weitergeleiteten E-Mails, die sie mit dem Vermerk »zur Kenntnis« oder »zur Information« versehen. Der Mitarbeiter weiß nicht wirklich, welchen Auftrag er mit dieser Weiterleitung erhält. Diese E-Mails bleiben oft im Posteingang stehen, sorgen für Ablenkung und ein schlechtes Gewissen.

Die persönliche Kommunikationskompetenz

Nicht nur im Firmenkontext, sondern auch im Privatleben ist es die größte Hürde für Menschen, Lob und Kritik frühzeitig und angemessen zu äußern. Wer bereit ist, seine bisherigen Kommunikationsvorlieben zu hinterfragen, der ist jedoch auf dem besten Wege, im wichtigsten Bereich der Kommunikation – nämlich auf der Beziehungsebene – professioneller zu werden. Die Krux ist, dass viele Menschen vergessen, Anerkennung auszusprechen und Konfliktgespräche als unangenehm empfinden und sie (ver)meiden.

Wir beobachten häufig, dass Führungskräfte und Mitarbeiter am liebsten nur auf der sachlichen Ebene kommunizieren würden und dort sinnvolle Entscheidungen fällen möchten, denen alle zustimmen. Im

Coaching erleben wir immer wieder, dass es den Beteiligten besonders schwer fällt, das eigene Kommunikationsverhalten gerade in Konfliktsituationen kritisch zu hinterfragen und zu verändern. Wem das hingegen gelingt, der entwickelt seine Kommunikationskompetenz nachhaltig und reduziert bei sich selbst und den Mitarbeitern Stress. Eigene Kommunikationsvorlieben zu erkennen, ist die beste Voraussetzung, um den persönlichen Kommunikationsstil zu verbessern.

Welcher Kommunikationstyp sind Sie?

Das komplexe Thema Kommunikation lässt sich nicht durch ein Schema vereinfachen, und es gibt auch keine pauschalen Tipps zur Verhaltensveränderung. Wir möchten jedoch unsere Beobachtungen in der täglichen Arbeit mit unseren Kunden beschreiben und einige »Kommunikationstypen«, die uns immer wieder bei Führungskräften und Teammitgliedern begegnen, vorstellen.

Der Typ der klaren Worte

Hier finden wir häufig unseren Macher aus Kapitel 4 wieder. Er sagt offen seine Meinung, gibt Anweisungen, wie Dinge zu tun sind, versucht, andere zum Handeln zu bewegen und ist in Gesprächen eher dominant.

Ist die *Führungskraft* ein Typ der klaren Worte, kann es passieren, dass die Mitarbeiter sich mit ihren momentanen Aufgaben nicht ernst genommen fühlen und den Eindruck bekommen, dass der Chef ihnen ungefragt immer mehr Arbeit aufhalst. Er wird daher oft als autoritär empfunden.

Hat ein *Mitarbeiter* ein solches Kommunikationsverhalten, kann das dazu führen, dass seine Kollegen sich immer wieder übergangen fühlen und sich erst mal zurückziehen. Das belastet das Teamklima. Erkennt die Führungskraft des Teams diesen Mechanismus zu spät, geht unter Umständen wertvolle Projektzeit verloren, oder es müssen erst die Scherben beseitigt werden, bevor die Zusammenarbeit wieder funktioniert.

Der Typ der wenigen, wohlgewählten Worte

In diese Gruppe fällt der Perfektionist aus Kapitel 4. Er ist eher verschlossen, ihm ist die Lust zur Kommunikation nicht wirklich in die Wiege gelegt worden. Für ihn ist Kommunikation die präzise Aufbereitung von Zahlen und Fakten. Wenn er Vorschläge vorbringt, erkennt er oft den Kommunikationsbedarf der anderen nicht, oder er blendet die Beziehungsebene aus, weil er kaum Gespür dafür hat.

Ist die *Führungskraft* ein solcher Typ, kann es passieren, dass zwar wichtige Fakten für die Notwendigkeit des Handelns genannt werden. Aber im Eifer des Gefechtes bemerkt die Führungskraft nicht, dass die Mitarbeiter gedanklich gerade ganz woanders sind, weil zum Beispiel im Tagesgeschäft etwas schiefläuft. Ein weiteres Kennzeichen dieses Kommunikationstyps ist, dass er lieber per E-Mail über Inhalte und Abläufe »diskutiert«, als persönlich darüber zu sprechen.

Ist der *Mitarbeiter* ein solcher Typ, muss man ihm meist die Informationen »aus der Nase ziehen«. Er ist meist sehr zuverlässig in der Detailarbeit, informiert Kollegen aber oft nicht über seine Lösungen oder Zwischenschritte.

Der Typ der vielen Worte

Auch hinter diesem Kommunikationstyp kann ein Macher stecken. Solche Menschen sind spontan und gesprächig, oft aber wie ein Wirbelwind und wenig konkret. Dieser Typus informiert gerne über seine Sicht der Dinge, macht aber wenig konkrete Vorschläge und ist nicht sehr zuverlässig in der Einhaltung seiner Aussagen.

Auf *Führungsebene* lässt dieser Typ häufiger Sätze fallen wie »Man müsste mal ...«, »Wir sollten ...« oder »Es wäre hilfreich, wenn ...« – und dabei bleibt es dann auch. Handelt die Führungskraft nach diesem Muster, kann das dazu führen, dass sich bei einem solchen Kommunikationsstil die eigenen Mitarbeiter aus Verbindlichkeiten und Verantwortungen ausklinken, weil meist wenig von dem angegangen wird, wofür es sich einzusetzen lohnt.

Kommunizieren *Mitarbeiter* in diesem Stil, werden sie oft im Team gemieden, weil sie nur ungern Verbindlichkeiten eingehen wollen. Zudem kostet »das Geschwafel« zu viel Zeit und die Kollegen durchschauen, dass diese Person die Arbeit nicht selbst tun will, sondern versucht, die Entscheidung auf andere zu übertragen.

Der Typ der netten Worte

Dieser Typ ist ebenfalls gesprächig und tauscht sich gerne auf der Privatebene aus. Er sagt selten klar, was er möchte, und nimmt viel Rücksicht auf die Befindlichkeiten der anderen.

Als *Führungskraft* begegnen uns solche Typen oft als antiautoritär geprägte Personen, die gerne von der Annahme ausgehen, alle müssten von selbst wissen, was zu tun ist. Er gibt selten klare Anweisungen. Das kann dazu führen, dass die Akzeptanz als Führungskraft schwindet und das Team sich selbst steuert. Denn allzu viel Gesprächsbereitschaft lässt eine klare Linie vermissen und symbolisiert Führungsschwäche. Es kann sogar passieren, dass ein informeller Wortführer bewusst oder unbewusst versucht, die Autorität des Teamleiters zu untergraben.

Auf *Mitarbeiterebene* sind dies oft Menschen, die zwar emotional ins Team eingebunden sind, sich auf der Sachebene aber eher fügen. Sie setzen sich inhaltlich nur ungern mit den Kollegen auseinander, um den Zusammenhalt im Team nicht zu gefährden.

Erfolgsfaktoren für wirkungsvolle Kommunikation

Haben Sie bei den genannten Typen den einen oder anderen Mitarbeiter, Kollegen oder gar sich selbst wiedererkannt? Dann machen Sie sich folgendes Wissen zunutze: Für alle Kommunikationstypen gilt, dass Kommunikation nur zu etwa einem Drittel aus Worten und zu zwei Dritteln aus Körpersprache besteht. Eine gute Körperhaltung, Blickkontakt und ab und zu ein Lächeln sind Garanten für positive Aufmerksamkeit. Außerdem sollten nicht nur Verkäufer wissen, dass die ersten Momente der Konversation oft darüber entscheiden, ob das Gespräch die erwünschten Ergebnisse bringt.

Abbildung 25: Drei Kommunikationsplattformen

Ihre persönliche Kommunikationskompetenz zeigt sich, wenn Sie im eigenen Team den richtigen Ton für sachliche und emotionale Themen treffen und auf der teamübergreifenden Ebene mit dem richtigen Kommunikationsstil die Interessen Ihres Bereiches vertreten.

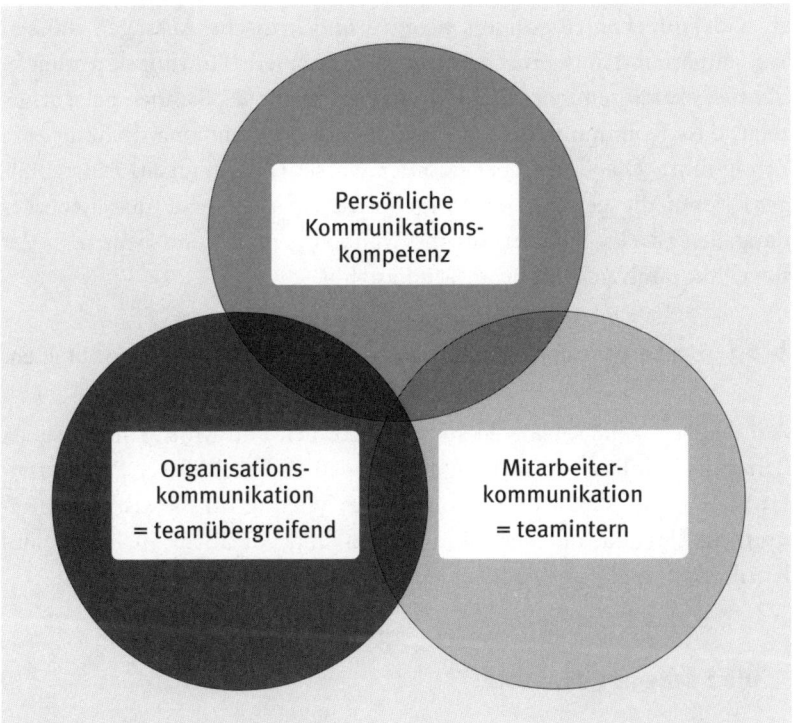

Wenn Sie als Führungskraft etwas an Ihrem Kommunikationsstil oder Auftreten verändern wollen, dann denken Sie aber auch daran, dass nur das überzeugend wirkt, was authentisch ist und Ihrem Typ entspricht. Sind Sie beispielsweise ein eher verhaltener Typ, erscheint es wenig glaubwürdig, wenn Sie plötzlich gestenreich und theatralisch auftreten. Verstellen Sie sich nicht, sondern arbeiten Sie an Ihrem persönlichen Kommunikationsstil.

Schärfen Sie Ihre Kompetenz auf der Beziehungsebene

Die Kunst der »richtigen« Kommunikation besteht darin, eine flexible und auf die eigene Person maßgeschneiderte Kommunikationsstrategie zu entwickeln. Dabei ist es vorrangig, dass Sach- und Beziehungsebene stimmen, sich ergänzen und sich gegenseitig unterstützen, anstatt sich zu widersprechen. Besonders positive und kritische Aussagen müssen Sie zeitnah und authentisch ansprechen. Fast jede Führungskraft hat in Führungskräfteseminaren das Modell des Eisberges kennen gelernt. Es zeigt, dass Kommunikation auf der Sachebene nicht zwangsläufig zum Erfolg führt. Die vielen Ebenen unter Wasser (Beziehungen, Beurteilungen) lassen die gewünschten Ergebnisse, die die Spitze des Eisberges darstellen (Ziele, Inhalte), oft ins Wanken geraten, und deuten in der Regel auf unausgesprochene Konflikte hin.

▶ ▶ ▷ **Um Sachthemen umzusetzen, muss die Beziehungsebene stimmen.**

Auf der Beziehungsebene entstehen Vertrauen und Motivation – sie ist damit der Schlüssel zu mehr Wohlbefinden und zu höherer Produktivität bei Führungskraft und Mitarbeitern. Wichtig für Sie als Führungskraft im Umgang mit den Mitarbeitern sind vor allem auch Lob und Kritik, dazu mehr in den folgenden Kapiteln.

Die Sache mit dem Lob

»Wir hören zu selten ein Lob«, wird in unseren Gruppencoachings oft pauschal vorgebracht. Das kann stimmen, häufig wird diese Aussage aber auch als »Totschlag-Argument« verwendet, um in der passiven Rolle zu verharren und selbst nichts zu verändern. Damit machen es sich viele Mitarbeiter zu leicht. Sie gehen irrtümlich davon aus, dass es allein Aufgabe der Führungskraft sei, Mitarbeiter zu motivieren. Unsere Erfahrungen zeigen immer wieder, dass sich Menschen stark aus sich selbst heraus motivieren können.

Und da kommt nun die Führungskraft ins Spiel. Anerkennung auszusprechen ist ein Zeichen der Wertschätzung der Mitarbeiter. Der Ausdruck von Anerkennung sollte jedoch nicht schematisch und aufgesetzt erfolgen, sondern zeitnah und anhand nachvollziehbarer Ergebnisse. Und viele Führungskräfte loben zudem falsch: Das typische Beispiel ist die vorprogrammierte Dankesrede zum offiziellen Anlass. Durch ein pauschales Lob erreicht man generell wenig. Statt platter Lobhudelei gilt grundsätzlich, dass sich die Führungskraft dem Mitarbeiter zuwenden und ihm echtes Interesse und Aufmerksamkeit entgegenbringen sollte, um so die Grundlage für Vertrauen zu schaffen.

Wenn sich Frust breitmacht

Immer wieder treffen wir bei unserer Arbeit auf Mitarbeiter, die über Jahre durch schlechte Führung und zu wenig Anerkennung frustriert wurden. Besonders für junge oder neue Führungskräfte sind solche Mitarbeiter ein Problem. Übernehmen sie ein Team oder eine Abteilung, schlägt ihnen dieser Frust als schlechte Teamstimmung entgegen, die auf sie wie »Kalter Krieg« wirkt und unlösbar scheint. Dieser Frust hat sich bei den Mitarbeitern oft über Jahre aufgebaut, sie haben vielleicht mehrfach Verbesserungsvorschläge eingebracht und sind dafür »abgestraft« worden. Nicht selten hören wir, dass es Führungskräfte gibt, die sagen: »Nicht denken, arbeiten!« Ein Mitarbeiter, der auf diese Weise mehrfach abgekanzelt wurde, schaltet ab. Kommt jetzt die junge frische Führungskraft ins Team und hat andere Vorstellungen einer effektiven Teamarbeit, haben wir als Berater und Coaches oft die »Eisbrecher-Funktion«. Wir ermutigen den Mitarbeiter, es mit der neuen Führungskraft zu versuchen – die Führungskraft bitten wir um Geduld und Nachsicht, um diesen Mitarbeiter für sich zu gewinnen. Und durch Gespräche und Wertschätzung wächst nach einer gewissen Zeit Vertrauen, und die Führungskraft ist auf dem besten Weg, dass bei dem Mitarbeiter und im gesamten Team Eigenmotivation entsteht.

Kritik ist auch Anerkennung

Ein konkretes, lösungssuchendes und verhaltensbezogenes Kritikgespräch kommt meist besser an als etwas durch die Blume Gesagtes, das viele Interpretationsmöglichkeiten zulässt. Für Sie als Führungskraft bedeutet das, sich immer wieder auf diese Führungsaufgabe zu besinnen. Denn kritisieren ist für viele Menschen ein äußerst unangenehmer Vorgang. Viele Führungskräfte lernen erst mit der Zeit, dass Mitarbeiter sich durch Kritik wahrgenommen fühlen, auch wenn dadurch eine notwendige Veränderung angesprochen wird. Wichtig ist, dass das Kritikgespräch zeitnah erfolgt. Es ist immer eine Holschuld der Führungskraft und keine Bringschuld des Mitarbeiters. Leider wird es aber, weil es unangenehm ist, oft verschleppt.

Wenn Kritik nur in Gedanken geäußert wird

Immer wieder stellen wir in unseren Coachings ein besonders interessantes Phänomen fest: Das unangenehme Kritikgespräch wird nur gedanklich geführt. Wir nennen dies »fantasierte Kommunikation«. Viele Führungskräfte und Mitarbeiter sprechen in der Regel Kritik nicht sofort an. Werden Unstimmigkeiten nicht ausgesprochen, neigen Menschen dazu, die ungelösten Probleme in die Fantasie zu übertragen. Das heißt, Kritikgespräche werden nicht real mit den handelnden Personen geführt, sondern als Selbstgespräch. Diese fantasierte Kommunikation beschreibt Paul Watzlawick in seinem Buch *Anleitung zum Unglücklichsein*. Als Führungskraft sollten Sie wissen, welche Gefahren in einer fantasierten Kommunikation stecken, um nicht selbst in die Falle zu tappen und bei Bedarf die eigenen Mitarbeiter aus dieser Falle herauszuholen. Je länger die Angst vor dem Konflikt schwelt, umso schwieriger wird es, das unangenehme Gespräch tatsächlich zu führen.

Die Folgen fantasierter Kommunikation sind deshalb fatal, da Menschen dazu neigen, in der Fantasie Gefühle zu übertreiben. Dadurch ist der innere Dialog nie lösungsorientiert, sondern immer negativ belastet. Die Wahrscheinlichkeit, das Konfliktgespräch tatsächlich zu führen, wird durch die innere Übertreibung immer geringer und die Laune immer schlechter. Dieses Ausweichverhalten führt zur Konfliktverschleppung und zu Frust. Die Gefahr besteht, dass die im fantasierten Gespräch entstandenen Gefühle sich im Denkschema als Tatsachen etablieren und zu Fehleinschätzungen und Missverständnissen führen. Ein Beispiel eines »fantasierten« Konfliktgespräches:

Führungskraft: »Mir fällt zum wiederholten Male auf, dass im Controllingblatt Fehler auftauchen.«

Mitarbeiter: »Bei dem großen Arbeitsvolumen kann ich nicht jede Zahl überprüfen. Wenn ich das machen soll, dauert der Vorgang mindestens doppelt so lang.«

Führungskraft: »Ich habe häufiger wahrgenommen, dass Sie sich durch Kollegen ablenken lassen und das Controlling nicht konzentriert in einem Rutsch durchziehen.«

Mitarbeiter: »Ich mache schon seit Wochen keine Mittagspause mehr, um meine Arbeit zu schaffen.«

An diesem Punkt bricht die Führungskraft das Selbstgespräch ab und beschließt, das Kritikgespräch auf den nächsten Tag zu verschieben. Mit der Folge, dass der Konflikt weiterschwelt, nach Hause mitgenommen wird und sich manchmal durch überzogene Reaktionen äußert: Man bricht zum Beispiel zu Hause mit dem Partner wegen Nichtigkeiten einen Streit vom Zaun.

Konstruktive Kritik

Die fehlende Konfliktbewältigung wird auch als »fehlende Feedback-Kultur« bezeichnet. Die meisten Menschen, gleichgültig welchen Kommunikationstyps, können Kritik nur schwer lösungsorientiert vorbringen, denn niemand hat es ihnen in der Vergangenheit beigebracht oder gar vorgelebt. Feedback speist sich jedoch immer aus dem Mut, Dinge anzusprechen und dabei selbstkritisch zu bleiben.

Weil es so wenig konstruktive Kritik in Unternehmen gibt, wird heutzutage Feedback unternehmensweit durch Mitarbeiterbefragungen oder »360-Grad-Feedback« eingeholt. Mithilfe der folgenden Tipps können Sie aber auch ohne große Unternehmensinitiativen die Basis für eine produktive Feedbackkultur legen:

- Kritisieren Sie keine unwichtigen Kleinigkeiten, denn dann werden Sie schnell als kleinlich und einschränkend wahrgenommen. Trauen Sie den Mitarbeitern etwas zu und »kritteln« Sie nicht an jedem fehlenden Komma herum.

- Kritisieren Sie niemals in Gegenwart anderer, das führt beim Gegenüber zu Gesichtsverlust und kann unter Umständen Angst auslösen.
- Tragen Sie Kritik nicht ironisch vor, das ist besonders kränkend und herabsetzend.
- Vergewissern Sie sich, dass die Kritik berechtigt ist und nicht auf Vermutungen beruht, das kann peinlich werden. Auch führen Vergleiche mit Dritten oder Kritik in Abwesenheit nicht zum gewünschten Ziel.
- Delegieren Sie Kritik nicht, denn es besteht die Gefahr, dass die Information nicht in Ihrem Sinn weitergegeben wird.
- Führen Sie ein Kritikgespräch niemals zwischen »Tür und Angel«. Die Kritik überrumpelt den anderen, und der Sachverhalt kann nicht hinterfragt werden.
- Bringen Sie nur aktuelle Kritikpunkte vor und nicht längst Vergangenes. Das ist nicht sehr souverän und wird als nachtragend empfunden.
- Testen Sie anhand von Checkliste 24 auf Seite 287, wie diplomatisch Sie Kritik vorbringen. Das idealtypische Kritikgespräch gibt es nicht, aber die sorgfältige Vorbereitung des Kritikgespräches macht Sie sicherer und erhöht den Erfolg (siehe dazu auch Checkliste 25 auf Seite 287).

Das interne Kritikgespräch mit Mitarbeitern im Team

Machen Sie es sich zur Regel, so früh wie möglich – spätestens aber ein bis zwei Tage nach einem Ärgernis – ein Kritikgespräch zu führen. Vereinbaren Sie einen Termin für das Kritikgespräch mit Ihrem Mitarbeiter und sagen Sie ihm sofort, um was es geht, zum Beispiel: »Ich möchte morgen mit Ihnen über Ihr Verhalten am Telefon gegenüber Kunde Müller sprechen.«

Vergessen Sie nicht, dass Sie der Chef sind. Zeigen Sie klar auf, was schiefgelaufen ist. Reagieren Sie verständnisvoll auf die Gegenargumente, bleiben Sie aber distanziert und bei Ihrer Position. Bleiben Sie bei Ich-Botschaften wie »Ich nehme wahr« oder »Ich habe festgestellt« und vermeiden Sie Aussagen wie »Sie sollten« oder »Sie machen falsch«.

Nennen Sie belegbare Fakten, und fragen Sie Ihren Mitarbeiter nach seiner Sicht. Richten Sie Ihren Fokus auf eine mögliche Lösung und bieten Sie dabei Ihre Unterstützung an.

▶ ▶ ▷ **Ziel ist es, die Leistung Ihres Mitarbeiters zu verbessern, und nicht, ihn mit Vorwürfen zu überhäufen.**

Persönliche Aspekte sollten Sie aus dem Kritikgespräch heraushalten. Konzentrieren Sie sich vielmehr auf das Thema, in unserem Beispiel die Unfreundlichkeit im Kontakt mit einem externen Kunden. Zeigt sich der Mitarbeiter uneinsichtig, müssen Sie gegebenenfalls ein Machtwort sprechen und das auch aushalten. Zu oft erleben wir nach Kritikgesprächen, dass Vorgesetzte Schuldgefühle wegen der ausgesprochenen Kritik entwickeln und sich zu früh auf der Beziehungsebene wieder kollegial zeigen. Das kann Führungsschwäche signalisieren und die Aussage entkräften.

Das teamübergreifende Kritikgespräch

Ein solches Gespräch bedarf ebenfalls einer intensiven Vorbereitung, in der Sie alle taktischen Varianten durchspielen sollten. An der Schnittstelle zu anderen Bereichen verhandeln Sie Konfliktthemen auf Augenhöhe. Betrachten Sie die Sache nacheinander aus Ihrem Blickwinkel, dem Ihres Gegenübers und aus der Sicht eines neutralen Dritten. Aus Ihrer Sicht sollten Sie diese Fragen beantworten:

- Was wollen Sie erreichen?
- Ist das gerechtfertigt?
- Welche Zweifel haben Sie?
- Sind Sie auch nicht zu emotional?

Versetzen Sie sich jetzt in die Rolle Ihres »Gegenübers«, und nehmen Sie seinen Blickwinkel ein:

- Was hält Ihr Gegenüber für richtig?
- Wieso ist er zu dieser Überzeugung gekommen?

- In welchem Punkt könnte er sich stur stellen?
- Sind Sie ihm in der Vergangenheit zu nahe getreten oder haben Sie ihn gar beleidigt?
- Welchen Kompromiss könnte er als Erfolg verbuchen?

Wenn Sie danach die Sicht eines Dritten annehmen, sollten Sie zuerst einen Blick auf den Kontext werfen:

- Seit wann ist die Verstimmung da?
- Wie wurde sie ausgelöst?
- Was wurde schon probiert, um den Konflikt zu lösen?
- Womit können beide Seiten leben?
- Was darf auf gar keinen Fall passieren?

Nun sollten Sie Ihre Gesprächsstrategie festlegen. Interne bilaterale Gespräche sind oft noch kniffliger als Gespräche mit Externen, denn die möglichen Verstrickungen untereinander oder frühere Konflikte mit den gleichen Personen machen eine gelassene, neutrale Haltung und eine distanzierte Sichtweise oft schwierig. Wenn Sie unsicher sind, sprechen Sie das anstehende Gespräch tatsächlich mit einer neutralen Person vorab durch.

Die Reflexion des Kritikgespräches

Wir möchten Sie dazu ermutigen, mitarbeiterbezogene Kritik in den nächsten Regelkommunikationen unter vier Augen zu üben. Erkennen Sie positive Veränderungen an, thematisieren Sie eine fehlende oder mangelhafte Umsetzung und gehen Sie diese lösungsorientiert an. Lassen Sie auf gar keinen Fall davon ab, dass die Nachbesserung erfolgt. Wenn in ein Kritikgespräch mehrere Personen involviert waren, sollte es gemeinsam aufgearbeitet werden. Lassen Sie einige Zeit verstreichen und stellen Sie dann folgende Fragen:

- Welche Signale hätten wir besser beachten sollen?
- Wer hätte früher etwas anmerken müssen?
- Welche Probleme sind daraus entstanden?

- Wie hätten wir den Konflikt vermeiden können?
- Was können wir tun, damit solche Konflikte in Zukunft nicht mehr auftauchen?

Die richtige Kommunikationsplattform für Ihre Botschaft

Zur effektiven Zielerreichung ist es wichtig, die angemessene Form der Informationsweitergabe zu wählen. Je nach Thema sollten Sie gewisse Dinge persönlich besprechen, in anderen Fällen können Sie schriftliche

Abbildung 26: Die richtige Kommunikationsform

Emotional hoch besetzte Themen sollten am besten in Präsenzgesprächen oder Meetings kommuniziert werden, sachliche Informationen niedriger Komplexität können Sie schriftlich oder virtuell kommunizieren.

| **Emotional** | Führungs- und Strategie-kommunikation

4-Augen-Prinzip
Präsenz/Telefon | Führungs- und Strategie-kommunikation

Präsenzmeeting
mit Moderation |
| | Informationsweitergabe
(Reporting, Stati)

Telefon/Video/
E-Mail | Problemlösungs-kommunikation

Präsenz/Telefon/
Video |

Sachlich

oder virtuelle Kommunikationsmittel einsetzen. Grundsätzlich sollten Sie je nach emotionaler oder sachlicher Zuordnung das beachten, was Abbildung 26 auf Seite 173 als Überischt zeigt.

Führungs- und Strategiekommunikation im Team

Wie wir bereits in Kapitel 4 beschrieben haben, sind die Regelkommunikation mit den Mitarbeitern und der Jour fixe im Team die wichtigsten Arten interner Kommunikation. Wir gehen in diesem Kapitel noch einmal detaillierter auf die verschiedenen Kommunikationsplattformen ein. Sie finden in der folgenden Übersicht Anhaltspunkte, was aus unserer Sicht Standard in Sachen Regelkommunikation ist.

Teilnehmer	Zeitpunkt	Dokumentation
Rücksprache Sekretariat	täglich, anlassorientiert	Handschriftlich (Aktivitätenbuch)
Problemlösung Tagesgeschäft	täglich, anlassorientiert	nichts
Mitarbeiter-Regelkommunikation	alle ein bis zwei Wochen, anlassneutral	Handschriftlich (Aktivitätenbuch)
Jour fixe im Team	alle ein bis zwei Wochen, anlassneutral	Ergebnisprotokoll
Mitarbeiter-Jahresgespräch	ein- bis zweimal pro Jahr, anlassneutral	Zielvereinbarung

Die wirksame Kommunikation im Team

Das »blinde« Zusammenspiel zwischen Ihnen als Führungskraft und Sekretariat ist Ihr wichtigster Trumpf. Sind die Kommunikationswege klar, ist die Sekretärin ein wichtiger »Entschleuniger« im eigenen Be-

Abbildung 27: Passen Sie Ihre Kommunikation an

Die Kunst des Führens beinhaltet, anlassorientierte und anlassneutrale Informationen konsequent zu unterscheiden und danach die eigene Kommunikation auszurichten.

anlassorientiert *Problemlösungs- gespräch*	**anlassorientiert** *Tageskommunikation mit Entscheidungsbedarf*
anlassneutral *Mitarbeiterjahresgespräch Abteilungs-Workshop*	**anlassneutral** *Regelkommunikation Jour fixe / 1 to 1*

reich. Auch an der Schnittstelle zu anderen Bereichen ist das Sekretariat als guter Kommunikator die Visitenkarte der Führungskraft. Damit sind Sekretariate ständiger Dreh- und Angelpunkt für den Austausch von Informationen. Der Inhalt dieser Informationen ist vielfältig und reicht von der Standard-Kommunikation bis hin zur wichtigen Projektinformation. Da Ihre Sekretärin immer wissen sollte, was zu welchem Zeitpunkt aktuell ist, braucht sie die tägliche Regelkommunikation mit Ihnen.

Besonders schwierig ist es, Mitarbeiter zu bremsen, für die alle Themen anlassorientiert sind und die immer sofort zu Ihnen kommen. Aber auch für Sie als Führungskraft ist es im Gegenzug entscheidend, sich selbst kritisch zu hinterfragen: Wo kreieren Sie zum Beispiel einen Anlass, um Ihre Spontaneität leben zu können, und wo müssten Sie als Führungskraft eigentlich Vorbild sein und das Thema erst zur Regelkommunikation vorbringen?

Das Mitarbeiterjahresgespräch

Grundlage einer wertschätzenden Kommunikation mit den Mitarbeitern ist das Mitarbeiterjahresgespräch. Es wird seit etlichen Jahren als institutionalierte Form der Kommunikation zwischen Führungskräften und Mitarbeitern genutzt und ist ein wichtiges Management-Werkzeug. Es wird top-down durchgeführt: Die jeweils höhere Hierarchieebene lädt ein und führt das Gespräch. Idealtypisch werden die Abteilungsziele auf den Mitarbeiter heruntergebrochen, sodass er eine klare Vorstellung bekommt, was von ihm erwartet wird.

Das Jahresgespräch ist ein unter vier Augen stattfindendes Reflexions- und Orientierungsgespräch im Hinblick auf die gemeinsame Arbeit und die Vereinbarung von Zielen, ausgerichtet an zukünftigen Aufgaben. Die Wirkung des Jahresgesprächs hängt wesentlich von der positiven inneren Einstellung der Beteiligten und von der Art und Weise der Gesprächsführung ab.

Das Jahresgespräch stellt hohe Qualitätsansprüche an die Gesprächskultur und ist daher kein unverbindliches Geplauder. Es beleuchtet die Arbeitsergebnisse der wichtigsten Aktivitäten in der abgelaufenen Periode. Die Führungskraft erkennt Leistungen an, macht aber auch deutlich, wo die Ergebnisse nicht erreicht wurden. Danach erfolgt die Festlegung der neuen Ziele für das kommende Geschäftsjahr. Führungskraft und Mitarbeiter legen auf Wunsch weitere individuelle inhaltliche Ziele fest. Die Führungskraft gibt Hinweise auf Entwicklungsmöglichkeiten und Vorschläge für konkrete Fördermaßnahmen. Die persönlichen Zielvorstellungen des Mitarbeiters werden mit der Führungskraft besprochen und soweit wie möglich berücksichtigt.

Ziel ist es, eine hohe Motivation und Identifikation mit den Zielen des Unternehmens durch Anerkennung der Leistung und Förderung der beruflichen Entwicklung zu schaffen. Das Mitarbeitergespräch wird in einem Formblatt festgehalten und je nach Firmenkultur an die Personalentwicklung weitergeleitet und ausgewertet. Jeder der Gesprächspartner bekommt eine Kopie. Siehe hierzu auch Checkliste 26 am Ende des Buches.

Jeder Mitarbeiter sollte zudem die Möglichkeit bekommen, regelmäßig mit der Führungskraft über seine Ziele zu sprechen – nicht nur dann, wenn das Mitarbeiterjahresgespräch ansteht. Denn es ist Aufgabe der Führungskraft, durch Nachfragen beim Mitarbeiter – dieses können Projektziele, Deadlines zu Aufgaben oder Verhaltensziele sein – dessen Arbeit als Entscheider zu begleiten. Außerdem sollten Sie den Mitarbeiter auch gezielt auf Kritik zu Ihrer Person ansprechen und somit das Gespräch für Feedback über sich selbst nutzen.

Die Regelkommunikation mit dem Mitarbeiter

Neben den anlassorientierten, dringenden Fragen des Tagesgeschäfts sollte je nach Status im Entwicklungsbogen des Mitarbeiters (siehe Checkliste 3 auf Seite 251) einmal wöchentlich oder 14-tägig ein Vieraugengespräch stattfinden. Wichtig ist, dass diese Meetings nicht zu oft verschoben oder gar aufgehoben werden. Findet der Termin nicht regelmäßig statt, sollte die Assistenz autorisiert sein, steuernd einzugreifen. Die Inhalte dieser Regelkommunikation sollten sein:

- Betrachten Sie die erreichten Ergebnisse und geben Sie Feedback.
- Evaluieren Sie gemeinsam, und bieten Sie Unterstützung an.
- Delegieren Sie neue Aufgaben mit Deadline.
- Checken Sie, ob Sie klare Aufträge erteilen. Je nach Kommunikationstyp können hier auch Missverständnisse entstehen. Zum Beispiel: Die Führungskraft hat den Mitarbeiter am Morgen ermuntert, dem Tagesgeschäft vor der heutigen geplanten Projektarbeit Vorrang zu geben. Dies wurde zwischen Tür und Angel kommuniziert und lässt Interpretationsspielräume. Bedeutet Vorrang geben, dass gar nicht an diesem Tag am Projekt gearbeitet werden soll? Am Abend will der Vorgesetzte dann einen kurzen Austausch zum Projektstatus. Der Mitarbeiter ist total irritiert – er dachte, dass er den ganzen Tag mit

operativen Arbeiten verbringen kann und sich erst morgen dem Projektthema widmet.

■ Erfassen Sie Wünsche und Stimmungen des Mitarbeiters und lassen Sie sich ein Feedback geben.

■ Fragen Sie immer, welche weitere Aufgabe Ihr Mitarbeiter gern übernehmen würde und was für ihn eine echte Herausforderung wäre.

Jour fixe im Team

Die regelmäßige Kommunikation im Team ist Motor für Engagement und Einsatz in der Gruppe. Nutzen Sie diese Plattform als Qualitätsrunde, in die Sie alle Mitarbeiter einbeziehen. Wichtig ist es, die Gruppenmitglieder langsam, aber sicher dazu zu bewegen, sich selbst in diesen Runden einzubringen. Deshalb kann es hilfreich sein, den ersten Teil des Meetings als Informationsteil zu definieren, in dem Sie die wichtigsten Entscheidungen des Unternehmens zu Strategieanpassungen oder Marktveränderungen mitteilen. Dieser Part sollte nicht mehr als 15 Minuten dauern. Der zweite Teil des Jour fixe sollte Raum geben für den aktiven Austausch der Mitarbeiter untereinander. Regelmäßig sollten folgende Themen diskutiert werden:

■ *Reporting:* Wo ist in Kernaufgaben oder Projekten ein roter Ampelstatus, der das gesamte Team betrifft? Betrifft es nicht das Team, gehört dieses Reporting in das persönliche Gespräch mit dem Mitarbeiter.

■ *Reflexion:* Was läuft gerade gut im Team, was behindert die Qualität?

■ *Qualitätsverbesserung:* Welche Verbesserungsideen haben sich seit dem letzten Jour fixe ergeben?

■ *Führung:* Was wird von Ihnen als Führungskraft erwartet und welche Wünsche hat Ihr Team an Sie? Gleichen Sie mit dieser Frage die Rollenerwartungen ab.

Wenn Sie den Jour fixe auf eine wertschöpfende Kommunikationsplattform umstellen, verzweifeln Sie nicht, wenn Mitarbeiter in den ersten

Sitzungen stumm bleiben, Sie hingegen aber angeregt diskutieren wollen. Übertragen Sie ihnen aktiv die Aufgabe, zu den vier genannten Themen im Arbeitsalltag immer wieder Punkte zu sammeln und festzuhalten – entweder in der Mappe »Jour fixe« oder in einer elektronischen Aufgabe.

Die Zwischendurch-Kommunikation

Wir empfehlen Führungskräften immer wieder, ihre Kommunikationsantennen zu schärfen und flexibel auf Kommunikationsstörungen zu reagieren. Je flexibler Ihr Kommunikationsstil ist, umso mehr Möglichkeiten können Sie nutzen, um Ihre Mitarbeiter weiterzuentwickeln. Fehlt Ihnen Zeit für die regelmäßige Abfrage des Stimmungsbarometers im eigenen Team oder Bereich, dann lassen Sie sich helfen. Oft ist die Sekretärin dafür die richtige Person, denn sie kennt Sie am besten. Ihr Vorzimmer bietet sich als »Vertrauensraum« für offizielle und inoffizielle Beschwerden an. Selbstverständlich wahrt Ihre Sekretärin Ihre Interessen und nimmt Stimmungen, Beschwerden und Fragen neutral und loyal auf. Sie kann Ihnen dann – bezogen auf Ihre Kommunikationsfähigkeiten und auf die Stimmung um Sie herum – ein ehrliches Feedback geben.

Die Kunst ist es, die richtige Dosis an informeller und formeller Kommunikation zu finden. Außerdem muss Kommunikation im Team gerecht verteilt sein, oder Sie sollten begründen können, wenn Sie mit einem Mitarbeiter mehr sprechen als mit anderen. Ihre Kontakte ins Team und zum einzelnen Mitarbeiter sollten intensiv, aber nicht exzessiv sein. Hier ist es wichtig, die richtige Distanz zu wahren, ohne den Kontakt zu verlieren.

Teamübergreifende Kommunikation

Führungs- und Strategiethemen der Unternehmen läuten oft einen Veränderungsprozess ein. Daher sind sie emotional sehr hoch besetzt und müssen sehr umsichtig und gut vorbereitet vorgetragen werden. Hier gilt es, in einer Steuerungsgruppe alle zu erwartenden Reaktionen vorab durchzuspielen und die Menge an Detailwissen und Informationsdichte abzustimmen. Auch in Ihrem Team oder Ihrer Abteilung gibt es Informationen, die die Gemüter in Wallungen versetzen. Wenn Sie den Rücken frei haben wollen, geben Sie die Moderatorenrolle ab und engagieren Sie einen neutralen Profi.

Die Tagesbesprechung

Besonders in Fertigungsbetrieben sind die sogenannten morgendlichen Frührunden üblich, in denen die Produktionsleistungen des vorherigen Tages und Engpässe betrachtet werden. In administrativen Bereichen heißt diese teamübergreifende Regelkommunikation häufig Postbesprechung, zum Beispiel auf Prokuristen- oder Abteilungsleiterebene. Da Post heute weitestgehend per E-Mail oder Fax direkt zum Arbeitsplatz kommt, wurde sie jedoch teilweise abgeschafft. In den Betrieben, in denen sie noch stattfindet, wird über Auftragseingänge, Reklamationen und Ähnliches besprochen.

Beide Besprechungsformen dienen zum einen der Abstimmung, zum anderen der Motivation und dem Leistungsvergleich im Unternehmen. Allerdings nimmt die Bedeutung dieser Besprechungsrunden immer mehr ab. Denn heute fließen die Informationen aus den unterschiedlichen Systemen schneller und besser elektronisch zusammen, und eigentlich schätzen die Teilnehmer meist nur noch, dass sie sich persönlich sehen und gleich einige andere Dinge klären können. Sind Sie Teilnehmer einer solchen Runde und können sich nicht herausziehen, platzieren Sie immer mal wieder einen Vertreter, sodass Sie mehr Spielraum für Ihre eigene Zeitplanung bekommen.

Die Besprechungen zu Projekten oder Qualität

Diese Besprechungen laufen ebenfalls teamübergreifend. Wenn Sie selbst die Steuerung einer solchen Besprechung übernehmen, können Sie Folgendes positiv beeinflussen:

- Der Personenkreis sollte nach Fachwissen und Erfahrung besetzt sein. Gegebenenfalls kann man auch einen Außenseiter hinzuziehen, der die naive Sichtweise auf das Problem repräsentiert.

- Es sollten nicht weniger als drei und nicht mehr als acht Personen teilnehmen.

- Der Einladende kümmert sich um die Moderation. Viele Firmen haben interne Moderatoren mit ausreichend hoher Kompetenz. Bei wirklich tief greifenden Problemen sollten Sie einen externen Moderator hinzuziehen, der nicht mit dem Unternehmen »verbandelt« ist.

- Legen Sie vorab eine Problembeschreibung und einen Rahmenplan mit Zielsetzung zur Problemlösung fest.

- Stellen Sie notwendige Informationen vorab zur Verfügung mit klarer Anweisung der Vorbereitung durch die Teilnehmer.

Handelt es sich um ein Problemlösungsmeeting, müssen Sie ausreichend Zeit einplanen. Machen Sie nach jeder Stunde eine kurze Pause. Zu Beginn des Meetings wird die Aufgabenstellung ausführlich erläutert und alle Personen bekommen die Gelegenheit, nachzufragen und die Problemstellung zu erfassen. Legen Sie sofort einen Protokollanten und die Form des Protokolls fest. Danach startet die Ideenproduktion, die durch unterschiedliche Moderationsformen unterstützt wird. Im nächsten Schritt wird das Ideenmaterial strukturiert und in der Gruppe diskutiert. Danach werden weitere Schritte definiert, an Personen oder Kleingruppen zur Weiterbearbeitung delegiert und mit Zeitleisten versehen.

Die richtige Kommunikationsform

Dass die individuelle Kommunikationskompetenz für jede Führungskraft unerlässlich ist und einer adäquaten Kommunikationsplattform bedarf, konnten wir in den vorherigen beiden Unterkapiteln feststellen. Doch wozu dienen Besprechungen eigentlich? Sie sind das Bindeglied zwischen der Sachebene und der Beziehungsebene, zwischen Sachzielen

Abbildung 28: Besprechungen

Da Besprechungen zu schlecht vor- und nachbereitet werden, wird wertvolle Meetingzeit damit vergeudet, die Teilnehmer auf den aktuellen Stand zu bringen.

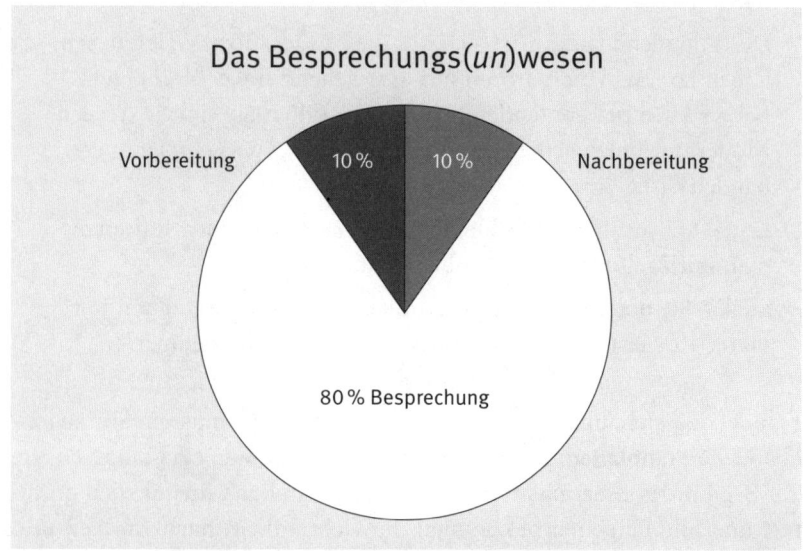

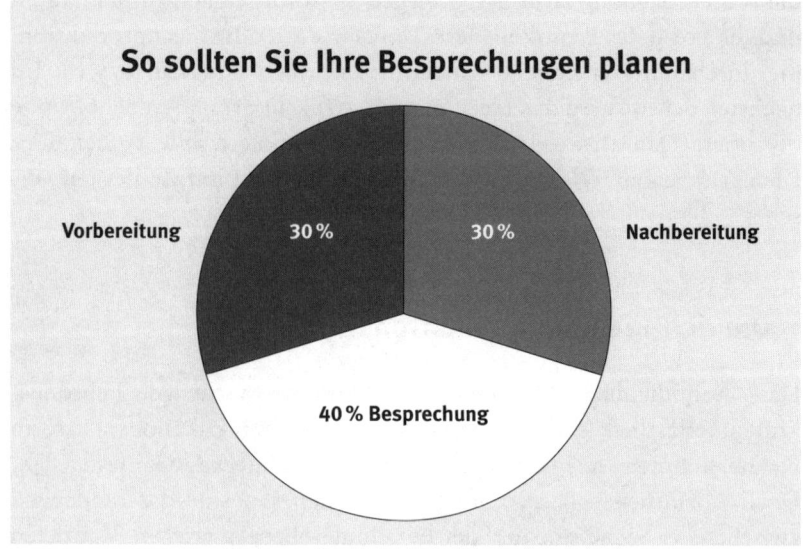

und der gemeinsamen Umsetzung durch Menschen. Und warum sind sie in den letzten Jahren so stark ausgeufert? Wer zurückdenkt, erinnert sich, dass früher wesentlich weniger Besprechungen stattfanden als heute. Das ist verständlich, denn die Ziele waren weniger komplex, Aufgabenstellungen waren eindimensionaler und vieles wurde mit viel mehr Zeit Punkt für Punkt nacheinander abgearbeitet.

Heute laufen viele Projektschritte – oft über mehrere Standorte und Länder verteilt – parallel, und der Abstimmungsbedarf ist viel größer. Daher hat der Zeitaufwand für Besprechungen dramatisch zugenommen. Mit der Quantität der Besprechungen ist aber nicht zwangsläufig die Qualität gestiegen. Bei den Erhebungen im Rahmen unserer Beratungen wird Zeitverschwendung durch Besprechungen besonders auf der Führungs- und Projektebene als größter Zeitfresser genannt.

Es ist Aufgabe des Managements, der Beliebigkeit von Besprechungen entgegenzuwirken. Hier kommt wieder die Vorbildfunktion der Führungskraft ins Spiel. Erfahrungsgemäß hat die Effektivität von Besprechungen auch immer mit der persönlichen Planung der Führungskraft zu tun. Führungskräfte, die schlecht vorbereitet in Besprechungen gehen, können die ganze Sitzung sprengen. Denn niemand wagt zu sagen, dass ihre Fragen eigentlich durch das letzte Protokoll bereits beantwortet wurden.

Auf der Ebene des Teams wirkt sich schlechte Planung wie folgt aus: Wenn Deadlines nicht gehalten werden, werden kurzfristig Besprechungen einberufen, die zwar die Symptome beheben, aber nicht die Ursachen beseitigen. Wenn Abgabetermine dauerhaft nicht eingehalten werden, sind Meetings, die mit aller Kraft das Image des Teams oder des Projektes retten sollen, nur bedingt hilfreich, denn sie kosten Zeit und Nerven und werden aufgrund von Zeitmangel oft zu schlecht vorbereitet. Überprüfen Sie stattdessen die Projektmeilensteine im Hinblick auf realistische Umsetzung, hinterfragen Sie Planungskompetenz und -ausführung im Team kritisch. Auf der Verhaltensebene sprechen Sie gegebenenfalls die fehlende Planung direkt an. Wie Sie Ihre interne Teamkommunikation weitestgehend frei von Ad-hoc-Meetings halten können, haben wir bereits in Kapitel 4 bei der Regelkommunikation beschrieben.

»Wer frühzeitig spricht, braucht weniger Besprechungen« – das hört sich paradox an, ist es aber nicht. In unseren Befragungen und Beobachtungen stellen wir immer wieder fest, dass derjenige, der unangenehme Nachrichten per E-Mail verkündet, später mehr klärende, persönliche Worte braucht als derjenige, der Unangenehmes sofort persönlich anspricht. Das geschriebene Wort ist in heiklen Situationen eher das falsche Kommunikationsmittel. Leider neigen immer mehr Führungskräfte aus Zeitmangel oder aus Scheu vor Konflikten dazu, das notwendige persönliche Gespräch durch eine E-Mail zu ersetzen. Dies wird besonders oft in unseren Mitarbeitercoachings als klare Führungsschwäche der Vorgesetzten beschrieben.

Segen und Fluch der E-Mail-Kultur

Die E-Mail ist eine Form der Kommunikation, die einerseits schnell und effektiv ist, andererseits aber häufig zu kurz gedachte und übereilte Reaktionen auslöst. Daher ist es Führungsaufgabe, das E-Mail-Verhalten im Team zu beobachten und gegebenenfalls zu kommentieren. Wir als externe Berater sehen, dass in Unternehmen die positiven Merkmale von E-Mails immer stärker ausgehöhlt werden: E-Mails sind schludrig und ungenau aufgesetzt, strotzen nur so von Rechtschreib- und Tippfehlern, haben eine unübersichtliche Textstrukturierung oder muten zweideutig, distanzlos und teilweise unhöflich an. Elektronische Nachrichten werden gerne auch zu familiär geschrieben und mit nicht passenden Emoticons oder Akronymen versehen – was insbesondere im Kundenkontakt nicht zu empfehlen ist. Über eine E-Mail-Netiquette haben Sie bereits in Kapitel 3 mehr erfahren.

Geschäftskorrespondenz – und da sind wir recht altmodisch – ist ordentlich zu gliedern, ansprechend zu formulieren und hat frei von orthografischen und grammatikalischen Fehlern zu sein. Diese Haltung geht jedoch beim Verfassen von E-Mails oft unerklärlicherweise verloren.

Die idealen Informationen per E-Mail

Überprüfen Sie, welche Informationen Sie virtuell verteilen können, ohne dass es Qualitätsverluste gibt. Dabei ist darauf zu achten, dass die zugesandten Daten strukturiert und aussagekräftig sind und nicht zu einer Informationsüberflutung führen. Schreiben Sie kurz und prägnant, denn in der Kürze liegt die Würze. Schreiben Sie das Wesentliche zuerst, und schreiben Sie im ersten Satz konkret, um was es geht und was Sie erreichen wollen, denn die Aufmerksamkeitskurve der Leser fällt zum Schluss markant ab.

▶ ▶ ▶ **Kurze, klare Sätze erhöhen die Chance, gelesen zu werden. Sie geben Ihnen die Garantie, dass der Empfänger Ihre Inhalte und Ideen auch wahrnimmt.**

Wenn Sie Anhänge versenden, fassen Sie im Brief oder der E-Mail die wichtigsten Inhalte stichpunktartig zusammen. Denn ansonsten verschwindet das Dokument gleich auf einem Stapel oder wird in einen Unterordner verschoben.

Die idealtypische Besprechung

»Schafft Meetings ab, behaltet die Kekse.«

Richard A. Moran

Wenn Sie sich entschieden haben, dass eine Besprechung die richtige Kommunikationsform ist, sollten Sie die zehn häufigsten Meeting-Fehler kennen und vermeiden. Wir haben Sie hier zusammengestellt und zeigen Ihnen, wie Sie es stattdessen richtig machen:

1. Zu viele Beteiligte Im Zeitalter elektronischer Besprechungsplanung wird oft unbedacht ein zu großer Personenkreis eingeladen. Ideal: Beschränken Sie die Personenzahl, denn sonst hören zu viele Menschen gequält Detaildiskussionen zu, die sie gar nicht interessieren. Experten sollten nur punktuell hinzugezogen werden.

2. Keine Agenda Nach wie vor werden viele Meetings ohne Agenda, also ohne (Zeit-)Plan durchgeführt. Ideal: Eine Besprechung mit mehr als zwei Personen sollte immer eine Agenda haben. Ist dies für eine

Besprechung mit zum Beispiel drei Personen zu aufwändig, klären Sie zu Beginn die Ziele des Gespräches, und fassen Sie die To-dos am Ende zusammen

3. Zu umfangreiche Agenda Bei vielen Agenden ist vorher absehbar, dass die Themenauswahl zu umfangreich ist. Ideal: Prüfen Sie, ob alle Agendapunkte tatsächlich in das »große« Meeting gehören und welche Punkte in kleineren Meetings oder sogar in Vieraugengesprächen geklärt werden sollten.

4. Agenda ohne Zeitangabe Es passiert zu oft, dass die Teilnehmer sich an den ersten Agendapunkten »verhaken« und zu viele wichtige Punkte vertagt werden. Ideal: Jeder Tagesordnungspunkt sollte mit einem vorgegebenen Zeitaufwand eingeplant werden.

5. Unpünktlichkeit Zu oft beginnen Meetings unpünktlich und dauern daher länger als geplant. Ideal: Seien Sie als Führungskraft pünktlich, beginnen Sie immer zur angesetzten Zeit, und hören Sie zum vereinbarten Zeitpunkt auf. Dasselbe gilt für die Einhaltung der Pausen. Bestimmen Sie bei Bedarf einen Zeitwächter.

6. Fehlende Moderation Die Rollen sind unklar, der Einladende moderiert und diskutiert gleichzeitig und das Meeting wird unstrukturiert. Ideal: Bestimmen Sie vorab einen Moderator. Er lenkt das Gespräch und hält den roten Faden. Wenn Sie selbst moderieren, können Sie nicht mitdiskutieren. Für diesen Fall sollten Sie einen Kollegen bitten, die Moderation zu übernehmen.

7. Unhöfliche Unterbrechungen und Alleinunterhalter Beides sorgt für Frust und nimmt die Motivation, sich in das Gespräch einzubringen. Ideal: Seien Sie mutig, und stoppen Sie Teilnehmer, die andere nicht ausreden lassen. Vielredner fangen Sie ein, indem Sie durchsetzungsschwächere Teilnehmer aktiv einbinden.

8. Taktische Aussagen Taktische Äußerungen mit Sprengwirkung führen oft zu Auseinandersetzungen auf Nebenschauplätzen. Ideal:

Achten Sie darauf, dass solche Äußerungen nicht das komplette Meeting sprengen. Führen Sie immer wieder zur Tagesordnung zurück, und verweisen Sie auf den eigentlichen Zweck der Besprechung.

9. Keine oder vage Ergebnisse Zu viele Meetings enden ohne aussagefähige Ergebnisse oder Vereinbarungen über die folgenden Handlungsschritte. Ideal: Beweisen Sie Umsetzungsstärke, und fragen Sie bei jedem Punkt: Was ist zu tun? Wer kümmert sich darum und bis wann? Es braucht zudem immer ein Protokoll, am besten in Form eines Ergebnisprotokolls, das gleich während der Sitzung per Beamer erstellt wird. Dort sollten Beschlüsse, Maßnahmen, Verantwortliche und Termine festgehalten werden. Reduzieren Sie Ergebnisprotokolle auf eine Seite.

10. Revidieren von Entscheidungen Die schlimmste Ineffizienz von Besprechungen ist es, wenn bereits beschlossene Punkte nach dem Meeting weiterdiskutiert oder gar in der nächsten Sitzung komplett neu aufgerollt werden. Ideal: Passiert dies, checken Sie als Erstes, ob es um die Sache geht oder doch eher um Macht und Durchsetzung um jeden Preis. Ist das der Fall, ist es ein hoch emotionales Thema und verlangt von Ihnen als Führungskraft eine Klarstellung.

Die Kommunikation im virtuellen Team

Das virtuelle Team, über Standorte und Länder verteilt, erfordert meist Führung auf Distanz, und daher ist hier die professionelle Kommunikation noch wichtiger. Denn die Führungskraft kann nicht »mal schnell« vorbeikommen und Unklarheiten geraderücken. Virtuelle Teams arbeiten extrem selbstständig, und es ist die Aufgabe der Führungskraft, dafür das Selbstbewusstsein im Team zu schaffen.

Die tägliche Kommunikation ist eindimensional und konzentriert sich weitestgehend auf das geschriebene Wort. Daher haben Sender und Empfänger nicht die Chance, die unausgesprochenen Botschaften durch Mimik, Gestik, Körperhaltung oder durch Variationen in der Stimme, durch Ironie oder Spaß herauszuhören. Obwohl E-Mail-Kommunikation zeitlich asynchron ist, wird trotzdem manchmal zu schnell und unbedacht geantwortet. Das kann zu Verstimmungen führen. Im Gegensatz zum offiziellen Kontakt nach außen sind Emoticons (zum Beispiel der zwinkernde Smiley ;-)) und Akronyme (zum Beispiel »fyi« als Abkürzung für »for your information«) in der internen virtuellen Teamkommunikation nach unserer Auffassung nicht nur erlaubt, sondern auch notwendig. So kann Geschriebenes, das harsch klingt (»Ich habe Fehler korrigiert«), durch einen netten Smiley viel versöhnlicher klingen als ohne. Allerdings sollte auf Sarkasmus verzichtet und eher auf Humor gesetzt werden.

Die Teamfindung

Wenn Sie die Chance bekommen, mit einem virtuellen Team neu zu starten, legen Sie größten Wert auf die Qualität des Kennenlernens. Versuchen Sie ein erstes reales Meeting zu platzieren. Der Schwerpunkt in diesem ersten persönlichen Kennenlernen sollte nicht die Sachebene des Projektes sein, sondern das Kennenlernen der persönlichen Kommunikationsvorlieben. Dies ist besonders wichtig, wenn die Teammitglieder aus unterschiedlichen Ländern und Kulturkreisen kommen. Man kann diese Vorstellungsrunden professionell aufziehen, sodass jeder die Chance hat, seine Stärken und Schwächen ohne Angst vor Nachteilen zu nennen. Besonders für deutsche Teammitglieder, die häufig in internationalen Teams als Besserwisser gelten, wäre es schön, das sofort humorvoll zu kommentieren: »Ich bin Claudia und neige dazu, immer sehr kurze und knappe Mails zu schreiben. Nehmt mir diese Form nicht übel. Wenn es zu schroff wirkt, bitte ich unbedingt um Rückmeldung!«

Das gilt auch für bestehende Teams. Wir kennen Unternehmen, in denen arbeiten in den verschiedenen Länderbüros seit Jahren Personen miteinander, die sich noch nie gesehen haben, aber täglich miteinander kommunizieren. Auch hier empfehlen wir ein persönliches Kennenlernen, denn anschließend verläuft die Kommunikation direkter und lösungsorientierter. Und das wirkt sich nicht nur auf die Motivation, sondern auch auf die Produktivität des Gesamtteams aus.

In Kick-off-Phasen sollte ein Verhaltenskodex entwickelt werden, der die wichtigsten Umgangsformen klärt. Hier werden speziell die Regeln für Konfliktfälle erarbeitet, denn bei virtuellen Teams müssen Kritik und Unbehagen noch früher angesprochen werden als bei Präsenzteams. Daher ist ein solcher Kodex die Basis für Vertrauen. Wer sich vertraut, ist toleranter und offener für Feedback, und einzelne Personen oder Personengruppen geraten nicht in die Isolation. Ein solcher Verhaltenskodex beispielhaft:

- Wir kommunizieren kollegial und sachlich.
- Wir kommunizieren Wertschöpfendes zeitnah.
- Wer ein Problem erkennt, äußert es umgehend.
- Wir entwickeln Regeln für unsere E-Mail-Korrespondenz (Wer wird in »Cc« gesetzt? Welche Antwortzeit erwarten wir bei E-Mails? ...).
- Wir geben uns zeitnah Feedback, wenn etwas schiefläuft.
- Bevor wir etwas per E-Mail eskalieren lassen, greifen wir zum Telefonhörer.
- Wir setzen unsere Teamleitung in den ersten Wochen der Kommunikation in »Cc«.
- Gefühlte »atmosphärische« Störungen gehen vor – wer etwas als unangenehm oder unangemessen empfindet, verpflichtet sich zur Wortmeldung.

Wer keine Gelegenheit hat, ein persönliches Teamtreffen auf die Beine zu stellen, sollte ein virtuelles Kennenlernen organisieren. Einer unserer Kunden hat das wie folgt realisiert: Neben den mittlerweile üblichen Projektteamseiten im Intranet, die in der Regel Steckbriefe der Teammitglieder zeigen, hat unser Kunde am Anfang der Teambildung die Mitglieder über weitere persönliche Angaben dazu bewegt, sich mit ihren Stärken und Schwächen vorzustellen. Sie beschrieben ihren Werdegang und warum sie gerade in diesem Team arbeiten, wie die Familiensituation ist und welche Hobbys und besondere Fähigkeiten vorhanden sind. Unterstützt wurde das Ganze durch Fotos. Unser Eindruck: Das hat nicht nur eine gute emotionale Basis geschaffen, sondern einige Teammitglieder stellten darüber hinaus beispielsweise fest, welche Kollegen in welchen Fremdsprachen fit waren und sie unterstützen konnten.

Regelkommunikation im virtuellen Team

Gerade in virtuellen Teams ist es Führungsaufgabe, die Kommunikation nicht zu eindimensional werden zu lassen. Vereinbaren Sie wie bei Ihrem Team vor Ort eine Regelkommunikation durch Video- oder zumindest Telefonkonferenzen. Auch hier gelten ähnliche Regeln wie beim Jour fixe vor Ort: Sorgen Sie für eine Agenda, eine wechselnde Moderation und ein Ergebnisprotokoll. Wenn Sie ein Team von China bis USA führen, wird es schwieriger, denn die einen Mitarbeiter haben gerade Feierabend, wenn die anderen mit der Arbeit beginnen. Wollen solche Teams zeitgleich miteinander sprechen, müssen Sie die Konferenzen besonders gut organisieren. Achten Sie darauf, dass es nicht immer die Gleichen trifft, die abends um 22 Uhr im Büro sein müssen.

Legen Sie Wert darauf, dass Fehler Einzelner nicht öffentlich diskutiert, aber auch nicht unter den Teppich gekehrt werden. Entdecken Sie einen Konflikt, der oft bilateral läuft, dann greifen Sie ein. Sie bemerken den Konflikt meist an folgenden Symptomen:

- Zwei Teammitglieder korrespondieren nur noch in Form von »Pingpong-Mails«, ohne wirklichen Mehrwert zu erzielen und das Gesamtthema nach vorne zu bringen. Die Verantwortung wird offensichtlich hin- und hergeschoben und klärende Unterstützung ist notwendig.

- Zwei Teammitglieder kommunizieren nur nach Aufforderung miteinander. Die Beziehung ist offensichtlich gestört, und die direkte Kommunikation wird verweigert.

- Sie stellen fest, dass Sie häufiger als sonst in »Cc« gesetzt werden und sogar weitere Hierarchien eingebunden werden.

Sprechen Sie mit jedem Beteiligten einzeln und teilen Sie Ihre Wahrnehmung der Dinge mit. Werten Sie nicht, sondern sprechen Sie in Ich-Botschaften. Geben Sie Ihrem Gegenüber die Gelegenheit, seine Bedenken und Gefühle zu äußern. Wenn Sie beide Seiten gehört haben, erarbeiten Sie einen Kompromissvorschlag. Danach sollten Sie ein virtuelles Dreiergespräch führen, in dem Sie als Moderator fungieren. Geht es dann allerdings um die endgültige Vereinbarung, verlassen Sie die

Rolle des Vermittelnden und beziehen Sie Position, welche weitere Verhaltensweise Sie erwarten. Es macht Sinn, wenn Sie das Gesprächsergebnis als E-Mail-Protokoll zusammenfassen und den Beteiligten zusenden. Sprechen Sie in den nächsten Wochen die beiden Streithähne immer wieder an, welche Verbesserungen sie erzielt haben.

▶ ▶ ▶ **Durch gutes Konfliktmanagement nehmen Sie Ihre Verantwortung für die Arbeitsfähigkeit des Teams wahr.**

Virtuell arbeiten heißt frei arbeiten

Virtuelle Arbeiter haben meist mehr Freiheiten als Präsenzteams. Sie müssen sich besser organisieren können und eigenverantwortlich Prioritäten setzen. Für diesen Vertrauensvorschuss kann die Führungskraft einiges tun. Schaffen Sie Basisroutinen, die absolut verbindlich sind für alle virtuellen Teammitglieder. Das dürfen keine langen Handbücher über verschriftete Prozesse sein, sondern pragmatische Regeln für die tägliche Arbeit. Legen Sie Folgendes fest:

■ Schaffen Sie einen Ort für die gemeinsame Projektablage.

■ Was wird mündlich besprochen, was wird schriftlich dokumentiert?

■ Schriftliche Projektpläne mit Meilensteinen werden ebenfalls transparent abgelegt.

■ Wie organisieren wir die monatliche Vorausschau? Damit erreichen Sie, dass die Teammitglieder mögliche Engpässe erkennen und vordenken.

■ Welchen Verhaltenskodex für gemeinsame E-Mail-Regeln soll es geben? Siehe hierzu auch die E-Mail-Netiquette aus Kapitel 3.

Schaffen Sie effektive Arbeitsgrundlagen, denn kurzfristige Kontrolle und Korrektur von Arbeitsergebnissen sind bei virtuellen Teams eine schlechte Alternative: Beides ist in der Regel nicht praktikabel und wird bei den Teammitgliedern als Vertrauensverlust verbucht.

Die Wahl des richtigen Kommunikationsmittels

Videokonferenzen Videokonferenzen bieten den Teilnehmern die Möglichkeit, über auditive und visuelle Kanäle hinweg zu kommunizieren. Der Zusatznutzen wurde bis vor kurzem als recht eingeschränkt betrachtet und der hohe technische Aufwand durch unterschiedliche ausgestattete Büros sorgte häufiger für Frust. Der in jüngster Zeit professionellere technische Einsatz unterstützt jedoch die positive Eigenschaft von Videokonferenzen: die Bildung zwischenmenschlicher Beziehungen.

■ *Was zu beachten ist:* Probleme bei Videokonferenzen können vor allem durch die falsche Wahl der Fenstergröße oder des Kamerawinkels und durch nicht sichtbare Teilnehmer auftreten. Folien können nur beschränkt als Arbeitsgrundlage dienen, wenn die Teilnehmer nicht an ihrem Arbeitsplatz sitzen.

■ *Einsatzmöglichkeit:* Als Medien sind Videokonferenzen die nächstbeste Möglichkeit, wenn Face-to-face-Treffen nicht zustande kommen können. Durch den Informationsreichtum, den die visuellen und auditiven Kanäle bieten, sind Videokonferenzen vor allem für komplexe Kommunikationsinhalte wie Verhandlungen oder Konfliktlösungen geeignet.

■ *Vor- und Nachbereitung:* Informationen sollten mit angemessenem Vorlauf zur Verfügung gestellt werden, sodass alle Teilnehmer sich die Unterlagen vorab durcharbeiten können. Ein zeitnahes Ergebnisprotokoll mit Zeitplan und Verantwortlichen sollte erstellt werden.

Telefonkonferenzen Das Telefon ist als Kommunikationsmedium wohl am weitesten verbreitet und im Gegensatz zu Videokonferenzen auch relativ günstig.

■ *Was zu beachten ist:* Für eine effektive Telefonkonferenz ist eine gründliche Vorbereitung auf Gespräch und Treffen unerlässlich. Bei einer größeren Anzahl von Teilnehmern kann es schwierig werden, den aktuellen Sprecher zu identifizieren. Deshalb sollte bei Äußerungen immer auf die Nennung der Namen geachtet werden.

■ *Einsatzmöglichkeit:* Durch die synchrone Kommunikation und den hohen Grad an Verbreitung sind Telefonkonferenzen für schnelle Abstimmung mit höherem Grad an Komplexität geeignet.

■ *Vor- und Nachbereitung:* Wie ein Meeting sollte die Telefonkonferenz mit angemessenem Vorlauf einberufen werden. Die dazugehörenden Dokumente und eine klare Aufgabenstellung sollten ebenfalls rechtzeitig verteilt werden, damit sich die Teilnehmer vorbereiten können. Auch hier sollte zeitnah ein Ergebnisprotokoll mit Zeitplan und Verantwortlichen angefertigt werden.

Chat Ein Chat ist die Möglichkeit, in einem virtuellen Raum mit einer oder mehreren Personen synchron schriftlich oder mündlich zu kommunizieren. Im Firmenkontext wird diese Form der Kommunikation immer beliebter.

■ *Was zu beachten ist:* Chatten fördert die Ad-hoc-Arbeitsweise und wirkt oft störend bei konzentrierter Arbeit. Auch sind es immer die gleichen sprunghaften Typen, die Lust aufs Chatten haben. Hier sollte ein klares Regelwerk die Kollegen schützen, die gerade etwas konzentriert bearbeiten.

■ *Einsatzmöglichkeit:* Eine kostengünstige Möglichkeit, um »plötzlich« auftretenden Kommunikationsbedarf zu decken.

Wikis / Blogs Sie werden immer beliebter. Wissen wird unkompliziert und schnell über Wikis und Weblogs im Unternehmensnetz geteilt. Diese Kommunikationsform ist besonders bei jungen Mitarbeitern akzeptiert.

Veränderungsmanagement

Erst wenn Sie das Kommunikationsmuster im Unternehmen kennen, können Sie prüfen, ob Sie bereits negative Kommunikationsformen übernommen und verinnerlicht haben. Machen Sie sich klar, wie in Ihrem Unternehmen kommuniziert wird, und analysieren Sie Ihre Sandwich-Funktion als Führungskraft zwischen Geschäftsleitung und Team:

■ Werden viele Ad-hoc-Aktionen durch die Hierarchie ausgelöst?

■ Gibt es viel Leerlauf, weil Vorgänge in der Hierarchie steckenbleiben?

■ Wird zu viel »nacheinander« gedacht und zu wenig »miteinander«?

■ Wird aus einem Sicherheitsgefühl heraus zu viel schriftlich kommuniziert, sodass es zu zeitlichen Engpässen und Verzettelungen kommt?

■ Wird mündliche Kommunikation zu wenig verschriftlicht, sodass es zu unklaren Vereinbarungen und daher zu zeitlichen Engpässen führt?

In einem zweiten Schritt stellen Sie sich diese Fragen, bezogen auf Ihr Team, und erstellen einen Plan, welche Punkte Sie beeinflussen können. Sehen Sie die Regelkommunikation nicht nur zum eigenen Nutzen, sondern auch zur Stabilisierung der Leistung im Team.

■ Führen Sie als Erstes eine tägliche Besprechung mit dem Sekretariat ein.

■ Erstellen Sie dann ein Schema für die Regelkommunikation mit den Mitarbeitern und den Jour fixe im Team.

■ Informieren Sie Ihre Mitarbeiter mündlich über diese Entscheidung.

■ Finden Sie für die nächsten Wochen Terminlücken im Kalender, und legen Sie danach diese Termine – wenn möglich – bereits für das ganze Jahr im Voraus fest.

Casestudy

Praxisinterview mit Herrn Dr. R., Geschäftsführer

Kunde: Multinationaler Konzern
Branche: Energie

Beratungs- und Coaching-Design: Training und Coaching mit anschließenden Qualitäts-Audits, Kick-off-Meeting, 3 Module, Feedback und Audit
Zeitlicher Verlauf: 18 Monate, Roll-out für 25 Niederlassungen mit 800 Mitarbeitern

Herr Dr. R., warum haben Sie sich zu dieser umfassenden Personalschulung entschlossen?

Durch unser laufendes internes Benchmark-System haben wir festgestellt, dass circa die Hälfte unserer Vertriebs-Niederlassungen größeres Potenzial in der Optimierung ihrer Arbeitsweise hat – diese Aussage gilt für die Kerntätigkeiten genauso wie für die Hilfstätigkeiten. Die Trainingsmaßnahme zur Standardisierung der Hilfsprozesse ist der erste Teilschritt eines mehrstufigen Mitarbeiter-Entwicklungsprogramms. Die nächsten Schritte sind beispielsweise eine Standardisierung der Kernprozesse und spezielle Programme zur Fehlervermeidung.

Warum gerade jetzt?

Nach einer umfangreichen Reorganisation unseres Unternehmens vor circa 6 Jahren ist es in Abstimmung mit unserer Konzern-Strategie nun an der Zeit, weitere umfassende Weiterentwicklungsprogramme zu starten und diese auch kommunikativ gut zu begleiten. PEP ist die Maßnahme, die bottom up jedem Mitarbeiter im Unternehmen Hilfestellung beim täglichen Arbeiten gibt – und zwar unabhängig von Funktion und Hierarchie. Top-down war uns wichtig, Effektivität und Effizienz durch eine straffe Durchführungszeit für den gesamten Roll-out von maximal 18 Monaten zu zeigen. Das ist uns gelungen.

Welche Vorgehensweise wurde zur Implementierung gewählt?

In einem Pilotversuch mit 100 Mitarbeitern wurden Wirkung und praktischer Nutzen des Programms getestet. Eine anschließende Mitarbeiterbefragung in diesem Kreis ergab unter anderem, dass eine deutliche Mehrheit der Teilnehmer »jedem anderen Mitarbeiter im Konzern diese Schulung empfehlen würde«. Diese »Botschaft« wurde kommuniziert, um Neugierde und Freude auf den eigenen Trainingsprozess zu wecken. Daraufhin wurden in einem zweiten Schritt die Mitarbeiter selbst an der Erarbeitung der PEP-Standards beteiligt, die dann in einem PEP-Handbuch dokumentiert wurden. Der Roll-out für alle Niederlassungen wurde nach Erarbeitung eines präzisen Ablaufplanes gestartet und zeitgenau eingehalten. Nur so konnte gewährleistet werden, dass alle 800 Mitarbeiter am Programm teilnehmen.

Wie wurden die Wünsche und Ziele der Niederlassungen integriert?

Zentraler Bestandteil der Akzeptanz war ein Start-Workshop mit allen Mitarbeitern zur Aufnahme der spezifischen Niederlassungs-Wünsche und -Ziele. In den anschließenden PEP-Modulen mit den Schwerpunkten proaktives Arbeitsverhalten, Papier, EDV-Ablage und Outlook wurden diese Wünsche und Ziele in jeder Einheit reflektiert und erfolgreich abgeschlossene Aufgaben abgehakt. Die Standards wurden pro Modul kommuniziert und umgesetzt und in den folgenden Modulen immer wieder kommuniziert. Nach jedem Modul erhielt die Führungskraft persönlich ein Feedback zu den erfolgten Fortschritten bzw. zu den noch umzusetzenden Maßnahmen durch den PEP-Coach. Das ganze »aktive Programm« wurde abgeschlossen mit einem Nachbereitungstermin.

Was hat die anschließende Durchführung von Audits bewirkt?

Eines unserer obersten Ziele im Programm war es, eine nachhaltige Veränderung der Arbeitsweise aller Mitarbeiter zu erreichen. Durch die Einführung der Audits und die laufende Kommunikation der Ergebnisse haben wir den internen Wettbewerb gefördert: Nach dem ersten Audit – also ein halbes Jahr nach Abschluss der Maßnahme – wurden mehr als 80 % aller Standards von den Mitarbeitern gelebt, nach dem 2. Audit mehr als 85 % – für uns ein sehr zufriedenstellendes Ergebnis, das auch positive Auswirkungen auf unsere Unternehmenskultur hat.

Ist die Maßnahme nun abgeschlossen?

Keineswegs! Erstens haben wir PEP in unseren konzernweiten KVP-Prozess integriert und entwickeln die bestehenden Standards laufend weiter. Und zweitens haben wir beschlossen, zur Vereinheitlichung der Arbeitsweise im gesamten Konzern das PEP-Programm auf die zentralen Bereiche auszuweiten. Dieser Schritt wirkt auch sehr unterstützend beim geplanten Abbau der Kulturunterschiede zwischen unseren operativen und zentralen Einheiten.

Herr Dr. R., danke für diese ausführlichen Informationen!

Fazit

1. Hinterfragen Sie Ihr eigenes Kommunikationsverhalten, und schätzen Sie Ihre Kompetenz realistisch ein.

2 Übernehmen Sie Führungsverantwortung, und schieben Sie Kritikgespräche nicht vor sich her.

3. Versehen Sie die Regelkommunikation mit höchster Priorität.

4. Klären Sie, bei welchen Mitarbeitern Sie auf der Beziehungsebene mehr investieren müssen.

5. Setzen Sie verstärkt auf Ihr Sekretariat zur Steuerung Ihrer Kommunikation.

6. Analysieren Sie, welche Besprechungen nichts bringen, und wählen Sie eine neue, angemessene Kommunikationsform.

7. Vermeiden Sie generell in Besprechungen, den Status quo zu wiederholen oder bereits Bekanntes noch mal zur Diskussion zu stellen.

8. Vermeiden Sie Rollenkonfusionen, wenn der Moderator auch inhaltlich an der Diskussion teilnimmt. Bestimmen Sie stattdessen jemanden mit Moderationskompetenz, der diese Rolle übernimmt.

9. Achten Sie immer darauf, dass es eine Agenda mit Zeitrahmen für die Tagesordnungspunkte gibt, dass Meetings pünktlich

anfangen und enden, dass Entscheidungen gefällt werden und dass ein Ergebnisprotokoll mit Zuständigkeiten und Deadlines erstellt wird.

10. Halten Sie sich an die getroffenen Entscheidungen.

11. Virtuelle Teams brauchen am Anfang viel informellen Kontakt, um sich kennen und schätzen zu lernen.

12. Virtuelle Teams brauchen ein klares Rahmenkonzept, in welchen Strukturen gearbeitet und dokumentiert wird.

13. Achten Sie bei virtuellen Teams sorgfältig auf Dissonanzen, und greifen Sie sie auf.

7.

Erfolg im Team

»Ein Führer ist am besten, wenn man kaum weiß, dass es ihn gibt.
Nicht so gut, wenn man ihm gehorcht und zujubelt. Am ärgsten,
wenn man ihn verachtet. Doch von einem guten Führer, der wenig spricht,
wenn sein Werk getan ist, sein Ziel erreicht, werden alle sagen:
Wir haben es selbst getan.«

Lao-Tse

Das Traumteam jedes Managers ist stark und produktiv. In Kapitel 1 haben Sie schon sehr viel über die Rolle der Führungskraft in Bezug auf das Team erfahren. Die laufende und konsequente Umsetzung von Visionen, Zielen und Strategien, die Unternehmensausrichtung und nicht zuletzt die richtige, für bestimmte Unternehmensphasen spezifische Auswahl von Managementwerkzeugen bestimmen die Qualität und Wirksamkeit von Führungsarbeit und sind somit Grundstein für den langfristigen Unternehmenserfolg.

Doch eine Führungskraft ist nichts ohne ihr Team, und ebenso wenig ist ein Team ohne Führung erfolgreich. Die beiden Elemente als geschlossene Einheit sind rund um den Globus mit all ihren Stärken und Schwächen ein erprobtes Erfolgsmodell.

Unternehmen definieren und positionieren sich am Markt auf den ersten Blick durch ihre Produkte und Dienstleistungen. Vergleicht man beispielsweise zwei Unternehmen ähnlicher Größe in einer Region, die das Gleiche erzeugen oder verkaufen, wird man mitunter gravierende Unterschiede im Auftreten, in der Performance und im langfristigen Unternehmenserfolg erkennen und auch messen können. Die Unternehmen verwenden vielleicht die gleichen Grundstoffe, sie haben vergleichbare Software-Tools im Einsatz, haben die gleichen Zielkunden und betreuen auch die gleichen Kundengruppen. Trotzdem ist ein Unternehmen langfristig erfolgreicher als das andere. *Was* oder besser gesagt *wer* macht den Unterschied aus? Es ist nur der Mensch.

Hinter all der »Hardware« stehen Einzelpersonen, Teams, Abteilungen und damit die unterschiedlichsten Menschen, die den Erfolg oder Misserfolg mit ihrer täglichen Leistung, Einstellung und vor allem mit ihrem Verhalten beeinflussen. Je mehr *geistige* Leistung – im Gegensatz zu *maschineller* Leistung – in einer Organisation produziert wird, desto gravierender fällt dieser Umstand ins Gewicht. Bei reinen Dienstleistungsunternehmen ist die »Ressource Mensch« also noch bedeutender als bei Produktionsunternehmen.

Wie wird diesem Umstand in der Praxis Rechnung getragen? Wie arbeiten Menschen in Teams optimal, also effektiv und effizient zusammen? Wie kann man Individuen mit ihren ganz persönlichen Vorstellungen und Befindlichkeiten auf gleiche Ziele einschwören, das Gefühl der »Sinnstiftung« vermitteln und noch dazu überdurchschnittliche Leistungen von ihnen verlangen? Die Führung von Teams und die interne Zusammenarbeit gehören wohl zu den schwierigsten, komplexesten, aber auch interessantesten Aufgaben jeder Organisation. Es ist erwiesen, dass Zusammenarbeit, Erfolg und Kultur eines Teams von einer Summe von Faktoren und Rahmenbedingungen abhängen, am stärksten aber vom Leiter des Teams beeinflusst werden. Jeder kennt Aussagen wie »Die hat ihre Leute im Griff« oder »Die machen bei ihm, was sie wollen«.

In unserer täglichen Praxis begegnen uns die unterschiedlichsten Gruppierungen von Teams, die sich generell in zwei Gruppen unterteilen lassen: in erfolgreiche Teams und in mäßig oder nicht erfolgreiche Teams. Schauen wir uns das typische Muster eines weniger erfolgreichen Teams, in dem viel gearbeitet, aber wenig geleistet wird, einmal genauer an (also Typus »hektische Betriebsamkeit statt effizienter Durchführung«):

Die Mitarbeiter sind ständig überlastet, »hecheln« ihrer Arbeit hinterher, es besteht fortwährend der Ruf nach mehr Personal. Wir finden einerseits überfüllte Schreibtische und überfrachtete E-Mail-Posteingänge, hektische Chefs, die Anweisungen zwischen Tür und Angel oder nur mehr über das Handy verbreiten, und andererseits endlose Besprechungen mit mäßigen Ergebnissen und oftmaliger Vertagung von Entscheidungen. Mitarbeiter sind teilweise frustriert, da sie viel Zeit und Energie mit Fehlersuche und anschließender Schuldzuweisung verbringen. Die Mitarbeiter arbeiten vornehmlich für sich, Informationen werden nur beschränkt oder gar nicht weitergegeben. Es wird persönlich überdurchschnittlich viel dokumentiert oder aufgehoben (Schriftstücke oder E-Mails).

Diese Zustände sind wiederum ein idealer Nährboden für laufende Konflikte, die – je nach Teamkultur – mehr oder weniger offen und immer häufiger ausgetragen werden. Das Team beschäftigt sich einen Großteil der Zeit mit sich selbst, die Reibungsverluste sind hoch, die Toleranzgrenzen niedrig. Vom eigentlichen Ziel, nämlich einen wertschöpfenden Beitrag zum Unternehmenserfolg zu leisten, ist das Team meilenweit entfernt.

Beobachtungen und Untersuchungen bei unseren Klienten führen uns auf der Suche nach den Ursachen für derartige Situationen zu drei essenziellen Mängeln: unklare Verantwortungen, undefinierte Teamziele und keine standardisierten Prozesse.

Unklare Verantwortungen Verantwortungen innerhalb des Teams, also zwischen den einzelnen Teammitgliedern, sind nicht klar abgesteckt, in weiterer Folge sind auch die Schnittstellen zu anderen Abteilungen nicht klar. Es existieren zwar Stellen- oder Funktionsbeschreibungen, aber auf die Frage nach der Aktualität erhalten wir meist ausweichende Antworten, etwa: »Was, so lange ist das schon wieder her, dass wir die überarbeitet haben?« Die Folge davon: Wichtige Aufgaben werden von mehreren Teammitgliedern (auf unterschiedliche Art und Weise) erledigt, andere werden überhaupt nicht wahrgenommen.

Undefinierte Teamziele Die Teamziele sind nicht klar definiert und nicht eindeutig auf das einzelne Teammitglied »heruntergebrochen«. Einfacher ausgedrückt: Das einzelne Teammitglied kennt seinen persönlichen Beitrag zum Teamerfolg genauso wenig wie das Team als Ganzes seinen Beitrag zum Unternehmenserfolg. Die Summe aller Einzelziele ist daher nicht das Gesamtziel der Abteilung, und die Summe aller Abteilungsziele repräsentiert nicht das Gesamtziel des Unternehmens.

Keine standardisierten Prozesse Gleichartige Prozesse sind nicht standardisiert. Dies gilt in erster Linie für die Kernprozesse, also die Prozesse des unmittelbaren operativen Geschäftes, aber auch für Hilfsprozesse, also die unterstützenden Prozesse (zum Beispiel Kommunikation, Ablagen oder Kalenderführung). Die Folge: Teammitglieder, die gleiche Tätigkeitsbereiche abdecken, beispielsweise im Vertriebsinnendienst oder in der Sachbearbeitung, führen diese Tätigkeiten individuell unterschiedlich aus. Dadurch ist auch das Ergebnis desselben Prozesses oftmals nur ähnlich, aber nicht identisch. Das erschwert wiederum die Zusammenarbeit im Team und beeinflusst die Qualität der Produkte und Dienstleistungen negativ.

Die Rolle und das Führungsverständnis einer Führungskraft, also inwieweit beispielsweise diese drei Elemente in positiver Weise eingeführt, umgesetzt und nachhaltig angewendet und verbessert werden, haben auf die Unternehmenskultur und -atmosphäre einen prägenden Einfluss. Sprechen wir von der Kultur eines Teams oder einer Organisationseinheit, dann beschäftigen wir uns unmittelbar mit den Menschen selbst, denn die Kultur wird geprägt von der Gesamtheit aller einzelnen Teammitglieder.

In diesem Kapitel wird untersucht, welche wichtige Rolle das Team bei der Umsetzung von Effektivität und Effizienz im Büroalltag spielt. Ein zweiter Fokus liegt auf dem Zusammenwirken der einzelnen Kräfte und den damit verbundenen Potenzialen, sowohl im Bereich der Hardfacts (Input, Ziele, Output) als auch der Softfacts (Arbeitszufriedenheit, Klima, Kultur). Ein weiterer Schwerpunkt dieses Kapitels ist die Vorstellung von Modellen, wie Teams es schaffen, »erfolgreicher« zu werden.

Effektivität und Effizienz im Team

Immer wieder stellen wir in unserer Arbeit mit Klienten fest, dass vielen Managern der Unterschied zwischen Effektivität und Effizienz nicht bekannt ist und oft mit dem Begriff Produktivität verwechselt oder umschrieben wird.

In der Volkswirtschaftslehre wird unter Produktivität das (Mengen-) Verhältnis zwischen dem, was produziert wird (Output), und den beim Produktionsprozess eingesetzten Mitteln (Input) verstanden. Sie ist eine Kennzahl für die Leistungsfähigkeit.

▶ ▶ ▷   **Produktivität = Input durch Output**

Produktivitätskennzahlen werden in Unternehmen vielfach zur Messung unterschiedlicher Parameter herangezogen. Man spricht dann, gegliedert nach den Produktionsfaktoren, zum Beispiel von Arbeitsproduktivität, Maschinenproduktivität oder Materialproduktivität. Meist wird die Produktivität in Prozent angegeben und bezeichnet beispielsweise die produktiven (verkaufbaren) Stunden eines Teams im Vergleich zu den (bezahlten) Gesamtstunden. Eine Arbeitsproduktivität von 80 Prozent ist in unseren Breitengraden ein durchaus hoher Wert, wenn man bedenkt, dass Nichtleistungsstunden, Urlaube, Krankenstände und Feiertage in die Berechnung einbezogen werden.

Mit Input und Output haben Effektivität und Effizienz also nur indirekt zu tun. Peter F. Drucker, der erst kürzlich verstorbene einflussreiche Managementdenker, definierte in seiner präzisen und gleichzeitig einfachen Sprache Effektivität und Effizienz in der Unternehmensführung so:

▶ ▶ ▷ **Effektivität: die *richtigen* Dinge tun.**
Effizienz: die Dinge *richtig* tun.

Versuchen wir, die beiden Begriffe anhand eines praktischen Beispiels aus dem Unternehmensalltag zu erörtern, nämlich der Durchführung eines Meetings.

Der Abteilungsleiter kommt aus der Besprechung zurück in sein Büro und erzählt freudig seiner Assistentin: Der heutige Jour fixe war sehr »effektiv«. Was meint er damit, wenn wir uns sich Druckers Definition vor Augen halten?

Im Meeting wurden die »richtigen Dinge« getan, das bedeutet, es wurden Entscheidungen getroffen, wichtige Informationen ausgetauscht und weitere wichtige Schritte eingeleitet, um Projekte voranzutreiben. Das Meeting war somit ein positiver Beitrag zur Umsetzung der Unternehmensstrategie, es war »wirksam« im Sinne von ergebnisorientiert – das Meeting war eben »effektiv«Dieser Begriff beschreibt also den Umstand – umgangssprachlich gesprochen – »die Dinge auf den Boden zu bringen, auf Schiene zu setzen«. Tut man die »richtigen« Dinge, gibt es offensichtlich auch die Möglichkeit, die »falschen« Dinge zu tun, und dies wiederum wäre im Sinne der Definition von Drucker also »ineffektiv«. Der Begriff »Effektivität« ist daher als das Treffen von richtigen Entscheidungen zu sehen. Wir bewegen uns mit diesem Ausdruck durchaus im Bereich der Umsetzung von Visionen und Strategien von Unternehmen: Beschreiten wir den einen oder den anderen Weg? Treffen wir eine Entscheidung oder warten wir noch (wobei das »nicht entscheiden« auch eine Entscheidung ist)? Fassen wir zusammen: »Effektivität« beschreibt das »Was«, die Wirkung, die Umsetzung von Strategien, das Treffen von Entscheidungen.

Jetzt stellt sich aufgrund der bereits erzielten Ergebnisse des Meetings die Frage, ob dieses auch »effizient« war? Was sind denn die »Dinge«, die Personen nach Drucker in einem Meeting »richtig« oder »falsch« machen können? Die Beantwortung der folgenden Beispielfragen macht es deutlich:

■ Hat es eine Einladung mit Agenda zum Meeting gegeben, die zeitgerecht an alle Teilnehmer ergangen ist?

■ Wurden Teilnehmer über den Jour-fixe-Kreis hinaus eingeladen, die bei bestimmten Themen oder zur Herbeiführung von Entscheidungen notwendig waren?

■ Wurde das Meeting aktiv moderiert oder gab es viele bilaterale Gespräche?

■ Wie oft musste ein Teilnehmer die Besprechung »kurz« verlassen, um mal eben einen »dringenden Anruf am Handy« zu beantworten?

■ Gab es Themen, die nur einen Teil der Runde betrafen, sodass die übrigen Teilnehmer in der Zwischenzeit aus Langeweile ihre Blackberrys nach neuen E-Mails durchgesehen haben?

■ Wurde ein Protokoll verfasst, das kurzfristig den Teilnehmern zur Verfügung steht und ihnen gestattet, das Meeting nachzubereiten und im Meeting zugeteilte Aufgaben rasch und zeitgerecht zu planen und umzusetzen?

■ Wurde der Raum rechtzeitig reserviert, gab es entsprechende Visualisierungsmöglichkeiten (Beamer, Flip Chart) und Getränke für die Teilnehmer?

Sie als Führungskraft erkennen schon, worauf die Fragen abzielen: Ein Meeting »effizient« zu gestalten bedeutet in diesem Fall, es professionell zu organisieren. Es beschreibt das »Wie«, also die operative, organisatorische Komponente, und hat mit dem Begriff Effektivität unmittelbar nichts zu tun.

Unsere tägliche Arbeit mit Klienten zeigt jedoch, dass meist Meetings nur dann effektiv sind, wenn sie auch effizient organisiert und moderiert sind. Und das ist kein Zufall. Denn Effektivität und Effizienz sind (verbundene) Eigenschaften, die die Kultur eines Unternehmens signifikant beschreiben und daher oft in Kombination auftreten – oder fehlen.

Sprechen wir von einer »Kultur der Effektivität und Effizienz « in einem Team oder einem gesamten Unternehmen, dann beschreiben wir damit das Verhalten aller Mitglieder einer Organisationseinheit, also ihre Grundeinstellung (»Effektivität und Effizienz sind uns wichtig und schaffen einen Mehrwert«). Dazu zählen die von Ihnen aufgestellten Standards und Spielregeln zu jenen Themen und Bereichen, die Sie als wichtig erachten. Der Grad der Verpflichtung, die aufgestellten Regeln laufend und kontinuierlich zu befolgen und zu verbessern, gehört ebenfalls dazu. Effektivität und Effizienz sind also keine betriebswirtschaftlichen Kennzahlen wie Produktivität, sondern Begriffsdefinitionen.

Teamerfolg: Was ist das?

Erfolg kann auf unterschiedlichste Art beschrieben werden und ist stark abhängig von einer subjektiven Sichtweise. Viele Menschen verbinden mit dem Begriff bestimmte Werte, Zielvorstellungen oder Ergebnisse. Erfolg ist aber auch ein als positiv empfundenes Resultat eigenen Handelns. Oder anders ausgedrückt: Erfolg bedeutet, dass man im richtigen Augenblick die richtigen Fähigkeiten hat.

Persönlichen Erfolg im Arbeitsalltag haben Sie beispielsweise dann, wenn Sie genau das erledigt haben, was Sie sich für den Tag vorgenommen haben, etwa alle Telefonate auf der To-do-Liste abgehakt, den Tagesterminplan erfüllt oder das neue Projekt gestartet haben. Nach dem Pareto-Prinzip – siehe Kapitel 4 – ist subjektiver oder objektiver Erfolg nicht zwangsläufig mit langer Arbeitszeit gleichzusetzen, sondern mit dem positiven Erleben, das geschafft zu haben, was man sich vorgenommen hat, und das muss nicht zehn Stunden dauern...

Definition von Erfolg

Mithilfe der beiden bereits erläuterten Begriffe Effektivität (Maß für Wirksamkeit auf Entscheidungsebene) und Effizienz (Maß auf organisatorischer Ebene) folgt hier eine erste Definition von Erfolg:

▶ ▶ ▶   Erfolg = Effektivität x Effizienz

Hier lässt sich der mathematische Ansatz dieser »Formel« wunderbar anwenden: Ein effektives Meeting, dass aber ineffizient organisiert ist, ist eben weniger erfolgreich als eines, das effektiv und effizient durchgeführt (organisiert, moderiert) wird. Andererseits: Was nützt uns im Unternehmensalltag ein bestens organisiertes Meeting, wenn keine Ergebnisse erzielt werden (unter der Voraussetzung natürlich, dass das Erreichen von Ergebnissen das eigentliche Ziel des Meetings war)? Und auch eine Informationsveranstaltung kann effektiv sein, wenn sie die beabsichtigte Wirkung erzielt hat, nämlich dass die Teilnehmer nach dem Meeting die für Sie wichtigen Informationen erhalten haben!

Einige Zahlenbeispiele für ein ergebnisorientiertes Meeting sollen die oben aufgeführte Formel verdeutlichen:

Variante 1: 50-prozentiger Erfolg (Erfolgsfaktor = 0,5)
Effektivität: Meetingziele teilweise erreicht (Faktor: 0,5)
Effizienz: professionelle Organisation (Faktor: 1)
Erfolg = Effektivität × Effizienz = 0,5 (50 Prozent)

Variante 2: 70-prozentiger Erfolg (Erfolgsfaktor = 0,7)
Effektivität: alle Meetingziele erreicht (Faktor: 1)
Effizienz: mehrheitlich professionelle Organisation (Faktor: 0,7)
Erfolg = Effektivität × Effizienz = 0,7 (70 Prozent)

Variante 3: 100-prozentiger Erfolg (Erfolgsfaktor = 1)
Effektivität: alle Meetingziele erreicht (Faktor: 1)
Effizienz: durchgehend professionelle Organisation (Faktor: 1)
Erfolg = Effektivität × Effizienz = 1 (100 Prozent)

Der Erfolg einer Organisation ist grundsätzlich abhängig von der Qualität, mit der Produkte und Dienstleistungen erzeugt und vertrieben sowie innerbetriebliche Prozesse gesteuert und durchgeführt werden. Das gilt allerdings immer nur in dem Maße, in dem die jeweils Betroffenen (Kunden oder Mitarbeiter) diese Qualität auch annehmen. Die beste Qualität führt daher ohne die Akzeptanz der jeweiligen Zielgruppe zu keinem Erfolg. Umgekehrt nützt volle Akzeptanz nichts, wenn die Qualität der Maßnahme (Dienstleistung, Produkt, Prozess) nicht stimmt. Daher hier eine zweite Definition von Erfolg:

▶ ▶ ▷ **Erfolg = Qualität x Akzeptanz**

Beispielsweise ist die Kundenakzeptanz trotz professioneller Marktforschungsdaten nicht immer gegeben. Forscher, Entwickler, und Heerscharen von Technikern entwickeln immer wieder Produkte, die nicht gekauft (also akzeptiert) werden und wieder vom Markt genommen werden müssen. Erfolgreich bestehende Markenartikel zum Beispiel haben längst erkannt, dass es zwei Arten von Qualitäten gibt, nämlich die objektive Qualität in der Fabrik und die wahrgenommene Qualität in den Köpfen der Kunden.

Auch die zentralen Produktivitätsfaktoren dieses Buches (Arbeitsorganisation, Planung, Kommunikation und Arbeitsverhalten im Team) münden nur in nachhaltiger Qualität, wenn sie die Akzeptanz der »Kunden« – also der Mitarbeiter – erhalten. Es stellen sich für Sie als Führungskraft daher zwei Fragen, auf die wir in den beiden folgenden Kapiteln genauer eingehen möchten:

- ■ Wie können Sie Qualität in Ihrem Unternehmen / Team nachhaltig sicherstellen?
- ■ Wie erreichen Sie die Akzeptanz von Veränderungen in Ihrem Team?

■ Wie stellen Sie Qualität im Team sicher?

In der Alltagssprache ist Qualität häufig ein Synonym für Güte, oft ist daher von »guter« oder »schlechter« Qualität die Rede. Kauft ein Kunde ein Produkt oder eine Dienstleistung und erfüllen diese ihren Zweck für den Kunden, so hat das Produkt im allgemeinen Sprachgebrauch eine »gute Qualität«. Tatsächlich hat sich der Begriff Qualität im wirtschaftlichen Alltag als ein allgemeiner Wertmaßstab etabliert, der die Zweckangemessenheit eines Produkts, einer Dienstleistung oder eines Prozesses zum Ausdruck bringen soll. Dieses Verständnis zeigt sich etwa im Ausdruck »Qualitätsarbeit«.

Im Arbeitsalltag des Teams gibt es unzählige Möglichkeiten, »gute Qualität« zu produzieren und diese auch darzustellen. So sollten unnötig aufgewandte Zeiten für Doppelarbeiten, Mehrfachkontrollen oder überflüssige Wege weglassen und in wertschöpfende Prozesse umgewandelt werden – beispielsweise für die nachhaltige Pflege von Kunden- und Lieferantenbeziehungen (Optimierung der Kernprozesse). Auch die interne Organisation von Teams kann von schlechter oder guter Qualität sein: Die Güte ist beispielsweise messbar an der Anzahl der verschobenen oder eingehaltenen Termine, der Anzahl der Überschneidungen, der Zeiteinhaltung von Besprechungen und der verfügbaren Zeit für Krisenmanagement und Unvorhergesehenes (Optimierung der Hilfsprozesse).

Die Überprüfung der Qualität findet häufig in einem bereichsübergreifenden System statt. Die Planung, Steuerung und Kontrolle aller hierzu nötigen Tätigkeiten wird als Qualitätsmanagment bezeichnet. Als Ergebnis entsteht das Qualitätsprodukt.

Die Frage jeder Führungskraft muss daher lauten: »Wie erziele ich mit meinem Team Qualitätsarbeit bei den internen Prozessen und Abläufen oder bei neuen Produkten und Dienstleistungen?« Erfolgreiche Teams zeichnen sich gerade dadurch aus, dass sie »Freude an der Qualität« entwickeln. Diese wiederum ist Motiv für die kontinuierliche Weiterentwicklung ihres gesamten Handelns. Wie Sie das erreichen? Die Antworten dazu geben wir auf den folgenden Seiten.

Auch in Management und Verwaltung beginnt man bereits stärker in Qualitätsdimensionen zu denken. Das zeigt sich anhand der immer häufiger angewendeten Managementsysteme wie zum Beispiel der »Balanced Scorecard« (BSC). Bei diesem Management-Tool werden Kennzahlen aus unterschiedlichen Bereichen des Unternehmens (»Dimensionen«) generiert und kontinuierlich evaluiert, um nachweisbare (also messbare) Verbesserungen zu erzielen. Gleichzeitig fördert die BSC auch die Zielorientierung im gesamten Unternehmen.

Wir beschränken uns in unserer Beraterpraxis auf die Erarbeitung von Qualitätskriterien für Prozesse. Das bedeutet, wir definieren exakt, mit welchen Arbeitsschritten bestimmte Prozesse der Arbeitsplatzorganisation, der Zeitplanung und des täglichen Arbeitsverhaltens – inhaltlich und in zeitlicher Abfolge – zukünftig durchgeführt werden sollen (siehe hierzu auch Kapitel 5).

Definiert die Führungskraft im Rahmen eines Lean-Office-Prozesses beispielsweise als Qualitätskriterium, dass »der Schreibtisch morgens und abends leer ist«, so muss für jeden Mitarbeiter im Team klar sein, welche Kriterien zur Beurteilung angelegt werden. Er muss für sich die Frage eindeutig beantworten können, was »morgens und abends leer« heißt. Bedeutet es, dass in der Früh und am Abend überhaupt kein Papier auf dem Schreibtisch liegen darf oder nur wenig Papier? Dass welches auf dem Schreibtisch liegt, aber nur an definierten Stellen (zum Beispiel im Eingangskorb)? Oder etwa, dass tagsüber jederzeit Papier auf dem Schreibtisch liegen darf und am Abend nicht? Der Teufel liegt im Detail. Es geht also darum, den Soll-Zustand oder den Soll-Prozess exakt zu erarbeiten und genau zu beschreiben.

Sie sollten eigentlich nichts anderes, als eine bestimmte Anzahl von Zielen zum Thema nach der SMART-Regel (siehe Kapitel 1, Seite 28) zu definieren. In unserem Coaching-Ansatz schlagen wir bestimmte Soll-Zustände vor, die zusammen mit Führungskraft und Team entwickelt, aber nicht vorgegeben werden, auch wenn dies auf den ersten Blick »einfacher« erschiene. Wir laden alle Beteiligten ein, an diesem Verbesserungsprozess teilzunehmen. Zur Zielerreichung mit unseren Klienten haben wir einen sehr einprägsamen Satz bereit: »Nur Sie als Team bestimmen die Qualität, mit der Sie arbeiten!« Die Einladung zur Mitarbeit ist ein wichtiger Faktor im Sinne der Akzeptanz, auf die wir noch zu sprechen kommen.

Qualität durch Standards

In Kapitel 1 haben wir das Thema Standards aus der Sicht der Führungskraft als »Führen durch Standards« betrachtet. Jetzt stellt sich die Frage, wie das Team die kontinuierliche Verbesserung von selbst initiieren und vorantreiben kann. Von der Führungskraft sollte dieser Prozess immer wieder durch die Frage unterstützt werden: »Wie schaffen wir es gemeinsam und motiviert, Qualitätsstandards aufzustellen und ständig zu verbessern?« Auf die mögliche Gegenfrage, wofür diese Standards und Spielregeln benötigt werden, braucht die Führungskraft gute Argumente, denn Standardisierung wird grundsätzlich nicht von allen Teammitgliedern als gleich positiv gewertet. Im Gegenteil: Das Arbeiten nach einem bestimmten Qualitätsstandard wirkt oft einschränkend auf einzelne Personen – ein (notwendiger) Diskussionsprozess über Vor- und Nachteile ist die Folge.

Menschen arbeiten mit mehr Freude, wenn sie den Sinn, der mit dieser Tätigkeit verbunden ist, verstehen. Sie als Führungskraft sollten daher in der Lage sein, Ihren Mitarbeitern die Vorteile standardisierten Arbeitens zu »verkaufen«. Ziel ist es, dass Sie in Ihrem Team grundsätzlich Akzeptanz, in weiterer Folge eine verstärkte Einhaltung, im besten Fall sogar eine nachhaltige und unbewusste, »automatisierte« Anwendung der qualitativen Teamstandards erreichen.

▶ ▶ ▷ **Das beste Ergebnis eines zielgerichteten Veränderungsprozesses ist, wenn es Spaß macht, nach Standards zu arbeiten, weil das Team dadurch viel mehr Spielraum für neue Aufgaben hat.**

Durch die Implementierung von Standards sollten die nachfolgenden Punkte erreicht und von der Führungskraft in der Regelkommunikation (zum Beispiel im Einzelgespräch oder im Jour fixe) nachgehalten werden:

1. Alle Personen im Team arbeiten weitgehend nach standardisierten Abläufen: Das Vorgehen nach einer definierten Abfolge von Arbeitsschritten führt zu einem definierten Erfolg (Checklisten-System).

Abbildung 29: Standards für die Teamarbeit

Standards erhöhen das Qualitätsbewusstsein durch laufende Einhaltung und Verbesserung. Das Rad hat den Drang, sich nach unten zu bewegen, Standards wirken dem entgegen und erhöhen das Qualitätsbewusstsein.

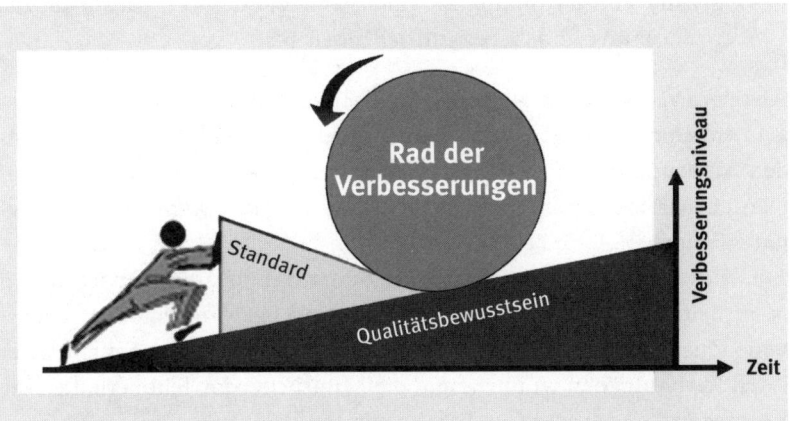

2. Alle Personen im Team erkennen aufgrund von Standards Fehler und Abweichungen sofort – die Abweichung vom Standard ist augenscheinlich und wird sofort als »nicht konform« verstanden.

3. Alle Personen im Team kennen die Standards und vermeiden unnötige Kommunikationsschleifen: Sind Prozesse, Arbeitsschritte, Verhaltensregeln klar definiert, muss nicht immer wieder darüber gesprochen werden.

4. Alle Personen im Team akzeptieren die Standards und signalisieren: »Das ist uns wichtig.« Nur was für das Unternehmen oder das Team von Bedeutung ist, wird auch definiert und dokumentiert.

5. Alle Personen im Team wenden die gleiche, nämlich die produktivste Bearbeitungsform an. Dies ist nicht nur ein wichtiger Beitrag zur Effizienz, sondern auch die Gewährleistung, dass gute, erprobte Methoden auch von allen durchgeführt werden (»Best Practice«-Prinzip).

6. Alle Personen im Team fühlen sich den Standards verpflichtet: Werden die Standards und der Umgang mit ihnen im Team erarbeitet,

wird damit auch eine »Kultur der Verpflichtung« erzeugt. Die Wahrscheinlichkeit, dass die Standards auch von allen Mitarbeitern eingehalten werden, steigt.

7. Alle Personen im Team profitieren von Standards: Sind Prozesse langfristig und nachhaltig im Unternehmen etabliert, tragen sie zur Wertschöpfung und Arbeitszufriedenheit bei.

Aus der Praxis wissen wir, dass ein Teil der Mitarbeiter die neuen Regeln annehmen und verinnerlichen wird, ein anderer Teil bei der laufenden Anwendung jedoch immer wieder Unterstützung benötigt. Darauf werden wir im Abschnitt *Teamerfolg durch Nachhaltigkeit* noch genauer eingehen.

Generell erleichtern Standards signifikant die Zusammenarbeit von Mitarbeitern und Führungskräften – sie sind Basis für eine vertrauensvolle Zusammenarbeit. Die Führungskraft kann sich wesentlich freier ihren Kernaufgaben widmen, und die Mitarbeiter im Team erhalten die Kompetenz, das eigene Geschäft zu steuern.

Wie viele Standards braucht ein Team?

Eine abschließende Bemerkung zum Thema Standardisierung erscheint uns noch wichtig. Kunden bemerken in unseren Beratungen immer wieder, dass Standardisierung einschränkend und abstumpfend wirkt oder zumindest von den Mitarbeitern so aufgefasst wird, zuweilen die Kreativität beschneidet und sich daher negativ auf die Motivation auswirkt. Die Welt ist so, wie man sie sieht, daher ist der beschriebene Einwand auch subjektiv »richtig«. Keinesfalls kann es primäres Ziel sein, Menschen durch Einführung von Standards und Spielregeln in ihrer Freiheit einzuschränken und sie zu Robotern zu machen. Ist es aber nicht oft eine Frage des Blickwinkels, ob man durch etwas eingeschränkt wird?

Beurteilt eine Führungskraft beispielsweise den Job eines Sachbearbeiters im Vertriebsinnendienst, sollte sie sich fragen: »Brauche ich die gewünschte Kreativität bei der Bearbeitung von Kundenanfragen eher in der unterschiedlichen, individuellen Nutzung von Werkzeugen zur Bearbeitung von (nicht standardisierten) Prozessen oder lieber in der individuellen, persönlichen Art, *wie* der Sachbearbeiter Kunden behandelt?«

Machen Sie es zum kreativen Prozess, standardisierte Vorgehensweisen bei (immer wiederkehrenden) gleichartigen Prozessen einzuführen, laufend zu verbessern und Menschen mehr Zeit für ihre Kernaufgaben zu geben.

Wie erreichen Sie die Akzeptanz von Veränderungen im Team?

Nach der Beantwortung der Frage der Qualität im Team gehen wir nun zur Beantwortung der zweiten Frage, wie Sie die Akzeptanz von Maßnahmen in Ihrem Team erreichen. Stellen Sie sich zuerst die Frage, wofür genau Sie Akzeptanz benötigen. Die Antwort kann lauten: für das Arbeiten im Team auf einem definierten Qualitätsniveau. Das Team muss also sein bestehendes Niveau verlassen und sich auf eine neue, höhere Stufe begeben. Das ist ein klassischer Veränderungsprozess. Das erklärte Ziel der Führungskraft ist es, Dinge ab einem bestimmten Zeitpunkt definitiv (sichtbar und messbar) anders zu machen als heute.

Machen Sie die Betroffenen zu Beteiligten

Bei jedem Veränderungsprozess steht der Grad der Einbindung in unmittelbarem Zusammenhang mit dem Grad der Akzeptanz. Dabei erfolgt die Einbindung der Mitarbeiter zuerst einmal durch aktive, verstärkte Information zur beabsichtigten Veränderung. Professionell durchgeführte Veränderungsprozesse beinhalten daher immer ein begleitendes Kommunikationskonzept, in dem die Art der Informationsweitergabe (zum Beispiel Informationsveranstaltungen oder Mitarbeiterzeitung), die Inhalte und der zeitliche Ablauf definiert werden. Durch proaktive Kommunikation werden Zweifel abgebaut, Gerüchte im Zaum gehalten und somit die Basis für eine positive Grundeinstellung zur beabsichtigten Veränderung geschaffen. Im Team können Sie diese Maßnahmen unkompliziert selbst initiieren. In Ihrer Regelkommunikation können Sie direkt und offen kommunizieren und die Mitarbeiter optimal informieren.

Abbildung 30: Identifikation durch Information

Durch die Einbindung von Mitarbeitern können Konflikte und Widerstände im Team gegen Veränderungsprozesse abgebaut werden.

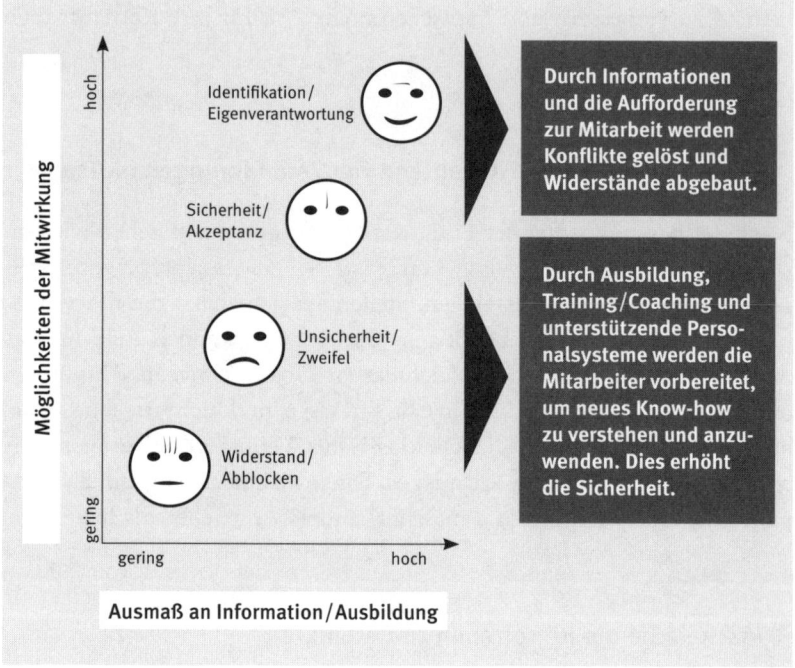

Die eigentliche Akzeptanz erreichen Sie jedoch durch das Angebot zur Mitarbeit und Mitgestaltung, beispielsweise in Steuer-, Arbeits- und Projektgruppen. Unternehmensweite Großprojekte werden zumeist nach den Grundregeln des Projektmanagements abgewickelt. Unser täglicher Umgang mit Teams zeigt aber, dass bei den kleineren Projekten noch großes Optimierungspotenzial in Bezug auf eine stringente Durchführung und schnelle Zielerreichung schlummert. Oft fehlt grundlegendes Know-how, um Projekte professionell aufzusetzen. Operative Aufgaben und Projektschritte werden aufgrund der Aufgabenvielfalt von den einzelnen Mitarbeitern nicht strikt eingeplant und daher auch nicht mit der entsprechenden Konsequenz abgearbeitet.

Ein begleitendes Coaching dagegen erzielt sofortige Optimierung. Dies zeigt auch eine neue Studie zur Weiterbildung (Universität Linz 2008): Durch gezielte Weiterbildungsmaßnahmen kann die Produktivität der Mitarbeiter um 4 Prozent gesteigert werden. Neues Know-how wird professionell vermittelt, mit dem Verstehen und Anwenden der Inhalte wächst gleichzeitig die Identifikation mit dem neuen, gewünschten Verhalten – und ein erster wichtiger Schritt im Sinne einer Kulturveränderung ist getan.

So entsteht Motivation zur Zielerreichung

Eine ausgezeichnete praktische Möglichkeit, Mitarbeiter in Veränderungsprozesse aktiv einzubeziehen, ist es, verstärkt Wie-Fragen in die Diskussion einzubringen. Die Lösung eines Problems wird nicht von oben vorgegeben, sondern stattdessen ein Prozess zur Lösungssuche angeregt. Die Vorschläge der Mitarbeiter werden aufgegriffen und idealerweise zu konkreten Maßnahmen transformiert. Die Erfahrung zeigt, dass Mitarbeiter meist selbst sehr genau wissen, was zu ändern ist, um Abläufe effizienter und effektiver zu gestalten. Man muss sie nur fragen und manchmal auch aus der Reserve locken. Beispielfragen finden Sie in Checkliste 27 auf Seite 290.

Der Weg zum Teamerfolg

Menschen richten Blick und Orientierung grundsätzlich immer nach oben. Dieses Grundgesetz einer hierarchischen Gesellschaft spürt auch die Führungskraft – und zwar laufend. Im Umkehrschluss heißt das, dass Sie durch Ihre Vorbildfunktion Standards und Qualität vorleben können – ein wichtiger Schritt in Richtung Erfolg. Es gibt aber noch weitere Wege zum Teamerfolg, die zum Beispiel über eine positive Fehlerkultur oder über die Teamreife führen. Wie Sie eine solche Fehlerkultur eta-blieren und die Teamreife bestimmen können, erfahren Sie in den folgenden Abschnitten.

Teamerfolg durch Vorbildfunktion der Führungskraft

Jeder Manager steht unter ständiger bewusster und unbewusster Beobachtung, insbesondere durch die eigenen Mitarbeiter. Dieser Umstand ist ja auch allzu menschlich, denn was ist schon interessanter, als über den eigenen Chef oder die Chefin etwas zu erfahren oder eine Schwäche aufzudecken. Fakt ist: Sie können sich der Beobachtung Ihrer Mitarbeiter nicht entziehen!

Wie bereits in Kapitel 1 beschrieben, können Sie sich diese Gegebenheit als Führungskraft durchaus zunutze machen, indem Sie Ihre aktive Vorbildrolle annehmen und mit Authentizität leben. Qualität vorleben heißt beispielsweise, die definierten Standards selbst genau zu befolgen und umzusetzen, mit einer Änderung also zuerst bei sich selbst zu beginnen. Gelingt dies nicht, darf auch aus den Reihen der Mitarbeiter Kritik geäußert werden.

Ein schönes Beispiel widerfuhr uns kürzlich in einem Konzern, in dem über 800 Mitarbeiter an einem unternehmensweiten Arbeitsplatz-Organisationsprojekt teilnahmen. Mit Abschluss der Maßnahme wurden wir beauftragt, in halbjährlichen Abständen den Umsetzungsgrad – also das Anwenden und Vorhandensein der eingeführten Standards – im Zuge von »Audits« auf Teamebene zu überprüfen. Von allen 25 auditierten Abteilungen schnitt die Geschäftsführung am besten ab, nämlich mit einer Zielerreichung von über 93 Prozent!

Die Ergebnisse aller Bereiche einschließlich der Geschäftsleitung werden nun von uns unternehmensintern bei der Schulung weiterer Abteilungen und bei internen Workshops präsentiert. Viele Mitarbeiter nehmen somit bewusst oder unbewusst wahr:

- Gerade die Geschäftsleitung hat erkannt, dass sie selbst noch etwas optimieren kann.

- Sie bekennt sich zu den Standards und hält sie auch ein.

- Dieses Projekt ist im Unternehmen offenbar wichtig und soll daher von allen top-down und bottom-up nachhaltig gelebt werden.

- Ein hoher Umsetzungsgrad ist erreichbar und daher Ziel für alle anderen Abteilungen.

Teamerfolg durch Fehlerkultur

Wo Menschen arbeiten, passieren Fehler, das ist bekannt. Führungskräfte müssen jedoch einen besonderen Bezug zu Fehlern entwickeln, geht es doch sowohl um die eigenen Fehler als auch die der Mitarbeiter. Für beide Varianten sollten geeignete Strategien entwickelt und daraus ein »standardisiertes professionelles Verhalten« abgeleitet werden. Die Führungskraft muss ihre Selbstkompetenz erhöhen, um die eigene Arbeit zu schaffen und gleichzeitig Vorbild zu sein. Bezüglich Fehlern von Mitarbeitern sollte klar sein, wie sich die Führungskraft bei Fehlern gegenüber der Sache und dem Mitarbeiter verhalten wird und wie der Fehler behoben wird. Dies nennen wir Fehlerkultur.

Die folgenden Standards können den Rahmen für eine positive Fehlerkultur bilden:

■ Fehler machen ist erlaubt. Jedes Teammitglied ist aber dafür verantwortlich, dass Fehler im eigenen Verantwortungsbereich vermieden werden.

■ Auftretende Fehler werden sofort aufgezeigt und umgehend korrigiert (Zeitstandard).

■ Fehler werden sachlich behandelt. Im Vordergrund steht nicht der Verursacher, sondern die Problemlösung, also die Fehlerbehebung.

■ Wenn schon Kritik am Verursacher geübt werden muss, dann konkret zum Anlassfall und immer unter vier Augen.

■ Es werden Methoden und Techniken angewandt, die verhindern, dass ein Fehler wiederholt auftritt (zum Beispiel eine genaue Analyse und ein entsprechendes Maßnahmenpaket mittels Fehlerprotokoll).

■ Werden Fehler gemacht, bei denen ein Mitarbeiter des eigenen Teams von »oben« (Geschäftsleitung oder Konzernleitung) zur Rechenschaft gezogen wird, übernimmt die Führungskraft nach außen hin die Verantwortung, im Sinne von »Ich stehe zu den Fehlern meiner Mitarbeiter und damit auch zu ihnen als Person«.

Auf diese Art kann eines der wichtigen Ziele im Zuge des Fehlermanagements erreicht werden: Fehler werden im Team nicht unter den Tisch gekehrt, sondern aktiv aufgezeigt und beseitigt. Dies ist zum Beispiel ganz besonders wichtig bei Fehlern, die im Umgang mit Kunden entstehen. Aktives Reklamationsmanagement ist eine wirksame Kundenbindungsmaßnahme, die aber nur dann greift, wenn der Fehler überhaupt bekannt wird. Beispielfragen zur Fehlerbehebung finden Sie in Checkliste 27 auf Seite 290.

Teamreife bedeutet Teamerfolg

Wie erfolgreich Sie und Ihr Team sind, hängt stark von den einzelnen Teammitgliedern und deren Einstellung und Verhalten zu den erfolgbestimmenden Themen und Inhalten ab – den sogenannten Erfolgsfaktoren. Wenn Sie in der Lage sind, diese zu bestimmen und messbar zu machen, können Sie den Reifegrad Ihres Teams als Summe von einzelnen Erfolgsfaktoren (siehe nächster Abschnitt) zu einem bestimmten Zeitpunkt weitgehend objektiv messbar machen und in weiterer Folge den Soll-Zustand bestimmen. Aus der Differenz zwischen Soll- und Ist-Zustand wiederum können Sie Maßnahmen ableiten, um den Teamerfolg zu optimieren und den Reifegrad, die Leistung oder die Zusammenarbeit zu verbessern.

Viele Managementmethoden arbeiten mit messbaren Werten. Immer wieder entfacht zwischen Managern und Mitarbeitern im Unternehmen die Diskussion, warum denn alles messbar gemacht werden muss. Hier zwei Argumentationshilfen dazu:

Es sollte nicht *alles* gemessen werden, sondern nur das, was dem Team wirklich wichtig ist. Wie in Kapitel 5 gezeigt, definiert das Team zusammen mit der Führungskraft, was verbessert werden soll – und damit ist die Akzeptanz bereits erreicht. Die Frage nach der Schaffung einer Messgröße hängt intensiv zusammen mit der Bedeutung eines zu behandelnden Themas. Solange es beispielsweise keine Autos und somit keine Verkehrsregeln gab, war die Messgröße »Geschwindigkeit« für die meisten Menschen nicht wirklich wichtig.

Management wird heute verstanden als das Erzielen oder Bewirken von Resultaten. Der Prüfstein ist das Erreichen von Zielen und das Erfüllen von Aufgaben. Wie bereits beschrieben, gilt für gut formulierte Ziele, dass sie messbar sein müssen. Wenn sich die Führungskraft zusammen mit dem Team Messgrößen zunutze macht, dann sagt das aus: »Dieses Thema ist uns so wichtig, dass wir uns periodisch dazu immer wieder vergleichbare Werte zur Beurteilung unseres Zielerreichungsgrades vor Augen halten müssen. Wir als Team wollen analysieren, interpretieren und am Ende zu einer möglichst effizienten und effektiven Zielerreichung kommen.«

Das Teamreife-Modell

Wie finden Sie heraus, wo Ihr Team in der Praxis steht, und wie erreichen Sie das Soll der optimierten Arbeitsprozesse? Ein Weg dorthin führt über das Teamreife-Modell. Dieses Modell wenden wir in der Praxis bei Kunden immer wieder an, um die Leistung und die Zusammenarbeit in Teams zu steigern. Konkrete Schwachstellen im Team werden detailliert evaluiert, leistungsorientierte Ziele erarbeitet und ein spezifischer Maßnahmenplan zur Verbesserung der »Performance« erstellt und umgesetzt.

Die Methodik umfasst quantitative und qualitative Elemente und arbeitet ausschließlich mit einer Selbstbeurteilung des Teams. Dazu beurteilt jedes Teammitglied auf einer fünfteiligen Stufenskala von »unstrukturiert« bis »ausgereift« den Entwicklungsstand für insgesamt sieben Erfolgsfaktoren. Diese sieben Erfolgsfaktoren sind:

1. Teamziele
2. Kompetenzen und Verantwortungen
3. Prozesse und Arbeitsabläufe
4. Kooperation und Teamgeist
5. Motivation und Erfolgserlebnisse
6. Kommunikation und Teammeetings
7. Arbeitsbeziehungen zu anderen Abteilungen

Für jeden Erfolgsfaktor gibt es fünf Entwicklungsstufen, die von »unstrukturiert« über »schlecht definiert« und »im Anfangsstadium« bis zu

»fortgeschritten« und schließlich »ausgereift« reichen; die detaillierte Beschreibung des jeweiligen Entwicklungsstandes ermöglicht eine exakte Zuordnung.

Mit dieser Methodik wird der »Reifegrad des Teams« ermittelt, theoretisch ein Wert von 0 bis 100 Prozent. Ein Team mit einem Reifegrad von 35 Prozent hat also ein entsprechend großes Potenzial zur Weiterentwicklung, Teams mit 85-prozentigem Reifegrad arbeiten bereits weitgehend effektiv und effizient. Den Bewertungsbogen finden Sie im Anhang auf Seite 291 als Checkliste 28.

Neben dieser rein quantitativen Bewertung erfolgt zusätzlich auch eine persönliche Befragung jedes Teammitglieds zu drei spezifischen Fragen:

- ■ »Was kann ich als Teammitglied zur Steigerung meines persönlichen Wohlbefindens und zur Effektivität und Effiizienz im Team beitragen?«

- ■ »Was kann jedes Teammitglied zur Steigerung meines persönlichen Wohlbefindens und zur Effektivität und Effizienz beitragen?«

- ■ »Was kann der Teamleiter/die Teamleiterin zur Steigerung meines Wohlbefindens und zur Effektivität und Effizienz beitragen?«

Die Ergebnisse, also die potenziellen Verbesserungsmaßnahmen, werden schriftlich erfasst und durch die Maßnahmen aus der quantitativen Bewertung ergänzt. Durch diese ausführliche Erfassung sind Sie in der Lage, sehr ergebnisorientiert auf die Engpässe Ihres Teams einzugehen.

Maßnahmen zur Erhöhung der Teamreife

Die quantitative Erhebung werten Sie nun differenziert aus und wählen im Team aus allen sieben Erfolgsfaktoren jene drei für einen Optimierungsprozess aus, die

a) quantitativ am schlechtesten von der Gruppe beurteilt wurden und
b) zeitlich vorrangig sind.

Für die drei ausgewählten Erfolgsfaktoren wird jeweils ein detailliertes Maßnahmenpaket erarbeitet und anhand eines detaillierten Zeitplans umgesetzt. Die konkreten Formulierungen für die Zielerreichung im Bereich »Teamreife« lauten dann beispielsweise:

■ *Gesamtziel:* Wir steigern unseren Teamreifegrad bis zum 31.12. dieses Jahres von 55 Prozent auf 80 Prozent.

■ *Detailziel:* Wir erzielen bis zum 31.10. dieses Jahres im Erfolgsfaktor »Kommunikation und Teammeetings« die Stufe »ausgereift«.

Was macht diese Methode für Sie und Ihr Team so effektiv? Es ist die klare, messbare Evaluierung des Status quo, die Basis ist für eine effiziente und leistungsorientierte Vorgehensweise, verbunden mit der Möglichkeit, die Ergebnisse bei Prozessende messbar darzustellen. Das Team sieht so seine Verbesserung in der täglichen Arbeit und kann den Erfolgsfortschritt auch objektiv bewerten.

Effektivität durch spezifische Verantwortungen im Team

Neben klaren Zielen und Prozessabläufen ist die eindeutige Zuteilung aller Verantwortlichkeiten im Team eine der Grundvoraussetzungen für effektives, zielgerichtetes Handeln. Die oftmals vorhandenen Stellen- und Funktionsbeschreibungen unterstützen zwar die Verantwortungs- und Aufgabenteilung, sie sind aber in der Praxis erstens oft nicht detailliert genug, um das Arbeitsfeld eines Teammitgliedes genau zu beschreiben, und zweitens oft nur aktivitätsbeschreibend – das heißt, der Output der jeweiligen Aufgabenbereiche wird nicht beschrieben.

Ziel für Sie als Führungskraft sollte es sein, für jedes Teammitglied eine erweiterte Stellenbeschreibung zu erstellen, sodass jeder seinen »spezifischen Beitrag« kennt. Auf diese Art wird im Team klar und transparent, wer wofür genau verantwortlich (und *nicht* verantwortlich) ist, und Sie haben im Hinblick auf andere Managementwerkzeuge (wie Qualitätsmanagement, Mitarbeitergespräch oder Balanced Scorecard) wichtige Vorarbeiten oder Unterstützungsarbeit geleistet. Grundregeln für die Aufteilung von Verantwortungsbereichen sind:

1. Aufgabenbereiche, für die sich niemand verantwortlich fühlt, müssen einem Teammitglied klar zugeordnet werden. Sonst wird es nur dem Zufall überlassen, ob eine Verantwortung wahrgenommen wird oder nicht.

2. Dort, wo etwas Angenehmes zu erledigen ist, tendieren Menschen dazu, es zu tun. Bei etwas Unangenehmen hofft man, dass es andere machen.

3. Verantwortlich kann nur der gemacht werden, der etwas wesentlich oder ganz beeinflussen kann.

Das Erfassen der einzelnen Teilverantwortungen aller Funktionen des Teams ermöglicht effektives und effizientes Arbeiten und Zusammenwirken. So verhindern Sie Überschneidungen, Verwirrung, unnötigen Arbeitsaufwand oder das Ausbleiben sichtbarer Erfolge. Das gilt sowohl für die gesamte Organisation als auch für Organisationseinheiten oder Teams.

Die einzelnen Verantwortungen legen Sie am besten in gemeinsamen Teamsitzungen mit den Mitarbeitern fest. Das hat den Vorteil, dass durch das Wissen und die Erfahrung aller Personen das Niveau der Festlegung der Verantwortungen gehoben wird, Überschneidungen und Lücken werden leichter erkannt. Beispielfragen für das Erarbeiten von Teilverantwortungen finden Sie in Checkliste 27.

Das Wichtigste ist, dass Output angestrebt wird. Nicht auf Tätigkeiten, diverse Vorgänge oder Abläufe kommt es an, sondern darauf, was durch diese erreicht werden soll. Werden außerdem die persönlichen Ziele für jedes Teammitglied beziehungsweise für seine Teilverantwortungen fixiert, erhalten Sie in der Summe ein kompaktes Werkzeug für effektives und effizientes Arbeiten im Team.

▶ ▶ ▷ **Ziele sind für den Funktionsinhaber notwendig, um erfolgreich zu sein. »Erfolgreich sein« im Managementverständnis heißt, dass Ziele vorliegen und Ziele erreicht werden.**

■ Teamerfolg durch Nachhaltigkeit

Einen Veränderungsprozess im Team zu initiieren und erfolgreich durchzuführen, erfordert vom Teamleiter und allen Teammitgliedern höchste Anstrengung und viel Durchhaltevermögen. Immer wieder gibt es Rückschläge, neue Maßnahmen greifen nicht in der gedachten Art und Weise, und am Optimierungsprozess muss weiter geschliffen werden, damit die gewünschten Ergebnisse eintreffen. Das Bewusstmachen auch kleiner Erfolge ist in dieser Situation ein guter Ansporn zum Vorantreiben der Verbesserungen.

Hat man nun die Ziele der gewünschten Optimierung erreicht, stellt sich sofort die Frage nach der Nachhaltigkeit: Wie können Sie das erreichte Qualitätsniveau aufrechterhalten, weiterhin verbessern und laufend dem Stand der Technik anpassen? Immer wieder erleben wir in unserer Beraterpraxis, dass einmal etablierte Standards und Spielregeln rasch wieder der Vergangenheit angehören, wenn sie nicht in die Alltagsroutine integriert werden – also ins Unbewusste übergehen und damit zur Selbstverständlichkeit werden. Gerade der Zeitraum unmittelbar nach einer aktiven Veränderung – also nach einer intensiven Phase der Beschäftigung mit der Optimierung selbst – bedarf der besonderen Aufmerksamkeit der Führungskraft, da die Gefahr des Rückfalls in alte Gewohnheiten ständig lauert. Nicht der Mangel an guten Absichten hindert die Mitarbeiter an der kontinuierlichen Einhaltung, sondern das Neue und Ungewohnte. Hier beginnt die Führungsarbeit: Entwickeln Sie Verständnis, dass noch nicht alles klappen kann, aber erinnern Sie auch hartnäckig und aktiv daran, dass die Abläufe nun »anders« funktionieren, bestimmte Dinge weggelassen oder anders erledigt werden.

Beispielsweise fällt es manchen Teammitgliedern schwer, vollkommen auf handschriftliche Telefonnotizen zu verzichten, wenn man sich auf den Teamstandard geeinigt hat, diese elektronisch zu dokumentieren und weiterzuleiten. Man nimmt einen Anruf für einen abwesenden Kollegen entgegen, greift unbewusst zum Notizblock oder Post-it, notiert einige Stichworte, legt auf – und dann? Ja, dann sollte man gemäß dem neuen Standard diese Notiz elektronisch weiterleiten. Das wiederum bedeutet vorerst einen persönlichen »Mehraufwand« in Kauf nehmen zu müssen, da man dann die handschriftliche Notiz in elektronische Form bringen muss. Da leitet man sie doch gleich handschriftlich weiter. Die schwierige Transformation von der Papier- zur elektronischen Datenverwaltung haben wir bereits in Kapitel 2 beschrieben. Hier gilt es, das Neue zu üben. Die emotionale Begleitung dieser Veränderung ist besonders bei älteren Mitarbeitern Führungsaufgabe. Folgende Maßnahmen unterstützen die nachhaltige Veränderung:

Verminderung der Rückfallgefahr Verhindern Sie aktiv und bewusst die Gelegenheit, in alte Strukturen und Gewohnheiten zu verfallen. Solange zum Beispiel der Tischkalender am Schreibtisch im Blickfeld des Betrachters steht, wird es schwer, sich an die Nutzung des elektronischen Mediums zu gewöhnen.

Vorbildwirkung Nicht nur der Teamleiter selbst, sondern jedes Teammitglied ist Vorbild für die anderen. Je mehr Teammitglieder sich an die neuen Regeln halten, um so mehr Dynamik entsteht bei der kontinuierlichen Umsetzung und Einhaltung von neuen Standards. Gegenseitiges Beobachten und aktives (positives und kritisches) Feedback sollte in dieser Zeit bewusst »erlaubt« werden. Auf diese Art unterstützt man sich gegenseitig auf dem Weg in Richtung Automatismus.

Laufende Feedback-Schleifen Eingehalten wird, was von allen Teammitgliedern als wichtig eingestuft wird. Wichtig ist, was ständig Thema ist. Nutzen Sie Ihre laufenden Teamsitzungen, den wöchentlichen Jour fixe und Visualisierungsinstrumente (Schautafeln, Schwarzes Brett), um das Thema kontinuierlich bewusst zu machen, zu hinterfragen, wie es mit der Anwendung der neuen Werkzeuge und des neuen Verhaltens vorangeht, oder wo noch Unterstützung benötigt wird. Manchmal ist es durchaus angebracht, sich abseits des Arbeitsalltages – zum Beispiel in einem »Optimierungs-Workshop« – mit dem Feinschliff und weiteren Verbesserungsmöglichkeiten zu beschäftigen.

Alle diese Maßnahmen helfen Ihnen und Ihren Mitarbeitern dabei, einen Veränderungsprozess nachhaltig wirksam zu etablieren. Dieser ist dann als abgeschlossen zu bezeichnen, wenn alle Teammitglieder oder zumindest die überwiegende Mehrheit das neue, gewünschte Verhalten unbewusst, automatisch und kontinuierlich anwenden. Wenn Sie von Ihren Teammitgliedern den Satz hören »Ich kann mir gar nicht vorstellen, dass wir das jemals anders gemacht haben«, dann sind Sie dem Ziel schon sehr nahe!

Casestudy

Praxisinterview mit Herrn S., Geschäftsführer

Kunde: Mittelständisches Unternehmen
Branche: Immobilien-Management
Beratungs- und Coaching-Design: Zwei Managementworkshops, ein Kick-off-Meeting, drei Coaching-Einheiten in einem Zeitraum von drei Monaten, eine Auditierung nach vier Monaten
Zeitlicher Verlauf: Prozessbegleitung über 7 Monate
Anzahl der gecoachten Mitarbeiter: 60

»Herr S., was war Ihre Motivation, die Prozesse im Bereich der kundenorientierten Arbeitsplätze und das Arbeitsverhalten der Mitarbeiter zu optimieren?«

»Ausgangssituation waren Kundenbeschwerden: Unsere Kunden beklagten sich über zu langsame und unzureichende Bearbeitung ihrer Anfragen, im Unternehmen gab zu wenig Standards bei der Bearbeitung der Geschäftsfälle – schlicht jeder Mitarbeiter bearbeitete seine Geschäftsfälle auf die unterschiedlichste Art!«

»Sie hatten die Idee, das gesamte Projekt unter ein Motto zu stellen?«

»Ja, die gewünschten Verbesserungsmaßnahmen im Kundenbereich waren eingebettet in ein Gesamtprojekt, dass unter dem Begriff »Speed« darauf abzielte, die Prozessgeschwindigkeit für definierte, von der Unternehmensleitung vorab erarbeitete Prozesse, zu beschleunigen.«

» *Welche Themenfelder wurden noch erfasst?* «

» Neben der Effizienz am Arbeitsplatz wurden zum Beispiel auch die Erreichbarkeit aller Mitarbeiter, die Aktualisierung bestehender Qualitätsrichtlinien und – übergeordnet – die Unternehmensstrategie einer Neuausrichtung unterzogen. «

» *Was waren für Sie die wichtigsten Ergebnisse, und wie wurden sie erzielt?* «

» Aus einer Mischung von internen Arbeitsgruppen sowie extern zugekauftem Coaching gelang es in einem Zeitraum von circa vier Monaten, die Kundenprozesse deutlich zu beschleunigen und gleichzeitig die Kultur des Unternehmens (das Verhalten der Mitarbeiter) einer positiven Wandlung zu unterziehen. «

» *Was heißt das für die Ergebnisse im Detail?* «

» Unsere Kunden werden nun am selben Tag zurückgerufen, Geschäftsfälle am gleichen Tag eingeplant oder abgearbeitet, der E-Mail-Posteingang ist am Abend leer und es gibt klare Richtlinien für die Erreichbarkeit via Handy. Mailboxen sind mit einheitlichem, kundenorientiertem Text besprochen, es existiert auch eine transparente Vertretungsregelung für Abwesenheiten. «

» *Können Sie die Fortschritte auch messen?* «

» Ja, wir haben einen eigenen » Speed-Index « entwickelt, der im Sinne eines Benchmarks monatlich spezifische Daten wie die Anzahl der offenen Geschäftsfälle, nicht gelesene E-Mails oder ungeprüfte Rechnungen pro Mitarbeiter erfasst und in weiterer Folge auf Abteilungsebene verglichen wird. Der Begriff » Speed « hat dadurch im Unternehmen an Bedeutung gewonnen und wird von den Mitarbeitern als klarer Wettbewerbsvorteil gegenüber den Mitbewerbern verstanden und daher auch gelebt. Das durchgeführte Audit drei Monate nach Abschluss der Maßnahme ergab, dass über 90 Prozent der eingeführten Maßnahmen von den Mitarbeitern laufend umgesetzt werden! «

» Welche positiven Aspekte sehen Sie im Bereich der Unternehmenskultur?«

»Der Begriff ›Speed‹ ist zu einem Wert für die Mitarbeiter geworden und hat die Einstellung und somit das Verhalten positiv beeinflusst. Bei der Aufnahme zukünftiger Mitarbeiter werden wir verstärkt darauf achten, ob sich diese mit dem Begriff ›Speed‹ identifizieren können, um damit die Selektion kritischer und zugleich erfolgversprechender durchzuführen.«

» Gibt es bereits positives Feedback von Ihren Kunden?«

»Ja, natürlich! Viele assoziieren beim Kontakt mit ›Hausverwaltungen‹ Begriffe wie konservativ, behäbig, bisweilen auch verstaubt. Umso erfreulicher und für uns erfolgssichernd, wenn unsere Kunden in der Bearbeitung ihrer Anfragen kontinuierlich positiv überrascht werden, dies auch aktiv rückmelden und gleichzeitig Beschwerden messbar rückläufig sind.«

» Noch eine letzte Erkenntnis aus dem Projekt?«

»Ja, gerne: Gerade in Veränderungssituationen tendieren wir dazu, Neues nicht vorbehaltlos und mit offenen Armen aufzunehmen, sondern nehmen instinktiv und oft unbewusst eine zurückhaltende Haltung ein, die uns daran hindert, offen für Veränderungen zu sein. Die aktive Einbindung aller Mitarbeiter war eine wichtige Maßnahme, um dem vorzubeugen.«

Fazit

1. Die Kultur der Effektivität und Effizienz in einem Team oder einem gesamten Unternehmen bedeutet, dass beide Elemente ineinandergreifen. Effektivität heißt, die richtigen Dinge zu tun (also das »Was«), Effizienz die Dinge richtig zu tun (also das »Wie«).

2. Erfolg ist stark abhängig von der subjektiven Sichtweise. Definieren Sie mit Ihrem Team eine gemeinsame Definition über Werte, Zielvorstellun-

gen und Ergebnisse. Erfolgreich ist Ihr Team, wenn es nach dieser Definition agiert. Das kann für den Arbeitsalltag heißen, genau das zu erledigen, was der Einzelne sich für den Tag vorgenommen hat.

3. Die Frage jeder Führungskraft muss lauten: Wie erziele ich mit meinem Team Qualitätsarbeit bei den internen Prozessen und Abläufen oder bei neuen Produkten und Dienstleistungen? Erfolgreiche Teams zeichnen sich dadurch aus, dass sie »Freude an der Qualität« entwickeln – diese wiederum ist Motiv für die kontinuierliche Weiterentwicklung ihres gesamten Handelns.

4. Unterstützen Sie diesen Prozess immer wieder durch die Frage: »Wie schaffen wir es gemeinsam und motiviert, Standards aufzustellen und ständig zu verbessern?« Ziel ist es, dass Sie in Ihrem Team grundsätzlich Akzeptanz, eine verstärkte Einhaltung und im besten Fall eine nachhaltige und unbewusste Anwendung der Teamstandards erreichen. Das beste Ergebnis eines zielgerichteten Veränderungsprozesses ist, wenn es Spaß macht, nach Standards zu arbeiten, weil das Team dadurch viel mehr Spielraum für neue Aufgaben hat.

5. »Mehr Qualität im Team« ist ein klassischer Veränderungsprozess. Das erklärte Ziel der Führungskraft ist es, Dinge ab einem bestimmten Zeitpunkt definitiv (sichtbar und messbar) anders zu machen als heute. Dabei erfolgt die Einbindung der Mitarbeiter im ersten Schritt durch aktive Information zur beabsichtigten Veränderung. Die eigentliche Akzeptanz erreichen Sie durch das Angebot zur Mitarbeit und Mitgestaltung.

6. Nehmen Sie als Führungskraft Ihre aktive Vorbildrolle an, und leben Sie diese mit Authentizität. Qualität vorleben heißt beispielsweise, die definierten Standards selbst genau zu befolgen und umzusetzen.

7. Fehler passieren immer. Auf Mitarbeiterebene muss klar sein, was im Falle von Fehlern geschieht, also wie Sie sich als Führungskraft bei Fehlern verhalten und wie der Fehler behoben wird. Sorgen Sie für eine positive Fehlerkultur.

8. Wie erfolgreich Sie und Ihr Team sind, hängt stark von den einzelnen Teammitgliedern und deren Einstellung zu den Erfolgsfaktoren ab. Diese Faktoren können Sie bestimmen und so den Reifegrad Ihres Teams weit-

gehend objektiv messbar machen. Wenn Sie dann den Soll-Zustand bestimmen, können Sie aus der Differenz ein Maßnahmenbündel zur Optimierung des Teamerfolgs und Verbesserung des Reifegrades schnüren.

9. Finden Sie mit dem Teamreife-Modell heraus, wo Ihr Team steht und wie Sie zum Soll der optimierten Arbeitsprozesse kommen. Die Methodik umfasst quantitative und qualitative Elemente und arbeitet mit einer Selbstbeurteilung des Teams anhand von sieben Erfolgsfaktoren.

10. Erstellen Sie für jedes Teammitglied eine erweiterte Stellenbeschreibung, sodass jedes Mitglied seinen »spezifischen Beitrag« zum Erfolg kennt. Die vorhandenen Stellen- und Funktionsbeschreibungen sind meist nicht detailliert genug, um das Arbeitsfeld eines Teammitgliedes genau zu beschreiben. Außerdem beschreiben sie oft nur die Aktivität und nicht den Output.

11. Ein kleiner Mehraufwand für jedes einzelne Teammitglied führt oft zu einem großen, messbaren Vorteil für das Team – richten Sie Ihren Fokus verstärkt auf die Teameffizienz. Unsere tägliche Arbeit mit Kunden zeigt, dass die Teams exzellent arbeiten, die sich die Zeit nehmen, auch die Details genau unter die Lupe zu nehmen.

12. Nicht mangelnde gute Absichten hindern die Mitarbeiter an der Einhaltung neuer Regeln, sondern das Ungewohnte. Zeigen Sie Verständnis für die schleppende Umsetzung, aber auch die Beharrlichkeit, ständig aktiv an die neuen Abläufe zu erinnern.

Teil 2

Checklisten für mehr PEP
im Team

1. Effektive Führung

In den folgenden Checklisten finden Sie zunächst Ihren persönlichen Selbsttest, der Ihnen hilft zu erkennen, in welchen Bereichen Sie noch Veränderungs- und Optimierungspotenziale haben. Im nächsten Schritt sollten Sie dann parallel zu Ihrem Rollenmodell (Checkliste 2) beginnen, die Profile Ihrer Mitarbeiter mit Checkliste 3 zu erheben. In den weiteren Kapiteln können Sie dann Ihr eigenes Rollenmodell und die Mitarbeiter-Profile stetig ergänzen. Checkliste 4 befasst sich mit Ihren persönlichen Zielen, Checkliste 5 erfasst die Transparenz Ihrer Ziele für die Organisation. In den Checklisten 6, 7 und 8 geht es um Ihre Delegationsfähigkeit. Sie werden feststellen, welche Aufgaben Sie unnötigerweise selbst machen, ob Ihr Selbstbild und Fremdbild in Sachen Delegation stimmt, und Sie erhalten einige Tipps, wie Sie idealtypisch delegieren.

Checkliste 1: Manager-Selbsttest

Arbeitsorganisation

		0 fast nie	1 manch- mal	2 häu- fig	3 sehr oft
1.	Stapeln sich Ihre Unterlagen auf dem Schreibtisch, in Schubladen oder Schränken?				
2.	Neigen Sie dazu, Unterlagen aus Interesse oder Sicherheit lange aufzubewahren?				

3.	Sortieren Sie Ihre Unterlagen bis zur Erledigung mehrfach nach neuen Prioritäten?	(0) fast nie	(1) manch-mal	(2) häu-fig	(3) sehr oft
4.	Sind Unterlagen zu einem Sachverhalt während der Bearbeitung an unterschiedlichen Orten verteilt (Aktenkoffer, Sekretariat, Schreibtisch, zu Hause)?	(0) fast nie	(1) manch-mal	(2) häu-fig	(3) sehr oft
5.	Finden Mitarbeiter bei Bedarf Unterlagen in Ihrem Büro mit einem Griff?	(3) fast nie	(2) manch-mal	(1) häu-fig	(0) sehr oft
6.	Legen Sie in der EDV-Ablage Dokumente nach einem anderen Ordnungssystem ab als in der Papierablage?	(0) fast nie	(1) manch-mal	(2) häu-fig	(3) sehr oft
7.	Führen Sie und Ihre Mitarbeiter (eigenes/unternehmensbezogenes) Wissen verbindlich einer gemeinsamen Ablage zu?	(3) fast nie	(2) manch-mal	(1) häu-fig	(0) sehr oft

Informationsmanagement

1.	Lassen Sie Ihre »klassische« Post vom Sekretariat filtern und sortieren?	(3) fast nie	(2) manch-mal	(1) häu-fig	(0) sehr oft
2.	Lassen Sie Ihre E-Mails vom Sekretariat filtern?	(3) fast nie	(2) manch-mal	(1) häu-fig	(0) sehr oft
3.	Reservieren Sie sich im Tagesablauf Zeiten für die Bearbeitung der Post?	(3) fast nie	(2) manch-mal	(1) häu-fig	(0) sehr oft

4.	Reagieren Sie sofort auf eingehende Mails?	③ fast nie	② manch-mal	① häu-fig	⓪ sehr oft

5.	Informieren Sie Ihr Sekretariat/Ihre Mitarbeiter regelmäßig über den Inhalt der Post?	③ fast nie	② manch-mal	① häu-fig	⓪ sehr oft

6.	Haben Sie mehr als 10 geöffnete und gelesene E-Mails in Ihrer Mailbox stehen?	⓪ fast nie	① manch-mal	② häu-fig	③ sehr oft

7.	Haben Sie Probleme beim Ablegen und Wiederfinden elektronischer Post (Mails, Attachements)?	⓪ fast nie	① manch-mal	② häu-fig	③ sehr oft

Delegation

1.	Erledigen Sie Aufgaben selbst, weil das einfacher und schneller geht, als sie jemand anderem zu erklären?	⓪ fast nie	① manch-mal	② häu-fig	③ sehr oft

2.	Delegieren Mitarbeiter Aufgaben an Sie zurück mit Kommentaren wie z. B. »Da komme ich nicht weiter« oder »Das können Sie besser«?	⓪ fast nie	① manch-mal	② häu-fig	③ sehr oft

3.	Übergeben Sie Aufgaben mit einem ausführlichen Gespräch?	③ fast nie	② manch-mal	① häu-fig	⓪ sehr oft

4.	Halten Sie die Einzelheiten delegierter Aufgaben schriftlich fest?	③ fast nie	② manch-mal	① häu-fig	⓪ sehr oft

5.	Haben Sie den Eindruck, dass Ihre Mitarbeiter Kapazitäten frei haben?	③ fast nie	② manch-mal	① häu-fig	⓪ sehr oft
6.	Halten Ihre Mitarbeiter gesetzte Termine ein?	③ fast nie	② manch-mal	① häu-fig	⓪ sehr oft
7.	Kontrollieren Sie Abgabetermine einen Tag nach dem Ablauf?	③ fast nie	② manch-mal	① häu-fig	⓪ sehr oft

Planung

1.	Machen Sie eine detaillierte schriftliche Jahresplanung?	③ fast nie	② manch-mal	① häu-fig	⓪ sehr oft
2.	Brechen Sie Ihre Jahresziele auf monatliche Projektschritte herunter?	③ fast nie	② manch-mal	① häu-fig	⓪ sehr oft
3.	Planen Sie Ihre Woche schriftlich?	③ fast nie	② manch-mal	① häu-fig	⓪ sehr oft
4.	Haben Sie Überblick über Stand und Anzahl der laufenden Projekte?	③ fast nie	② manch-mal	① häu-fig	⓪ sehr oft
5.	Fixieren Sie Ablaufpläne für die Projekte schriftlich?	③ fast nie	② manch-mal	① häu-fig	⓪ sehr oft

6. Müssen Sie Abgabetermine innerhalb einer Projektplanung nach hinten verschieben?

⓪ fast nie	① manch-mal	② häu-fig	③ sehr oft

7. Haben Ihre Teammitglieder fixierte, schriftliche Jahresziele?

③ fast nie	② manch-mal	① häu-fig	⓪ sehr oft

Störquellen

1. Arbeiten Sie bei geöffneter Tür?

⓪ fast nie	① manch-mal	② häu-fig	③ sehr oft

2. Stellen Sie in Gesprächen und bei konzentrierter Arbeit konsequent Ihr Telefon um?

③ fast nie	② manch-mal	① häu-fig	⓪ sehr oft

3. Werden Termine mit Ihnen über das Sekretariat vereinbart?

③ fast nie	② manch-mal	① häu-fig	⓪ sehr oft

4. Bleiben begonnene Arbeiten wegen aktueller Tagesprioritäten unerledigt?

⓪ fast nie	① manch-mal	② häu-fig	③ sehr oft

5. Sagen Sie während der Arbeit an einem Projekt konsequent NEIN zu ungeplanten Gesprächen?

③ fast nie	② manch-mal	① häu-fig	⓪ sehr oft

6. Können Sie länger als 30 Minuten ruhig an Ihrem Schreibtisch arbeiten?

③ fast nie	② manch-mal	① häu-fig	⓪ sehr oft

7. Fangen Sie mehrere Arbeiten gleichzeitig an?

| (0) | (1) | (2) | (3) |
| fast nie | manch-mal | häu-fig | sehr oft |

Besprechungen

1. Beginnen Ihre Besprechungen pünktlich?

| (3) | (2) | (1) | (0) |
| fast nie | manch-mal | häu-fig | sehr oft |

2. Verschicken Sie einige Tage vorab eine Agenda?

| (3) | (2) | (1) | (0) |
| fast nie | manch-mal | häu-fig | sehr oft |

3. Nehmen Sie sich ausreichend Zeit zur Vor- und Nachbereitung von Besprechungen?

| (3) | (2) | (1) | (0) |
| fast nie | manch-mal | häu-fig | sehr oft |

4. Haben Sie den Eindruck, dass Sie Besprechungen zu häufig spontan einberufen?

| (0) | (1) | (2) | (3) |
| fast nie | manch-mal | häu-fig | sehr oft |

5. Müssen Sie bereits besprochene Themen immer wieder neu diskutieren?

| (0) | (1) | (2) | (3) |
| fast nie | manch-mal | häu-fig | sehr oft |

6. Führen Monologe oder zu detaillierte Dialoge zu zeitlichen Überschreitungen?

| (0) | (1) | (2) | (3) |
| fast nie | manch-mal | häu-fig | sehr oft |

7. Haben Sie das Gefühl, an zu vielen Besprechungen teilzunehmen?

| (0) | (1) | (2) | (3) |
| fast nie | manch-mal | häu-fig | sehr oft |

Mehrarbeit

1.	Schaffen Sie, was Sie sich vorgenommen haben, während Ihrer Arbeitszeit (auf der Basis von 8 Stunden)?	③ fast nie	② manch-mal	① häu-fig	⓪ sehr oft
2.	Nehmen Sie Arbeit mit nach Hause?	⓪ fast nie	① manch-mal	② häu-fig	③ sehr oft
3.	Arbeiten Sie am Wochenende?	⓪ fast nie	① manch-mal	② häu-fig	③ sehr oft
4.	Erledigen Sie und Ihr Team Aufgaben im vorgegebenen Zeitrahmen?	③ fast nie	② manch-mal	① häu-fig	⓪ sehr oft
5.	Kann Ihnen die Arbeit den Schlaf rauben?	⓪ fast nie	① manch-mal	② häu-fig	③ sehr oft
6.	Verbringen Sie genug Zeit mit Ihrer Familie?	③ fast nie	② manch-mal	① häu-fig	⓪ sehr oft
7.	Verzichten Sie wegen Ihrer Arbeitszeit auf Ihre Hobbys?	⓪ fast nie	① manch-mal	② häu-fig	③ sehr oft

Auswertung Selbsttest

Zählen Sie nun die angekreuzten Punktzahlen zusammen (für jeden Fragenkomplex einzeln). Im Folgenden erhalten Sie Ihre Auswertungen mit unseren Empfehlungen.

Ihr Ergebnis zur Arbeitsorganisation

15 Punkte und mehr: stark optimierbar   Sie können sich organisatorisch stark verbessern. Sie neigen dazu, Unterlagen zu sammeln und stehen schlanken, straffen Strukturen eher skeptisch gegenüber oder wissen einfach nicht, wie man sich organisiert. Vielleicht arbeiten Sie manchmal sogar nach der Kompostmethode: Sie stapeln Unterlagen so lange, bis der untere Teil des Stapels tatsächlich keine Relevanz mehr hat – dann wird er entsorgt. Doch es gibt Hoffnung: durch das Kennenlernen einer wirklich einfachen praxisbezogenen Selbstorganisation können Sie besser organisiert und stressfreier arbeiten. Wir raten Ihnen, dass Sie ausreichend Zeit und Geduld mitbringen sollten. Nutzen Sie den ersten Begeisterungsschwung, aber passen Sie auf, dass dies nicht ein Strohfeuer wird. Den Traum »Heute stelle ich mein System um, morgen ist alles besser« gibt es leider in der Realität nicht. Greifen Sie nicht nur auf theoretischen Input durch Literatur zurück, sondern planen Sie regelmäßige konkrete Umsetzungsphasen im Arbeitsalltag ein. Dann gelingt der Umstellungsprozess schneller, und Sie etablieren das neue System. Behalten Sie sich selbst im Auge: Manchmal ist der Geist willig, aber Sie haben trotzdem nicht genügend Energie, die geplanten Veränderungen umzusetzen.

8 – 14 Punkte: optimierbar   Ansätze, sich gut zu organisieren, sind bei Ihnen durchaus vorhanden. Es mangelt jedoch an der notwendigen Konsequenz in der Umsetzung. Vielleicht sind Sie ein »Vor-Weihnachten- oder Vor-dem-Urlaub-Aufräumer«. Es wäre ein echter Fortschritt, diesen Weihnachts- oder Urlaubsstatus auch im Arbeitsalltag aufrechtzuerhalten. Dazu benötigen Sie: eine klar strukturierte Ablage, sodass Sie sofort und automatisch Unterlagen immer nach dem gleichen System zuordnen können. Aufgrund unserer Erfahrung aus Unternehmen mit hohem Veränderungsgrad sind wir sicher, dass Ihnen eine gute Struktur besonders in Stresssituationen nutzen wird, wenn unnötiges Suchen Sie bisher vielleicht Zeit und Nerven gekostet hat. Bezogen auf Ihr Arbeitsverhalten sollten Sie noch konsequenter Dinge sofort erledigen. Sie werden selbst die Unzufriedenheit kennen, wenn Sie Unterlagen mehrfach zur Hand nehmen und unerledigt wieder weglegen.

0 – 7 Punkte: Feintuning gefällig? Sie arbeiten nahezu perfekt und könnten PEP-Berater werden. Ihre Struktur ist klar, und Sie setzen Dinge unverzüglich um. Jetzt könnten Sie die nächste Stufe angehen: Ihr Team zu schulen, sich genauso effektiv zu organisieren. Besonders vor dem Hintergrund der Informationsüberflutung würden wir Ihnen empfehlen, Ihre Mitarbeiter über eine gute Selbstorganisation hin zu einer transparenten Teamablage in EDV und Papier zu führen. Wahrscheinlich sollten Sie als ersten Schritt eine Informationsdiät einführen:

Das bedeutet, Ablagen abspecken, standardisieren und bei Bedarf für Ihr Team oder wichtige Schnittstellen auf einem gemeinsamen Laufwerk abzulegen. Denn das größte Potenzial in Ihrem Team und Unternehmen wird in Zukunft sein, durch eine schlanke straffe Informationsverwaltung Zeit zu gewinnen und Wissen zu dokumentieren.

Ihr Ergebnis zum Informationsmanagement

15 Punkte und mehr: stark optimierbar Es sieht so aus, als wenn die Postbearbeitung für Sie eine echte Belastung darstellt. In Anbetracht der Informationsüberflutung ist es eine große Herausforderung, die Post stringent, zeitnah und effektiv zu bearbeiten. Auch ist es unerlässlich, Sekretariat und Mitarbeiter über die wichtigsten Zusammenhänge zu informieren. Dennoch ist das kein Grund zur Verzweiflung: Sie können in Zukunft wesentlich ruhiger und effektiver Ihre Post bearbeiten, wenn Sie sich an die in Kapitel 3 aufgeführten Regeln halten. Es ist Vorsicht geboten, wenn Sie beginnen, das neue Arbeitsverhalten wieder zu verwässern. Denn unsere Beratungspraxis hat uns gelehrt, dass Menschen, die lange ein bestimmtes Arbeitsverhalten an den Tag gelegt haben, einen gewissen »Leidensdruck« brauchen, um sich umzustellen. Holen Sie Ihre Sekretärin mit ins Boot – was nicht heißen soll, alles auf sie abzuwälzen. Aber viele Sekretärinnen haben ein hervorragendes Organisationstalent und können Sie, bezogen auf den Wunsch, die Post konsequent und stringent abzuarbeiten, unterstützen.

8 – 14 Punkte: optimierbar Sie sind auf dem richtigen Weg. Sie haben erkannt, dass es ohne Struktur im Arbeitsalltag in der heutigen Informationsgesellschaft nicht geht. Dennoch passiert es Ihnen immer mal wieder, dass Sie aus dem Tritt kommen. Das kann dann möglicherweise zu einem Stau im Posteingang führen. Binden Sie noch konsequenter Mitarbeiter und Sekretariat in den Informationsfluss ein. Sie haben hier Vorbildfunktion. Ihre Mitarbeiter erwarten zu Recht von Ihnen, dass sie gut informiert sind. Wir empfehlen Vorgesetzten aber auch darauf zu achten, nicht alles in Kopie weiterzuleiten. Dieses oft gutgemeinte Verhalten überfordert Mitarbeiter manchmal, da sie Informationen, die vom Tagesgeschäft abweichen, häufig nicht richtig einschätzen können und teilweise überbewerten. Sie als Führungskraft sind aufgefordert, Informationen zu selektieren und gezielt mit Arbeitsauftrag weiterzuleiten.

0 – 7 Punkte: Feintuning gefällig? Sie gehören zu den wenigen Führungskräften, die Informationen gut verarbeiten. Sie haben Ihren Tag offensichtlich in den Bereichen, die Sie selbst steuern können, gut im Griff. Bei der Postbearbeitung sind Sie weitestgehend konzentriert und können Wichtiges vom Unwichtigen unterscheiden. Auch bemühen Sie sich, Ihre Mitarbeiter einzubinden, was Sie mit einer guten Teamleistung belohnen wird. Aus unserer Zusammenarbeit mit Führungskräften empfehlen wir Ihnen, von Zeit zu Zeit zu überprüfen, ob Sie an die Mitarbeiter nicht zu viele Informationen weiterleiten. Das könnte dort zu einer gewissen Orientierungslosigkeit darüber führen, was wirklich wichtig ist.

Ihr Ergebnis zur Delegation

15 Punkte und mehr: stark optimierbar Gute Delegation ist die richtige Mischung aus Freiheit und Kontrolle. Sie beherrschen den richtigen Methodenmix noch nicht ausreichend. Allzu häufig übernehmen Sie Aufgaben, für die Sie eigentlich überbezahlt sind, freiwillig selbst. Wenn Sie sich entscheiden zu delegieren, passiert es Ihnen, dass Sie nicht immer konsequent im Nachhaken sind. Während unserer Coachings am Arbeitsplatz stellen wir bei vielen Führungskräften fest, dass sie ihre Delegationsmöglichkeiten viel zu wenig nutzen. Oft werden sie allerdings auch auf diese schwierige Aufgabe nicht gut genug vorbereitet. Wahrscheinlich fällt es auch Ihnen schwer, gewisse Aufgaben nicht selbst zu erledigen. Denn Sie selbst sind meist am besten und schnellstens in der Erledigung. Aber für Ihre Teammitglieder ist es viel motivierender, mit neuen interessanten Aufgaben herausgefordert zu werden. Wenn zu lange zu wenig delegiert wird, ist dies fast eine Form der Mitarbeitervernachlässigung.

8 – 14 Punkte: optimierbar Würden Ihre Mitarbeiter zum Punkt Delegation eine Vorgesetztenbewertung vornehmen, bekämen Sie wahrscheinlich keine klaren Aussagen. Mal delegieren Sie gut, mal lassen Sie die Dinge schleifen. Da Delegation auch ein Werkzeug ist, um Mitarbeiter zu führen, sollten Sie konsequent sein. Ihnen fehlt es nicht an Wissen zum Thema Delegation. Manchmal könnten Sie noch bessere Routinen und verlässliche Standards einführen, um effektiver und schneller zu delegieren. Bei der Delegation ist das Lustprinzip kontraproduktiv. Außerdem ist es einfacher für Mitarbeiter und Vorgesetzte, wenn klar und deutlich Inhalte, Ziele und Termine, bezogen auf delegierte Aufgaben, formuliert sind. Delegieren Sie also künftig konsequenter!

0 – 7 Punkte: Feintuning gefällig? Sie haben Ihre Delegation gut im Griff. Vor allem haben Sie gelernt, dass Sie im Zeitalter der Arbeitsteilung nicht mehr Ihr bester Sachbearbeiter sein sollten und können. Wenn Sie jetzt noch ausreichend Lob für gut erledigte Aufgaben aussprechen bzw. kritische Gespräche bei fehlerhafter Ausführung nicht scheuen (allerdings nur unter vier Augen), dann sind Sie ein guter Chef.

Generell ist es hilfreich, die Kapazitätsplanung Ihrer Mitarbeiter noch einmal zu überprüfen. Das heißt, die Projektplanung detaillierter abzufragen, um so Ihre Mitarbeiter noch besser auf Projekte vorzubereiten.

Ihr Ergebnis zur Planung

15 Punkte und mehr: stark optimierbar Sie haben in der Planung erhebliches Verbesserungspotenzial. Vielleicht fragen Sie sich selbst manchmal, ob Ihr hoher Arbeitseinsatz sich lohnt. In solchen Situationen können Stress und Unzufriedenheit aufkommen. Viele Manager versuchen gegen den Stress anzukämpfen, indem sie noch mehr arbeiten. Das ist aber kein probates Mittel. Es wäre wichtig, einen Paradigmenwechsel einzuleiten: Weniger ist mehr! Das heißt konkret: weniger Zeit ins Tagesgeschäft und mehr Zeit in Strategie, Planung und die Umsetzung Ihrer Ziele zu investieren. In unserer Beratungspraxis wird uns häufig das Problem genannt, dass die Unternehmensleitung keine klaren Ziele vorgibt. Wir empfehlen Ihnen dennoch, eine Planung für den eigenen Bereich aufzustellen. Eine schriftlich fixierte Planung ist ein ideales Instrument, sich selbst und andere zu führen. Es erleichtert die Delegation und vergrößert die Transparenz über die Leistung im Team.

8 – 14 Punkte: optimierbar Sie planen nicht schlecht, erscheinen jedoch in Ihrem Planungsverhalten ein wenig ambivalent. Wahrscheinlich haben auch Sie – wie viele Manager in unseren Trainings – den Wunsch, noch mehr Kontrolle und Steuerung bezogen auf Ihre Ziele zu bekommen. Hierzu ist es unabdingbar, an der eigenen Planung »dranzubleiben«. Fehlt Ihnen dazu manchmal die Ausdauer? Das passiert häufig, wenn Führungskräfte sich zu stark im Tagesgeschäft verstricken oder die missliche Situation erleben, dass ihr Unternehmen ihre Planung immer wieder durchkreuzt. Die erste Situation können Sie selbst verändern, die zweite sollte aber auch kein Grund sein, nicht zu planen. Denn eine Fixierung Ihrer Planung dient zum einen Ihrer persönlichen Selbststeuerung, zum anderen können Sie der Geschäftsleitung gegenüber belegen, wie Sie mit welchen Kapazitäten ausgelastet sind. Das ist für Sie und Ihre Karriereplanung wichtig.

0 – 7 Punkte: Feintuning gefällig? Für Sie heißt Planung, mit Leidenschaft arbeiten. Sie haben realisiert, dass hohe Arbeitszufriedenheit nur dann entsteht, wenn Sie mit klar definierten Zielen und Prioritäten Ergebnisse erzielen. Auch für Ihre Mitarbeiter ist eine detaillierte Planung die beste Orientierung. Gute geplante Projekte geben Ihnen eine Übersicht über die Kapazitätsauslastung Ihrer Mitarbeiter und damit am ehesten den Spielraum, das ein oder andere neue Projekt ohne viel Stress in Ihre geplanten Aktivitäten einzubinden. Selbstverständlich sollte Ihre Planung nicht statisch sein. Das Postulat an gute Planung muss sein, dass Sie Ihre Flexibilität nicht behindert und rasche Reaktionen auf »Erfolgschancen« unterstützt. Daher sollten Sie Ihre Planung mehrfach überprüfen und bei Bedarf schriftlich anpassen.

Ihr Ergebnis zu Störquellen

15 Punkte und mehr: stark optimierbar Könnte es sein, dass Sie sich manchmal selbst durcheinanderbringen? So viel im Kopf, so viel zu tun?

Menschen mit vielen unerledigten Aufgaben im Kopf, sind in Gefahr, ständig zum falschen Zeitpunkt an diese unerledigten Dinge erinnert zu werden. Das führt dazu, dass Sie häufig Arbeiten ungeplant anfangen, diese aber nicht zu Ende führen. Falls Sie dazu tendieren, wird der erste große Erfolg sein, wenn Sie eine Aufgabe von A bis Z zu Ende bearbeiten. Schotten Sie sich gedanklich ab, wenn Sie konzentriert arbeiten wollen. Schreiben Sie lieber alles, was Ihnen zwischendurch in den Kopf kommt, separat auf. Bearbeiten Sie diese Vorgänge dann später. Außerdem empfehlen wir Ihnen, sich auch räumlich stärker abzuschotten. Termine und Telefonate sollten Sie zumindest in Zeiten, in den Sie konzentriert arbeiten, über das Sekretariat laufen lassen. Ihre Sekretärin wird so stärker in Ihre Projekte eingebunden und kann Ihnen dann besser den Rücken freihalten. Abschotten heißt nicht, dass Sie für Mitarbeiter nicht mehr zur Verfügung stehen, sondern nur dass Sie koordiniert und konzentriert an ihren Aufgaben arbeiten können.

8 – 14 Punkte: optimierbar Sie sind schon ziemlich konsequent, könnten aber noch entspannter und erfolgreicher arbeiten, wenn Sie

Ihre zeitweise Konsequenz noch häufiger anwenden würden. Dadurch verkürzt sich die Bearbeitungszeit, da Sie Aufgaben direkt beim ersten Mal erledigen bzw. einplanen, und Sie gewinnen noch Zeit für Projekte, die Sie immer schon mal angehen wollten. Dazu kann übrigens auch gehören, weniger Überstunden zu machen und mehr Zeit für Hobby und Familie zu haben. Außerdem fördern Sie die Eigenverantwortlichkeit Ihrer Sekretärin, wenn Sie konsequent alle Termine und Telefonate über das Sekretariat laufen lassen. Allerdings sollten Sie sich auf Flurgesprächen nicht dazu hinreißen lassen, zeitliche Verabredungen zu treffen. Das kann alles Ihre Sekretärin machen. Dadurch haben Sie mehr Zeit, konzentriert am Wesentlichen zu arbeiten.

0 – 7 Punkte: Feintuning gefällig? Sie arbeiten konsequent und ergebnisorientiert. Das wird bei Ihnen unserer Erfahrung nach zu einer hohen Arbeitszufriedenheit führen. Wir empfehlen Ihnen, sich in Ihrem direkten Arbeitsumfeld umzuhören, ob sie nicht manchmal zu stringent und vielleicht auch etwas abweisend wirken. Denn Menschen, die konsequent und sehr konzentriert arbeiten, verlieren oft den sozialen Kontakt zu den anderen Mitarbeitern. Das muss ja nicht sein und wäre auch leicht durch Sie abzustellen. Pflegen Sie in Zukunft Ihre Kontakte ein wenig mehr. Das macht Spaß!

Ihr Ergebnis zu Besprechungen

15 Punkte und mehr: stark optimierbar Sie sollten dringend die Effektivität Ihrer Besprechungen erhöhen. Denn als Führungskraft können Sie Besprechungen, die Sie selbst einberufen, entscheidend beeinflussen. Sie sollten sich vergegenwärtigen, dass sich die Teilnehmer, meist an dem Verhalten des Initiators der Besprechung orientieren. Es kann nicht nur sehr teuer werden, wenn Besprechungen zu spät beginnen, zu lange dauern und wenig ergebnisorientiert geführt werden. Langatmige und langweilige Besprechungen frustrieren viele Teilnehmer zudem. Überprüfen Sie, ob Sie die Anzahl der von Ihnen einberufenen Besprechungen nicht reduzieren können. Falls Sie dazu neigen, sehr viele Besprechungen zu führen, sollten Sie identifizieren, was Sie dazu veranlasst. Manchmal fühlen sich Führungskräfte schlecht informiert und wollen dies in Besprechungen nachholen. Alternativ bietet sich an, mit den direkt an Sie berichtenden Mitarbeitern lieber eine gute Regelkommunikation einzuführen. Die hier besprochenen Themen werden dann nur noch nach gegenseitiger Absprache vor einem größeren Gremium besprochen. Dadurch sparen Sie Zeit und werden dauerhaft effektiver.

8 – 14 Punkte: optimierbar Da Besprechungen die größten Zeitfresser in Unternehmen sind, können auch Sie hier noch Zeitreserven mobilisieren. Sie durchlaufen eher selten einen Besprechungsmarathon, aber Sie sollten eine noch konsequentere Planung und Durchführung Ihrer Besprechungen anstreben. Es ist machbar, Besprechungen in der Regel zeitlich bis zu 30 Prozent zu kürzen. Ein Moderationstraining hilft den meisten Führungskräften, das nötige Handwerkszeug zur professionellen Durchführung einer Besprechung zu erwerben und wirksam umzusetzen. Fordern Sie, wenn Sie zu Besprechungen eingeladen werden, die gleichen Standards, die Sie in Ihren eigenen Besprechungen praktizieren. Dies können Sie natürlich nicht unternehmensweit beeinflussen. Für Ihr eigenes Team, das sicherlich von Zeit zu Zeit eigene Projektbesprechungen einberuft, wäre er aber hilfreich, von Ihnen gecoacht zu werden.

0 – 7 Punkte: Feintuning gefällig? Ihre Besprechungen sind weitestgehend effektiv, und Sie können diese souverän leiten.

Sie könnten sie vielleicht noch effektiver gestalten, indem Sie zum Beispiel in Teambesprechungen die Moderation nicht immer selbst übernehmen, sondern alle Teammitglieder im Wechsel die Besprechung begleiten. Damit trainieren Sie zum einen die Methodenkompetenz Ihrer Mitarbeiter, zum anderen bereiten sich diese viel verbindlicher vor und bringen sich aktiv in die Besprechung ein. Einige Führungskräfte glauben, dass sie damit die Kontrolle über das Meeting verlieren. Diese Befürchtung ist erfahrungsgemäß unbegründet, da der Moderator die Tagesordnungspunkte nur moderiert, die Inhalte werden von den Teilnehmern bestimmt.

Ihr Ergebnis zur Mehrarbeit

15 Punkte und mehr: stark optimierbar Sie sollten darauf achten, sich nicht zu stark für Ihren Job aufzureiben. Sonst kann sich positiver Stress in negativen Stress umwandeln. Eine zu starke zeitliche Beanspruchung durch Ihre Arbeit kann eine gefährliche Schlagseite in Ihr Leben bringen. Sie bemerken wahrscheinlich selbst, dass Sie die ständige Beschäftigung mit Ihrer Arbeit nicht wirklich weiterbringt. Ein Paradigmenwechsel wäre jetzt notwendig. Hören Sie in den nächsten Tagen doch einmal in sich hinein, was Sie antreibt, so viel zu arbeiten. Wenn Sie Ihre Motivation (vielleicht ist es ja nur das ständige Getriebensein) analysiert haben, sind Sie reif, Veränderungen durchzuführen. Es gibt genug anerkannte Methoden und Tools, um Sie dabei zu unterstützen.

8 – 14 Punkte: optimierbar Ihre zeitliche Überbelastung ist Schwankungen ausgesetzt. Sie steuern Ihren Arbeitsfluss teilweise gut, müssen in Stoßzeiten jedoch erheblich mehr arbeiten. Das kann projekt-, saison- oder karrierebedingt sein. Passen Sie auf, dass es nicht zur Regel wird. Viele Firmen erwarten von Ihren Mitarbeitern, dass sie Mehrarbeit in hohem Maße leisten. Wenn Sie projektbezogen von Zeit zu Zeit mehr als üblich arbeiten, empfehlen wir Ihnen, dies auch so zu kommunizieren. Denn Sie tun sich keinen Gefallen damit, sich einer Unternehmenskultur anzupassen, die Sie zum Beispiel Ihr Familienleben vernachlässigen lässt. Wahren Sie Ihre Eigenständigkeit, und entscheiden Sie sich häufiger für sich selbst, was Ihrem Arbeitgeber einen ausgeglichenen leistungsstarken Mitarbeiter beschert.

0 – 7 Punkte: Feintuning gefällig? Sie haben Ihre Arbeit gut im Griff. Sie können zu Spitzenzeiten ohne Probleme auch mal mehr arbeiten, aber Sie beuten sich nicht selbst aus. Außerdem gelingt es Ihnen abzuschalten, wenn der Arbeitstag vorbei ist. Die Trennung zwischen Job, Familie und Hobbys gelingt Ihnen aus eigener Sicht auch meistens. Geben Sie diese Werte an Ihre Mitarbeiten weiter. Sie sollten ins Team kommunizieren, dass ein ausgeglichenes Privatleben in Ihrem Unternehmen auch ein Wert ist. Das sichert Ihnen eine langfristige Mitarbeiterbindung und minimiert den eigenen Stress.

Checkliste 2: Ihr persönliches Rollenmodell

Machen Sie eine Momentaufnahme Ihrer unterschiedlichen Rollen in Ihrer Organisation (zum Beispiel Vorgesetzter, Experte und so weiter). Tragen Sie die entsprechenden Rollen in die weißen Felder (unten) ein, und fragen Sie sich:

■ Wie sieht es derzeit in meiner Organisation aus?

■ In welcher Rolle fühle ich mich sicher und erfolgreich?

■ Wo ist es eher turbulent und stressig?

■ Welche Rollen trage ich in welchen Situationen?

■ Wo gibt es eventuell Rollenkonflikte?

■ Welche Rollen möchte ich stärken und professionalisieren? Welche reduzieren?

Folgende Fragen können für Ihre Selbststeuerung hilfreich sein:

■ In welchen Rollen waren Sie in der Vergangenheit besonders erfolgreich?

■ Welchen Rollen haben Sie bisher zu wenig Beachtung geschenkt?

■ Wo erleben Sie kritische Schnittstellen dieser Rollen?

■ Wie wollen Sie künftig damit umgehen?

■ In welchen Situationen kommt es immer wieder zu Rollenkonflikten? Welche Rollen sind beteiligt?

■ Was benötigen Sie, um sich sicher in allen Rollen zu bewegen?

Sobald Sie versuchen, eine Rolle zu »spielen«, die Ihnen nicht liegt, werden Sie vermutlich durchschaut. Versuchen Sie, die Unstimmigkeiten aufzudecken, und machen Sie sich Folgendes bewusst:

■ Ich nehme vielfältige Rollen auf meiner »Unternehmensbühne« ein!

■ An meine Rollen werden unterschiedliche Erwartungen gestellt!

■ Häufig nehme ich Rollen unwillkürlich ein (zum Beispiel aus Gewohnheit), die nicht immer zur jeweiligen Situation passen!

■ Es kommt immer dann zu Konflikten, wenn mein eigenes Rollenverständnis nicht mit den Rollenerwartungen anderer übereinstimmt!

■ Wenn sich Rollen überlagern oder Rollenunklarheit herrscht, führt dies zu Konflikten mit meinen Mitarbeitern!

Checkliste 3: Mitarbeiterprofile und der jeweilige Führungsstil

1. Machen Sie für jeden Mitarbeiter eine Ist-Analyse (siehe den folgenden Entwicklungsbogen): Wo braucht der Mitarbeiter welche Unterstützung? Wie hoch ist seine Kompetenz? Wie hoch ist sein Engagement für die Arbeit?

2. Fragen Sie sich: Welches Führungsverhalten wäre dem Entwicklungsstand angemessen? Entspricht mein Führungsverhalten dem Entwicklungsstand des Mitarbeiters, oder weicht es ab?

3. Falls Sie feststellen, dass Ihr Führungsstil nicht zum Entwicklungsstand des Mitarbeiters passt, versuchen Sie, sich langfristig dem angemessenen Führungsstil anzunähern.

4. Beobachten Sie die Auswirkungen, und reflektieren Sie gemeinsam mit Ihrem Mitarbeiter die Erfahrungen.

Entwicklungsbogen für Mitarbeiter

Mitarbeiter: Mustermann

	Aufgabe	Kompetenz/ Engagement	Lernchance für Mitarbeiter	Lernchance für Führungskraft
1	Erstellung Pflichtenheft für neue Release-Einführung			
2	Struktur für Teamlaufwerk aufbauen			
3	persönlichen Arbeitsbereich aufräumen			
4				
5				
6				

7					
8					
9					
10					
11					
12					
13					

Überprüfen Sie Ihren eigenen Führungsstil

Mit dieser Übersicht erhalten Sie eine Orientierung für einen nachhaltigen Führungsstil, der sich an der Kompetenz und dem Engagement Ihrer Mitarbeiter orientiert.

Mitarbeiterfähigkeiten	hohe Kompetenz/hohes Engagement	wenig Kompetenz/hohes Engagement	hohe Kompetenz/wenig Engagement	wenig Kompetenz/wenig Engagement
Führung	Metaziele, Prioritäten setzen	fachliche Einarbeitung	Ziele konsequent kommunizieren	straffe Führung
Entscheidungen	Orientierung an mittelfristigen Zielen	Fokus ist die langfristige Entwicklung	Mitarbeiter emotional einbinden	Entscheidung trifft der Vorgesetzte

Konflikte	Konflikte werden durch Parteien selbst geklärt	Konsensorientierung steht im Vordergrund	Führungskraft als Konfliktmoderator	Führungskraft löst Konflikte durch Entscheidungen
Kontrolle durch Führungskraft	Führungskraft erwartet positive Rückmeldung	Führungskraft hat Expertenrolle, erwartet positive Rückmeldung	kooperative Zielkontrolle	Führungskraft kontrolliert stark, ergebnisorientiert
Haltung des Mitarbeiters	engagiert, loslassend	arbeitet kreativ und einfühlsam	sucht Anerkennung und Bestätigung	verschlossen, schwer zu »knacken«

Checkliste 4: Überprüfen Sie Ihre bereits gesteckten Ziele

Welches Ergebnis wollen Sie erzielen?		Zeitraum Anfang	Zeitraum Ende
Langfristige Ziele	Privat:		
	Geschäftlich:		
Kurzfristige Ziele	Privat:		
	Geschäftlich:		

Checkliste 5: Zielerreichung im Team optimieren

Die folgende Checkliste hilft Ihnen, Ihre Ziele klar zu formulieren und die Zielformulierung zu kontrollieren. Die offenen Punkte erfordern Ihre erste Aufmerksamkeit, die »Neins« gehen Sie am besten Schritt für Schritt durch.

Die Kontrollfragen	Ja	Nein	Offen
■ Sind die angestrebten Ziele eindeutig messbar?			
■ Sind Sinn und Nutzen klar und bekannt?			
■ Sind die Randbedingungen geklärt?			
■ Passen die Ziele zu den Fähigkeiten und Möglichkeiten?			
■ Ist jedes Ziel realistisch und enthält es einen gewissen »Ansporn«?			
■ Ist das erwünschte Ergebnis für alle verständlich und gut beschrieben?			
■ Sind weitere Schnittstellen/Bereiche für die Erreichung des Zieles notwendig?			
■ Sind die Teilziele nach Wichtigkeit geordnet?			
■ Sind die Teilziele schriftlich fixiert?			
■ Sind realistische Termine schriftlich fixiert?			

Checkliste 6: Wie effektiv delegieren Sie?

Schätzen Sie sich selbst ein, und lassen Sie sich einschätzen.
Kreuzen Sie bitte bei jedem Begriffspaar Ihren entsprechenden Wert an.

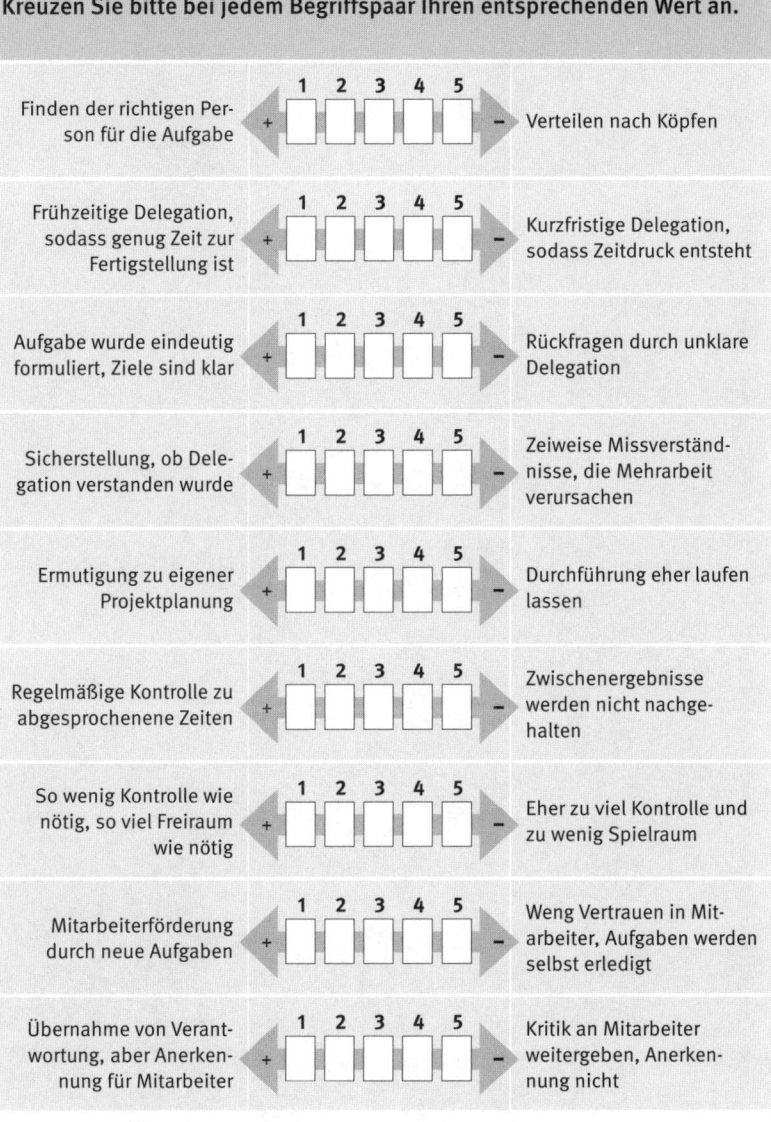

	1 2 3 4 5	
Finden der richtigen Person für die Aufgabe	+ ☐☐☐☐☐ −	Verteilen nach Köpfen
Frühzeitige Delegation, sodass genug Zeit zur Fertigstellung ist	+ ☐☐☐☐☐ −	Kurzfristige Delegation, sodass Zeitdruck entsteht
Aufgabe wurde eindeutig formuliert, Ziele sind klar	+ ☐☐☐☐☐ −	Rückfragen durch unklare Delegation
Sicherstellung, ob Delegation verstanden wurde	+ ☐☐☐☐☐ −	Zeiweise Missverständnisse, die Mehrarbeit verursachen
Ermutigung zu eigener Projektplanung	+ ☐☐☐☐☐ −	Durchführung eher laufen lassen
Regelmäßige Kontrolle zu abgesprochenene Zeiten	+ ☐☐☐☐☐ −	Zwischenergebnisse werden nicht nachgehalten
So wenig Kontrolle wie nötig, so viel Freiraum wie nötig	+ ☐☐☐☐☐ −	Eher zu viel Kontrolle und zu wenig Spielraum
Mitarbeiterförderung durch neue Aufgaben	+ ☐☐☐☐☐ −	Weng Vertrauen in Mitarbeiter, Aufgaben werden selbst erledigt
Übernahme von Verantwortung, aber Anerkennung für Mitarbeiter	+ ☐☐☐☐☐ −	Kritik an Mitarbeiter weitergeben, Anerkennung nicht

Checkliste 7: Überprüfen Sie Ihre Aktivitäten – was können Sie delegieren?

?	**Aufgabe**	**Häufigkeit**	**An wen**
Welche Routineaufgaben können Sie delegieren?			

?	**Aufgabe**	**Häufigkeit**	**An wen**
Welche zukünftigen Aufgaben können Sie delegieren?			

Checkliste 8: So delegieren Sie richtig

Wenn Sie als Führungskraft Aufgaben delegieren, sollten Sie folgende Dinge beachten:

1. Planen Sie ausreichend Zeit ein, um die Aufgabe vollständig zu übergeben.

2. Klären Sie, ob alles verstanden wurde.

3. Machen Sie deutlich, dass Sie für Rückfragen zur Verfügung stehen.

4. Setzen Sie einen Zeitrahmen, bis wann die Aufgabe fertig sein soll.

5. Notieren Sie diesen Termin (im Kalender oder in Ihrer Wiedervorlage).

6. Fassen Sie spätestens am Tag darauf nach.

7. Sie können die Kontrolle (zum Beispiel über die Aufgaben in Outlook) auch Ihrer Assistenz übertragen.

8. Geben Sie immer Rückmeldung, wie Sie das Ergebnis fanden.

9. Kritisieren Sie nur unter vier Augen, und entwickeln Sie mit dem Mitarbeiter eine Strategie, wie künftig Aufgaben besser gemacht werden können.

10. Sprechen Sie auch ausreichend Lob aus, und ermutigen Sie den Mitarbeiter mitzuteilen, welche weiteren Aufgaben für ihn eine Herausforderung wären.

2 ∎

Geordnete Datenstrukturen

In folgenden Checklisten geht es darum, die Anregungen aus dem zweiten Kapitel zum Thema Datenstrukturen in die Tat umzusetzen. Wir zeigen Ihnen, wie Sie Ihren Arbeitsplatz organisieren (Checkliste 9) und wie Sie dann eine geordnete Ablagestruktur schaffen (Checklisten 10 und 11).

Checkliste 9: Schaffen Sie Platz für einen organisierten Arbeitsplatz

Um sämtliche Schriftstücke in Ihr Ablagesystem zu integrieren, legen Sie bitte alle Dokumente aus Ihrem Büro – auch aus den Regalen, Schränken, aus Ihrem Aktekoffer, vom Fußboden und von der Fensterbank – auf Ihren Schreibtisch. Gehen Sie dann folgendermaßen weiter vor:

- Nehmen Sie das oberste Blatt des vordersten Stapels und entscheiden Sie. Sie können die Angelegenheit…

! abschließend bearbeiten.	▶ Tun Sie es sofort!
! einem laufenden Projekt zuordnen.	▶ Legen Sie ein Hängeregister an
! einplanen!	▶ In die Wiedervorlage, den Terminkalender
! delegieren!	▶ In die Rücksprachemappe, die Ablage »AUS«
! ablegen!	▶ Sofort in die Nachschlageakten, in das Archiv
! wegwerfen	▶ Tun Sie es sofort!

Werfen Sie alles weg, was unwichtig , unbrauchbar oder bereits erledigt ist. Stellen Sie sich nicht die Frage: »Ist es möglich, dass ich es noch brauchen könnte?«. Fragen Sie sich lieber:

? Wann habe ich es zum letzten Mal gebraucht?

? Hätte ich gewusst, wo es zu finden ist?

? Kann ich es wiederbeschaffen?

Checkliste 10: Ist-Analyse der Papierablage

Durch die Analyse der bestehenden Ablage entsteht ein Handlungsplan, in dem die neuen Standards bereits festgelegt werden. So werden Sie säckeweise Papier los, die Vertretungssituation wird einfacher, und Sie werden die Erkenntnis im Team erwirken: So soll es nie wieder bei uns aussehen!

1. Nach welchen Kriterien wird bisher abgelegt?
   - alphabetisch
   - numerisch
   - chronologisch
2. Welche Inhalte brauchen Sie aus gesetzlichen Gründen in Papierform?
3. Gibt es einen Aktenplan oder andere Standardisierungen in der Ablage?
4. Welche Unterlagen wollen Sie auch ohne Berücksichtigung der gesetzlichen Fristen aufbewahren?
5. Was wird persönlich, was wird zentral abgelegt?
6. Wo wird die Ablage archiviert (separater Raum, am Arbeitsplatz)?
7. Wer pflegt das Archiv?

Checkliste 11: Neusortierung der Papierablage

Wenn Sie das Papierarchiv straffen und neu sortieren möchten, beginnen Sie mit der transparenten Erfassung aller Archivunterlagen – gleich, ob sie als Papierarchiv erhalten bleiben oder eingescannt werden sollen.

1. Erfassen Sie alle wichtigen Dokumente, also alle Kerndokumente zu den Kernaufgaben.

2. Kategorisieren Sie durch ein gut durchdachtes System von Ordnern, Schlüsselwörtern und Kategorien.

3. Begrenzen und standardisieren Sie die Begriffe (Suche über wenige Begriffe).

4. Erstellen Sie einen Handlungsplan zur Umsetzung dieser straffen Ablagestruktur.

5. Binden Sie alle Mitarbeiter ein, sodass die Archivunterlagen auch arbeitstauglich sind.

6. Nach dieser Phase kann die Reduzierung und Verschlagwortung der Ablage auch an Externe übergeben werden.

3.

Effektives Informationsmanagement

Beginnen Sie mit Ihrem Vorzimmer eine neue Ära der Zusammenarbeit. Die Checklisten 12 bis 15 helfen Ihnen, die elektronische Ablage zu optimieren und das Management von elektronischem Posteingang und Kalender mit Ihrem Sekretariat abzustimmen.

Checkliste 12: Die elektronische Teamablage

Die elektronische Teamablage ist ein Projekt, das Sie als Teammaßnahme aufsetzen sollten. Die beigefügte Checkliste zeigt Ihnen das idealtypische Vorgehen.

Phase 1: Grundsätzliche Klärung durch die Leitung   erledigt ☑

- Welche Informationen sollen / dürfen in welche Ablage abgelegt werden? .... ☐
- – Managementablage (geschützt) .... ☐
- – Teamablage (für alle zumindest zum Lesen zugänglich) .... ☐
- – persönliche Ablage auf Server (geschützt) .... ☐
- – lokales Laufwerk auf PC oder Laptop (Vorsicht: keine Sicherung!) .... ☐

- Wie sollen die Zugriffsrechte geregelt werden? .... ☐

- ▪ Wer muss zustimmen? .... ☐
- ▪ Wer administriert ggf. innerhalb des Teams? .... ☐

- ▪ Welche Informationen will das Management gebündelt sehen? .... ☐

- ▪ Wird auch ein Entwurf sofort in die Teamablage abgelegt (wichtig zur Wissenssicherung, wenn Mitarbeiter kurzfristig ausfällt)? .... ☐
- ▪ Wie werden Entwürfe gekennzeichnet? (s.u.) .... ☐

- ▪ Von welchen Dokumenten sollen Versionen erhalten bleiben? .... ☐
- ▪ Wie werden Versionen im Dateinamen erkennbar? (s. u.) .... ☐

- ▪ Welche E-Mails gehören zur ganzheitlichen Ablage auf die Teamablage (Achtung: Dateinamen werden automatisch aus dem Betreff gebildet)? .... ☐

- ▪ Wie soll die Dateibenennung lauten? .... ☐
  Das Datum (wegen Sortierung als JJ-MM-TT) als erste Information dokumentiert den Prozessverlauf und kann die Versionisierung unterstützen:

  - – JJ-MM-TT_Thema_Sachverhalt_ ...
  - – Produkt_Bestellung_JJ-MM-TT

- ▪ Ggf. weitere Informationen im Dateinamen wie Bearbeiter-kürzel, Version, Dokumententyp oder Entwurf klären .... ☐

- ▪ Mit der IT bzw. Anwendungsexperten ist zu klären: Gibt es Anwendungen/Abläufe, die von der vorhandenen Struktur abhängen (feste Verknüpfungen z. B. in Excel-Sheets)? .... ☐

■ Gibt es Datenbanken oder Systemdateien in der vorhandenen Struktur? ....

■ Wie werden Zugriffsrechte administriert? ....

■ Gibt es Platzbeschränkungen? ....

| **Phase 2:** Entwicklung der Ablagestruktur auf operativer Ebene | erledigt ✓ |

■ Wie werden aktuelle von Archivunterlagen unterschieden? ....

■ Ablagestruktur spiegeln und Altunterlagen nach gleicher Systematik ablegen...

■ Es gibt nur eine Ablagestruktur – für die Trennung der Informationen innerhalb der Struktur z. B. Periodenordner anlegen (Jahre, Quartale,...)...

■ Oberbegriffe teamübergreifend festlegen ....

■ Unterstrukturen in den einzelnen Fachteams entwickeln ....

■ Wegen der Übersichtlichkeit höchstens bis zu acht Begriffe pro Ordnerebene verwenden (Ausnahme: alphabetisch geordnete Namensordner, z. B. Kunden, in beliebiger Menge) ......

■ Bei ähnlichen Inhalten ist eine Standardisierung der Unterordnerbenennung anzustreben (z. B. Standardstruktur für Projekte) ....

■ Konkretisierung der Mailablage im Team: Welche Mails werden abgelegt? ....

■ Wie ist der Dateiname? ....

■ Kriterien und Entscheidungshilfen festlegen: Welche Mails verbleiben im Mailtool? ....

■ Welche gehören auf den Server? ....

Phase 3: Umsetzung der Ablagestruktur	erledigt ✓

■ Festlegung von Verantwortungen und verbindlichen Zeitleisten ....

■ Welche Dateien müssen umbenannt werden? ....

■ Wer beobachtet zukünftig welchen Ordner bzgl. der Regeleinhaltung? ....

Checkliste 13: Bestandsaufnahme zur E-Mail-Transparenz im Team

Erstellen Sie mit Ihrem Team eine klare Vereinbarung, welche E-Mails transparent abgelegt werden, welche im Posteingang verbleiben können, und wie in der Stellvertretung ein Zugriff möglich ist.

Mithilfe der folgenden Checkliste, die Sie auch als Kopiervorlage verwenden und so für jedes Teammitgled einzeln nutzen können, gelingt es Ihnen, eine verbindliche Struktur zu erstellen: Füllen Sie die Liste aus und machen Sie eine Bestandsaufnahme: Wird alles sinnvoll abgelegt?

Danach können Sie Schritt für Schritt die Lücken schließen – die Teammitglieder nutzen die persönlichen Ordner nicht mehr für Unterlagen, die allen zugänglich sein müssen, Wissen wird teilbar und wichtiger Speicherplatz freigegeben – und ganz nebenbei wird so auch der Rechner des Einzelnen entschlackt und somit leistungsfähiger.

Aufgaben und Prozesse Name:	Verantwortlich:	Stellvertreter:	Schnittstellen: (z. B. andere Abteilungen, andere Teams, etc.)		Erfasst in:		Abgelegt in:		Wiedervorlage:	
			intern	extern	Papier	EDV	Papier	EDV	Papier	EDV
Kernaufgaben: z. B. Budgetplanung, Protokolle, Reisekosten, Strategieunterlagen										
Projekte: (z. B. Projektplanung und -verwaltung, Präsentationen, etc.)										

Checkliste 14: Elektronischer Posteingang

Vereinbaren Sie mit Ihrer Assistenz, welche technischen, organisatorischen und inhaltlichen Kriterien relevant sind, damit Ihr Vorzimmer einen Teil Ihrer elektronischen Post für Sie filtern, weiterleiten und selbst erledigen kann. Um eventuelle Missverständnisse aufzudecken, werden Führungskraft und Sekretärin teilweise die gleichen Fragen gestellt.

Fragen an das Sekretariat	Ja	Nein
■ Hat die Sekretärin Zugriff auf den elektronischen Posteingang des Chefs?	☐	☐
■ Wenn nein, setzt die Führungskraft die Sekretärin in »Cc«, wenn etwas getan werden muss?	☐	☐
■ Kann die Sekretärin E-Mails im Namen des Chefs beantworten? (mit entsprechendem Hinweis in der Mailadresse)	☐	☐
■ Besteht Unsicherheit, E-Mails »falsch« zu bearbeiten?	☐	☐
■ Ist vereinbart, wie die einzelnen Mails bearbeitet werden?	☐	☐
■ Ist vereinbart, wie weit E-Mails bearbeitet werden dürfen?	☐	☐
■ Ist definiert, welche E-Mails bzw. Themen vertraulich sind?	☐	☐
■ Kann die Sekretärin E-Mails bzw. Themen in deren Priorität unterscheiden?	☐	☐
■ Gibt es eine Regelkommunikation zwischen Führungskraft und Sekretariat über die E-Mail-Bearbeitung?	☐	☐

- Gibt es Rückmeldung zum Nutzen der E-Mail-Bearbeitung durch Sekretariat? ....

- Kann/will Sekretariat über die bestehende Aufgabenteilung hinaus die Führungskraft unterstützen, um sie zu entlasten? .....

Fragen an die Führungskraft   Ja   Nein

- Ist der elektronische Posteingang für die Sekretärin freigeschaltet? ....

- Hat die Sekretärin die Berechtigung, E-Mails im Namen des Chefs zu beantworten? ....

- Gibt es Vorbehalte, die Kontrolle über den Posteingang zu verlieren? ....

- Sind die Erwartungen an die Sekretärin zur E-Mail-Bearbeitung kommuniziert? ....

- Sind die Grenzen der E-Mail-Bearbeitung festgelegt und dem Sekretariat bekannt? ....

- Sind vertrauliche Themen/Absender identifiziert, und gibt es Vereinbarungen zur Handhabung? ....

- Sind Prioritäten bei E-Mails bzw. Themen transparent für das Sekretariat? ....

- Gibt es eine tägliche Regelkommunikation zwischen Führungs-kraft und Sekretärin über die E-Mail-Bearbeitung? ....

▪ Ist geklärt, an wen Sekretariat E-Mails im Namen der Führungskraft verschicken darf?	☐	☐
▪ Wie ist die Nutzeneinschätzung der E-Mail-Bearbeitung durch das Sekretariat?	☐	☐
▪ Gibt es dazu einen Austausch im Rahmen der Regel-kommunikation?	☐	☐

Wenn Sie diese grundlegenden Fragen geklärt haben, können Sie mit dem Veränderungsprozess beginnen. Nutzen Sie dazu die folgende Checkliste mit unseren Hinweisen zur Umsetzung

Absprachen zu folgenden Themen sind nötig

Absprache	Hinweise zur Umsetzung	✔
▪ Priorisierung der E-Mails (Absender, Thema, angegebene Priorität) bzw. Themen: hoch, mittel und niedrig	▪ Anhand des aktuellen Posteinganges erstellen	☐
▪ Liste vertraulicher E-Mails bzw. Themen (privat, Führungskreis)	▪ Anhand des aktuellen Posteinganges erstellen	☐
▪ Liste der Aufgaben Sekretariat – Was darf es erledigen? – Was soll es erledigen? – Was darf es nicht tun? – Bis zu welchem Punkt soll es Aufgaben erledigen?	▪ Anhand von Beispielen aus dem aktuellen Posteingang erstellen. Aufstellung wird ggf. laufend erweitert	☐

■ Vorgehen festlegen für E-Mails, die das Sekretariat bearbeitet hat	■ bleiben als ungelesen in der Inbox ■ werden mit Fähnchen versehen (Farbe festlegen) ■ werden in Ordner verschoben (Ordnername z. B. »erledigt von XXX«)	☐
■ Regelkommunikation festlegen (Möglichkeit zum Feedback für beide)	■ Empfehlung: täglich morgens 10 min.	☐
■ Sonstiges:	■	☐

Checkliste 15: Gemeinsames Kalendermanagement

Vereinbaren Sie mit Ihrer Assistenz, welche technischen, organisatorischen und inhaltlichen Kriterien relevant sind, damit Ihr Vorzimmer Ihren Kalender in Eigenregie führen kann. Das Sekretariat soll die Terminverwaltung selbstständig und eigenverantwortlich übernehmen und der Führungskraft so Zeit für Denkpausen und konzeptionelles Handeln verschaffen.

Fragen zur Situationsanalyse	Lösungsideen im Sinne des PEP-Konzepts
■ Existiert eine Stellenbeschreibung, und sind die Verantwortungen des Sekretariats geklärt?	■ Workshop mit Führungskraft und Assistenz anregen und ggf. unterstützen / moderieren
■ Gibt es eine tägliche Regelkommunikation zwischen Führungskraft und Assistenz?	■ Postmeeting, täglich 5 – 10 Minuten ■ Spielregeln einführen

■ Wie gut/selbstständig organisiert ist die Führungskraft? ■ Wie transparent ist die Organisation für die Assistenz?	■ Einzelgespräch mit Handlungsplan (z. B. aus mehreren Kalendern einen machen usw.); Voraussetzung: Bereitschaft der Führungskraft klären
■ Ist die Technik bei beiden funktions- und anwenderspezifisch vorhanden?	■ Möglichkeiten aufzeigen und einführen ■ Klärendes Gespräch mit IT
■ Gibt es ein Terminkonzept (als Rahmen für alle »normalen« Geschäftstermine)? ■ Symptome für fehlendes Terminkonzept: – Terminüberbuchung – Keine Zeit für Vor- und Nachbereitung – Terminvergabe durch Führungskraft und Assistenz parallel; Doppelbuchungen – Keine Weitergabe der Info zu vereinbarten Terminen (meist von Führungskraft an Sekretariat)	■ Kalenderhoheit klären zwischen Führungskraft und Assistenz ■ Klare Spielregeln ■ Schulung Zeitplanung: Zeiten blocken
■ Wie bekannt sind die technischen Möglichkeiten der Groupware? ■ Gibt es Vorbehalte zur Nutzung oder Wissensdefizite?	■ PEP-Schulung/Coaching Führungskräfte-Assistenz
■ Wie gut funktioniert die Delegation von Aufträgen aus Sicht von Führungskraft und Sekretariat (zwischen den beiden und im Team)? ■ Abhängig wovon, z. B. Aufgabe, Empfänger?	■ Einzelcoaching der Führungskraft zur Delegation und Checkliste/Fragebogen Delegation ggf. im Team durchführen (als Feedback für die Führungskraft) ■ bei Bedarf Moderation durch PEP-Trainer

4.

Tagesplanung, Routinen, Aufgabenbündelung

Mithilfe der Checkliste 16 lernen Sie Ihren eigenen Arbeitsstil und Ihre Schwachstellen kennen. So sehen Sie, wo Sie sich selbst und letztlich auch die Arbeit in Ihrem Team weiter verbessern können. Mit den Checklisten 17 und 18 können Sie selbst- und fremdverursachte Störungen ausmachen, um sie anschließend gemeinsam mit dem Team zu beseitigen.

Checkliste 16: Sind Sie ein »Macher« oder ein »Perfektionist«?

Es ist sowohl für die Führungskraft und als auch für die Teammitglieder wichtig, den eigenen Arbeitsstil und mögliche Schwachstellen zu analysieren, um sie verbessern zu können. Sie beginnen am besten bei sich selbst. Finden Sie heraus, ob Sie eher ein Macher-Typ oder ein Perfektionist sind.

1.	Brauchen Sie Ruhe bei konzeptioneller Arbeit?		
	Fast nie: *Macher*	Fast immer:	*Perfektionist*

2.	Riskieren Sie es, Aufgaben von Zeit zu Zeit mit nur 80-prozentigem Erfüllungsgrad abzugeben??		
	Fast nie: *Perfektionist*	Fast immer:	*Macher*

3. Reagieren Sie unwirsch, wenn Mitarbeiter unaufgefordert in Ihr Büro kommen?

Fast nie: **Macher**   Fast immer: **Perfektionist**

4. Bringen plötzliche Terminveränderungen Sie aus dem Konzept?

Fast nie: **Macher**   Fast immer: **Perfektionist**

5. Reagieren Sie spontan auf neue Aufgaben?

Fast nie: **Perfektionist**   Fast immer: **Macher**

6. Haben Sie zu detaillierte Projektunterlagen griffbereit in Ihrem Büro?

Fast nie: **Macher**   Fast immer: **Perfektionist**

7. Würden Sie gern länger als 30 Minuten ruhig an Ihrem Schreibtisch arbeiten?

Fast nie: **Macher**   Fast immer: **Perfektionist**

8. Arbeiten Sie an mehreren Vorgängen parallel?

Fast nie: **Perfektionist**   Fast immer: **Macher**

9. Brauchen Sie eine klare Vorstellung, wie Sie Ihren Tag verbringen?

Fast nie: **Macher**   Fast immer: **Perfektionist**

10. Stoßen Sie selbst Planungen um?

Fast nie: **Perfektionist**   Fast immer: **Macher**

11. **Lassen Sie sich detailliert Probleme schildern?**

Fast nie: *Macher*   Fast immer: *Perfektionist*

12. **Dauern fachliche Gespräche mit Mitarbeitern oft länger als gedacht?**

Fast nie: *Macher*   Fast immer: *Perfektionist*

Diese Zuordnungen beinhalten keine Wertung und benennen nur Extreme. Je nach Situation kann sowohl das Verhalten in Richtung Macher, als auch in Richtung Perfektionist zielführend sein. Definieren Sie drei Bereiche, in denen Sie sofort Veränderungen einführen wollen.

Checkliste 17: Ortung selbstverursachter und fremdverursachter Störungen

?	Welche Arbeitsunterbrechungen fallen Ihnen spontan ein?	
	Häufig	Zeitintensiv

! **Führen Sie in den nächsten zehn Arbeitstagen diese Liste, in der Sie alle Arbeitunterbrechungen notieren:**

Datum	Arbeitsunterbrechung	Dauer

Analysieren Sie die Störungen:

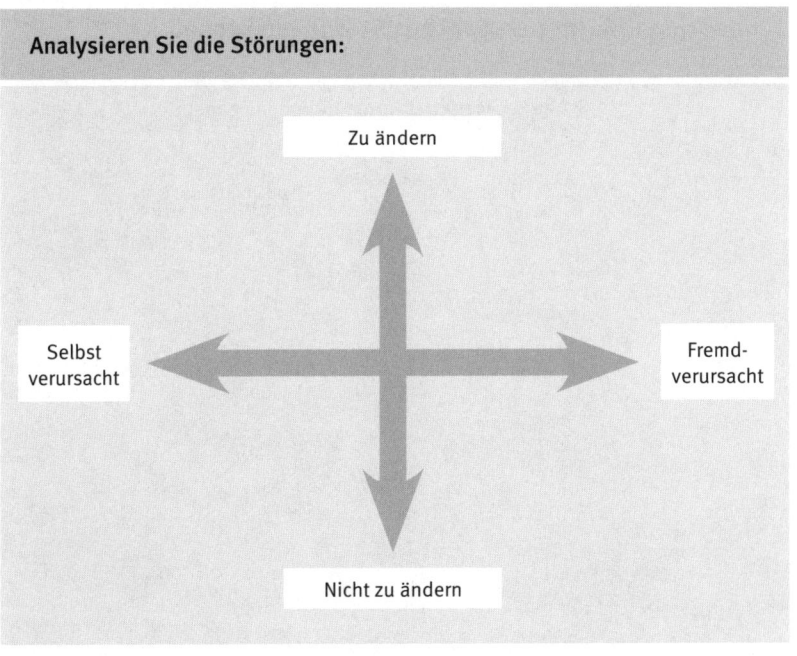

✓ Notieren Sie, was Sie verändern möchten:

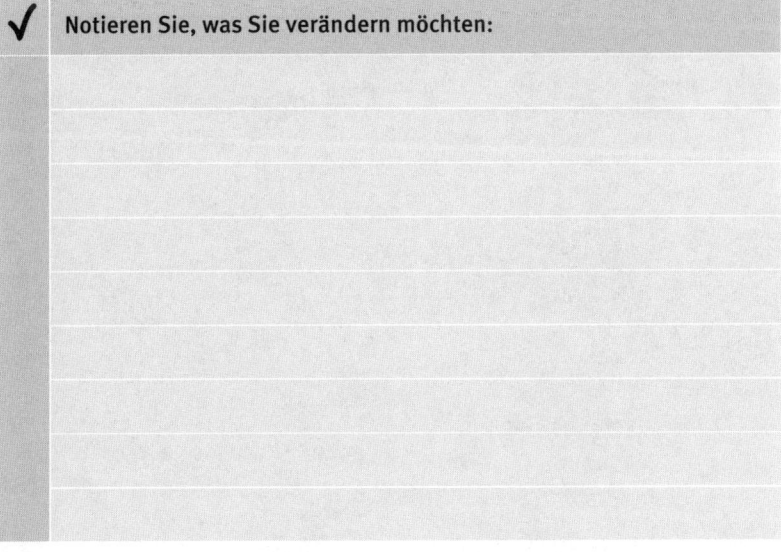

Checkliste 18: Ihr persönliches Störungsprotokoll

Rückfragen wegen unvollständiger Angaben:				
Wer?	Grund?	beeinflussbar	nicht beeinflussbar	Dauer

Nicht eingeplante Gespräche / Telefonate:				
Wer?	Grund?	beeinflussbar	nicht beeinflussbar	Dauer

Aufgaben für andere erledigt:				
Für wen?	Welche?	beeinflussbar	nicht beeinflussbar	Dauer

Kommunizieren Sie nach Auswertung Ihrer Störungsliste, welche Störungen in Zukunft abgestellt werden sollen. Führen Sie hierzu Einzel- und Teamgespräche.

5.

Effektives Projekt- und Prozessmanagement

Die Checklisten zum Kapitel 5 helfen Ihnen auf dem Weg zu einem effizienten Projekt- und Prozessmanagement. Nehmen Sie mithilfe der Checklisten 19 bis 21 mögliche Rückstände bei Projekten auf, und machen Sie eine Bestandsaufnahme aktueller Projekte und Prozesse. Um Projekte strategisch und taktisch gut auszurichten, können Sie eine Projektumfeldanalyse (PUMA) machen: So sehen Sie, welche Personengruppen in Ihrem Projekt welche positiven oder negativen Einflüsse auf das Projekt haben, und können so frühzeitig reagieren (Checkliste 22). Der Fragebogen aus Checkliste 23 schließlich unterstützt Sie bei der Identifizierung quantitativer und qualitativer Kennzahlen.

Checkliste 19: Rückstandsliste Projekte und Prozesse

Ermitteln Sie, wo Sie derzeit Rückstände in dem B-Quadranten (Qualität) der Eisenhower-Matrix (siehe Seite 110) haben. Gerade diesen Aufgabenbereich dürfen Sie nicht aus den Augen verlieren, weil er zu Ihren originären Kernaufgaben als Führungskraft gehört.

1. Überlegen Sie, welche (für Sie strategisch) wichtigen Aufgaben oder Prozessschritte aus dem B-Quadranten zurzeit zu kurz kommen. Listen Sie diese auf: ....

....

....

....

....

....

2. Überlegen Sie, wann Sie diese Aufgaben möchten. Bringen Sie die Aufgaben in eine Reihenfolge. ....

....

....

....

....

....

3. Planen Sie die ersten zwei Aufgaben, indem Sie sie in Teilschritte untergliedern, ihren Zeitaufwand schätzen und in Ihr individuelles Zeitmanagementmodell übertragen. ....

....

....

....

....

....

4. Nehmen Sie sich nun einmal im Monat diese Rückstandsliste vor, und bauen Sie Ihre Rückstände kontinuierlich in die laufende Planung ein. ....

....

....

....

....

....

Checkliste 20: Erfassung von Prozessen und Aufgaben

Planen Sie mit Ihrem Team eine Analyse und Optimierung Ihrer Kernprozesse, dann verschaffen Sie sich zunächst einen persönlichen Überblick über Ihre wichtigsten Abläufe im Team und Bereich.

1. Erfassen Sie in einer Liste alle Aufgaben beziehungsweise Prozesse im Team und Abteilung.

2. Lassen Sie Ihre Mitarbeiter in einer Spalte ausfüllen, wer für welche Aufgaben beziehungsweise Prozessschritte verantwortlich ist.

3. Bestimmen Sie anschließend mit Ihren Mitarbeitern, welche Kernaufgaben im Team neu oder effizienter verteilt werden können. Untersuchen Sie auch Ihre Hilfsprozesse kritisch nach unnötigen Arbeitsschritten, Doppel- und Mehrfacharbeiten.

Checkliste 21: Bestandsaufnahme Projekte und Projektabwicklung

Überprüfen Sie, ob die wichtigsten Voraussetzungen für eine erfolgreiche Projektabwicklung gegeben sind. Denn nur, wenn eine gezielte *Prozesssteuerung*, eine eindeutige *Projektdefinition* und die konsequente Einbindung relevanter *Personengruppen* gewährleistet sind, können Sie Ihr Projekt erfolgreich umsetzen. Setzen Sie dort an, wo Sie die Fragen nicht eindeutig positiv beantworten können.

Prozesssteuerung

1. *Organisation*:

   ■ Habe ich mein Selbstmanagement und meine
   Selbststeuerung so im Griff, dass ich ausreichend
   Zeit für Projektcontrolling habe? .... ☐ ja ☐ nein

- Haben meine Teammitglieder ausreichend Kapazitäten, um die anfallenden Projektarbeiten neben ihrer täglichen Arbeit zu erledigen? .... □ ja □ nein

■ Sind wir mit den Deadlines und Meilensteinen derzeit im Plan? .... □ ja □ nein

2. *Technik*:

■ Sind technische Standards zum Dokumentenmanagement und zu Projekt- beziehungsweise Terminplanung vereinbart? .... □ ja □ nein

■ Wird die vorgegebene Technik effektiv und effizient von allen Mitarbeitern standardisiert eingesetzt? .... □ ja □ nein

■ Können technische Engpässe schnell gelöst werden, weil ausreichend Know-how im Team oder durch die hausinterne IT vorhanden ist? .... □ ja □ nein

3. *Methode*:

■ Arbeiten alle Mitarbeiter in transparenten und nachvollziehbaren Prozessschritten? .... □ ja □ nein

■ Haben wir einen Notfallplan/Frühwarnsystem, falls wichtige Parameter oder Vorgaben nicht eingehalten werden? .... □ ja □ nein

■ Haben wir ausreichend Kommunikations- und Informationsplattformen für Projektmitarbeiter und relevante Personengruppen installiert? ..... □ ja □ nein

Projektdefinition

1. *Ziele*:
■ Sind alle Projektziele klar formuliert? .... □ ja □ nein

- Kenne ich diese und sind sie in Form von
  Zwischenzielen schrittweise erreichbar? .... ☐ ja ☐ nein
- Haben wir ein System oder eine Plattform, um
  das Erreichen beziehungsweise Nichterreichen
  der Ziele zu überprüfen? .... ☐ ja ☐ nein

2. *Vorgaben*:

- Kennt das Projektteam alle relevanten
  Projektparameter und Vorgaben? .... ☐ ja ☐ nein
- Sind diese in Form von Meilensteinen oder
  Anweisungen dokumentiert und jederzeit
  verfügbar? .... ☐ ja ☐ nein

3. *Kennzahlen*:

- Hat das Projektteam qualitative und quantitative Projektkennzahlen formuliert? .... ☐ ja ☐ nein
- Ist das Zustandekommen und das Messen
  dieser Kennzahlen für alle Mitarbeiter transparent und verständlich geregelt? .... ☐ ja ☐ nein
- Werden diese Parameter regelmäßig überprüft
  und miteinander verglichen, um ständig über
  den Verlauf des Projektes informiert zu sein? . ☐ ja ☐ nein

Personengruppen

1. *Geschäftsführung*

- Ist die Geschäftsführung in die wichtigsten
  Projektschritte involviert und steht hinter
  dem Projekt? .... ☐ ja ☐ nein
- Gibt es einen Projektverantwortlichen, der sich
  als direkter Ansprechpartner ausschließlich um
  die optimale Einbindung der ersten Führungsebene und die dazugehörige Kommunikation
  kümmert? .... ☐ ja ☐ nein

■ Ist eine Regelkommunikation zwischen
Geschäftsführung und Projektleitung beziehungsweise ein Ansprechpartner
institutionalisiert? .... ☐ ja   ☐ nein

2. Projektmitarbeiter

■ Gibt es regelmäßige Projekt- und Teammeetings, um Entscheidungen schnell,
direkt und unbürokratisch zu fällen? .... ☐ ja   ☐ nein

■ Haben alle Projektmitarbeiter die Möglichkeit, sich über Engpässe und Konflikte
während des Projektverlaufs offen auszu-
tauschen? .... ☐ ja   ☐ nein

3. Kunden und andere Beteiligte

■ Sind relevante Interessensgruppen wie
Kunden, Pilotgruppen oder die hausinterne IT-Abteilung über die wichtigsten
Projektschritte informiert und kennen
ihre eigene Aufgabe? .... ☐ ja   ☐ nein

■ Gibt es einen Projektverantwortlichen,
der sich als direkter Ansprechpartner
ausschließlich um die optimale Einbindung
dieser Personengruppen und die dazuge-
hörige Kommunikation kümmert? .... ☐ ja   ☐ nein

■ Ist eine Regelkommunikation zwischen
relevanten Interessensgruppen und Projektleitung beziehungsweise einem Ansprech-
partner institutionalisiert? .... ☐ ja   ☐ nein

Checkliste 22: Projektumfeldanalyse

Die folgende Grafik zeigt, wie man eine Projektumfeldanalyse (PUMA) macht. Mögliche positive Einflussgruppen sind weiß, etwaige negative schwarz gekennzeichnet. Schwarz-weiße Kreise symbolisieren beide Einflussmöglichkeiten. Je weiter die Interessensgruppen vom eigentlichen Projektgeschehen im Unternehmen entfernt sind, umso näher liegen sie am Außenkreis.

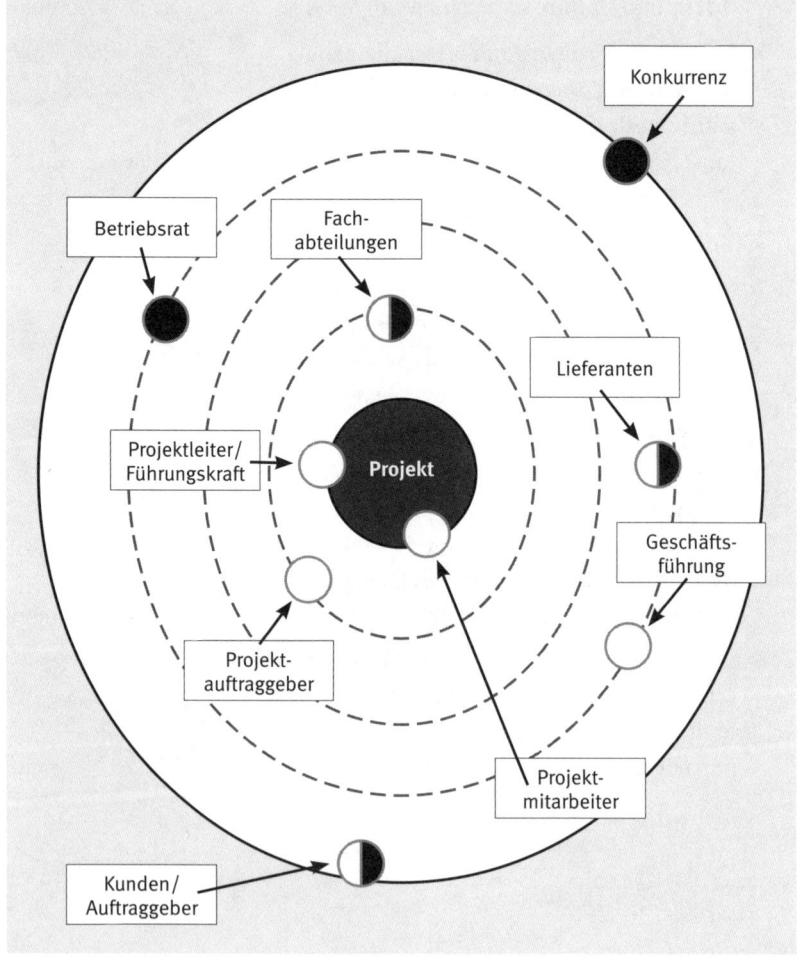

Machen Sie Ihre eigene Projektumfeldanalyse und erfassen Sie die beteiligten Personengruppen Ihres Projektes:

- Notieren Sie alle relevanten Interessensgruppen des Projektes.

- Überlegen Sie, welche Person oder Personengruppe einen positiven (weißen Punkt), einen negativen (schwarzer Punkt) oder einen positiven und negativen Einfluss (schwarz-weiß) auf den Projektverlauf haben kann.

- Beachten Sie die Entfernung der jeweiligen Beteiligten zum eigentlichen Projektgeschehen.

- Diskutieren Sie anschließend gemeinsam mit Ihrem Team, wie und wann die relevanten Personengruppen in das Projekt eingebunden werden müssen.

- Nehmen Sie das Konzept zur Kommunikation, Befragung und Integration dieser Interessensgruppen in Ihre Projektplanung auf, und ordnen Sie jede Interessensgruppe einem Ihrer Projektmitarbeiter zu.

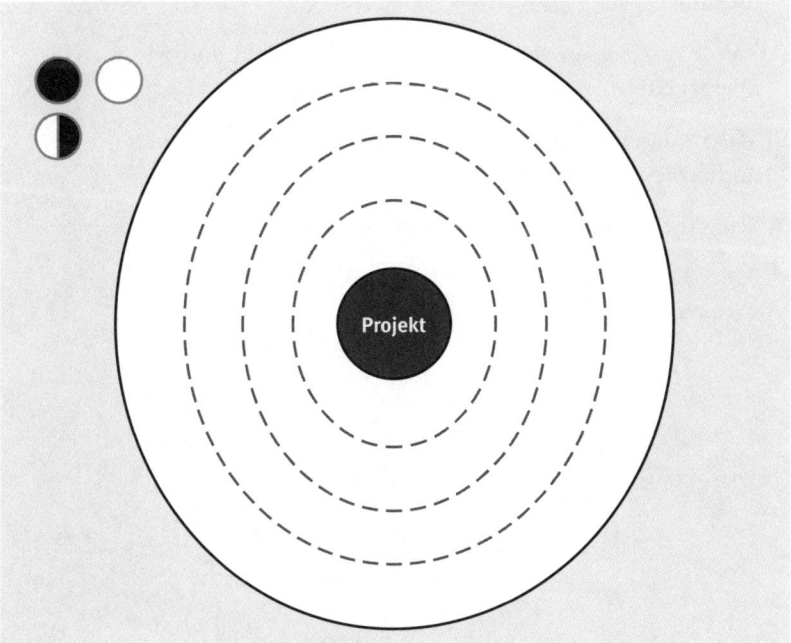

Checkliste 23: Fragebogen zum Identifizieren von qualitativen und quantitativen Kennzahlen

Erarbeiten Sie mit Ihren Mitarbeitern qualitative und quantitative Messgrößen, um Qualitätsstandards zu definieren und Ziele überprüfen zu können. Eine Vorabbefragung der Mitarbeiter ist ein gutes Mittel, um vor dem Workshop Themenschwerpunkte festzulegen. Außerdem kann sie über das Vorhandensein und Verständnis »messbarer« Kennzahlen im Team Aufschluss geben. Mögliche Fragen könnten sein:

■ Sind Kernaufgaben und Prozesse eindeutig beschrieben?

■ Können diese auch in der Praxis so gelebt oder durchgeführt werden?

■ Werden Informationen abteilungsübergreifend weitergegeben?

■ Sind Zielvereinbarungen auf Basis der Kernaufgaben formuliert?

■ Werden Arbeitsanweisungen regelmäßig erstellt und überarbeitet?

■ Wie ist das Verhältnis zwischen Kernaufgaben, Routinen und Projekten bei Ihrer Arbeit?

■ Wie sähe die Idealverteilung nach Ihrer Ansicht aus?

■ Mit welchen internen und externen Abteilungen oder Ansprechpartnern haben Sie intensiven Austausch?

6.

Erfolgreiche Kommunikation

Mithilfe der Checklisten aus diesem Kapitel können Sie Ihr Kritikverhalten überprüfen (Checkliste 24) und erhalten Sie Tipps, wie Sie Kritikgespräche (Checkliste 25) und Jahresgespräche (Checkliste 26) mit Mitarbeitern gut und effizient vorbereiten und durchführen.

Checkliste 24: Wie kritisieren Sie?

Erstellen Sie ein Selbstbild und Fremdbild, wie Ihre Kritik ankommt. Füllen Sie den Bogen einmal selbst aus, und bitten Sie dann zwei bis drei Vertraute, Ihre Art zu kritisieren nach Schulnoten von 1 bis 6 ebenfalls zu beurteilen.

- Ich finde den richtigen Ton.
- Ich äußere keine Behauptungen, die ich nicht belegen kann.
- Ich bin sachlich und zugewandt.
- Ich lasse meinen Ärger nicht am Mitarbeiter aus.
- Ich bin lösungsorientiert.
- Ich lasse den Mitarbeiter zu Wort kommen.
- Ich bin klar, aber fair.

Checkliste 25: Vorbereiten und Durchführen von Kritikgesprächen

Bereiten Sie Ihr nächstes Kritikgespräch mit folgender Checkliste professionell vor und nehmen Sie die Beispielfragen und Aussagen als Anregung.

1. *Vorbereitung*:

■ Was möchte ich mit dem Gespräch erreichen?

■ Was muss passieren, damit ich mit einem guten Gefühl aus dem Gespräch gehe?

■ Was muss passieren, damit der Mitarbeiter mit einem guten Gefühl aus dem Gespräch geht?

2. *Durchführung*:

■ »Ich beobachte seit einiger Zeit, dass ...«
■ »Wo sehen Sie das Problem?«
■ »Welche Alternativen gibt es Ihrer Meinung nach?«
■ »Wie würden Sie handeln, wenn Sie hier Chef wären?«
■ »Was können Sie tun, um die Situation zu verbessern?«
■ »Was haben Sie schon probiert?«
■ »Was kann ich tun, um Sie zu unterstützen?«
■ »In welchem Zeitraum können wir das umsetzen?«

Checkliste 26: Das Mitarbeiterjahresgespräch

Sind Ihre Mitarbeiterjahresgespräche zufriedenstellend? Was können Sie besser machen? Nutzen Sie dazu die Checkliste, und fragen Sie ergänzend Ihre Mitarbeiter.

■ Bereiten Sie sich gründlich vor.

■ Lassen Sie dem Mitarbeiter rechtzeitig vorab einen Gesprächsbogen zukommen.

■ Stimmen Sie Ort und Zeit frühzeitig ab.

■ Planen Sie ausreichend Zeit ein.

■ Gewährleisten Sie einen störungsfreien Ablauf (keine Besuche, kein Telefon).

■ Besprechen und würdigen Sie das Positive ausführlich.

- Legen Sie mit dem Mitarbeiter gemeinsam die wichtigsten Aufgaben und Ziele für die kommende Periode fest.

- Berücksichtigen Sie Ihre Interessen und die des Mitarbeiters angemessen.

- Formulieren Sie die Ziele ergebnisorientiert, indem Sie benennen, was bezweckt und erreicht werden soll.

Die Zielvereinbarungen sollen:

- Orientierung bieten für Führungskraft und Mitarbeiter,

- definierte Freiräume für die Mitarbeiter ermöglichen und damit seine Eigeninitiative fördern,

- die transparente Kontrolle durch die Führungskraft als auch die Selbstkontrolle erleichtern,

- Ausgangs- und Bezugspunkt für das nächste Jahresgespräch sein.

7.
Erfolg im Team

Die folgenden beiden Checklisten helfen Ihnen bei der Verbesserung der Teameffizienz und -effektivität. Die Fragen aus Checkliste 27 dienen Ihnen als Anregung, um die Mitarbeiter in Veränderungsprozesse einzubinden, eine positive Fehlerkultur einzuführen und Teilverantwortungen im Team zu verteilen. Das Teamreife-Modell (Checkliste 28) zeigt Ihnen, wie stark Ihr Team in den sieben verschiedenen Erfolgsfaktoren ist und wo noch Optimierungsbedarf besteht.

Checkliste 27: Beispielfragen

Wie-Fragen zur Einbindung der Mitarbeiter in Veränderungsprozesse:

- Wie stellen Sie sich die Gestaltung Ihres Arbeitsplatzes/Büros zukünftig konkret vor?

- Wie muss die Hardware/Software genau angepasst werden?

- Wie können wir erreichen, dass wir weniger Rückstände haben?

- Wie wollen Sie das Projekt X konkret angehen? Was sind die ersten Schritte?

- Wie wollen Sie zukünftig die Produktivität genau messen? Welche Kennzahlen benötigen Sie?

Fragen im Zuge einer Fehlerbehebung:

- Warum genau ist der Fehler aufgetreten? (Fragen Sie mehrmals nach, bis die Ursache wirklich klar ist.)

- Wie sieht die konkrete Problemlösung aus, wer kümmert sich darum?

- Welche Maßnahmen müssen wir konkret setzen, um den Fehler nachhaltig zu beseitigen? Wer macht das und bis wann?

- Was müssen wir konkret tun, um zu verhindern, dass genau dieser Fehler noch einmal auftritt?

- Wer ist zukünftig dafür verantwortlich, dass dieser Fehler nicht mehr auftritt?

Fragen im Zuge der Erarbeitung von Teilverantwortungen im Team:

- Wofür bezahlt mich das Unternehmen genau?

- Wofür soll ich Zeit aufwenden, um bestmögliche Ergebnisse zu erzielen?

- Was geschieht, wenn diese Aufgabe nicht wahrgenommen wird?

- Was läuft schief, wenn diese Aufgabe längere Zeit nicht erfüllt wird?

- Welche Ergebnisse sollen am Ende einer gut bewältigten Aufgabe stehen?

- Wie kann ich feststellen, dass ich gut vorankomme, ohne dass es mir jemand sagt?

■ Checkliste 28: Bewertungsbogen zum Teamreife-Modell

Jedes Teammitglied (auch die Führungskraft) erhält einen quantitativen Bewertungsbogen und ein leeres Blatt mit den drei qualitativen Fragen:

- »Was kann ich als Teammitglied zur Steigerung meines persönlichen Wohlbefindens und zur Effizienz und Effektivität im Team beitragen?«

- »Was kann jedes Teammitglied zur Steigerung meines persönlichen Wohlbefindens und zur Effizienz und Effektivität beitragen?«

- »Was kann der Teamleiter/die Teamleiterin zur Steigerung meines Wohlbefindens und zur Effizienz und Effektivität beitragen?«

Die quantitative Auswertung erfolgt durch anonymisiertes Ankreuzen des Fragebogens durch jedes Teammitglied. Die Einzelergebnisse der quantitativen Fragebögen werden vom Teamleiter pro Teilnehmer getrennt in jeweils ein Auswerteblatt eingetragen und so der Teamreifegrad aus der Sicht jedes einzelnen Mitarbeiters ermittelt. Der Durchschnitt aller Einzel-Teamreifegrade ergibt den Durchschnitt pro Team zum Zeitpunkt der Erhebung in Prozent (Status quo).

Die qualitative Auswertung der Fragen erfolgt durch eine anonymisierte Zusammenfassung aller Statements aus den persönlichen Fragebögen. Im Anschluss werden die Ergebnisse in der Gruppe vorgestellt und diskutiert.

1. Teamziele

unstrukturiert	Für das Team als solches werden keine Ziele gesetzt.	☐
schlecht definiert	Dem Team ist seine generelle Aufgabe bekannt, es gibt aber keine schriftlich vereinbarten Ziele.	☐
im Anfangsstadium	Es gibt schriftliche Teamziele, die aber nicht von den Teammitgliedern, sondern »extern« festgelegt wurden.	☐
fortgeschritten	Die Gruppe hat begonnen, für sich selbst schriftlich messbare Ziele festzulegen.	☐
ausgereift	Das Setzen quantifizierbarer, wohlüberlegter Ziele ist für die Gruppe selbstverständlich.	☐

2. Kompetenzen und Verantwortung

unstrukturiert	Die Verantwortungen und Aufgaben jedes Einzelnen wurden nicht eindeutig festgelegt; Überschneidungen und Unklarheiten können auftreten.	☐
schlecht definiert	Es gibt – nicht immer aktuelle – Stellen- und Funktionsbeschreibungen; diese werden aber nur als Grundlage für die Gehaltsfestlegung verwendet.	☐
im Anfangsstadium	Jedes Teammitglied kennt seine klar über den Output definierte Verantwortung und Aufgaben.	☐

| fortgeschritten | Jedes Teammitglied kennt und versteht nicht nur »seinen« Output, sondern auch die der anderen Teammitglieder. .... | ☐ |
| ausgereift | Jedes Teammitglied kennt den eigenen Output sowie den Zusammenhang zum Output anderer Teammitglieder; diese werden mindestens 1 x jährlich überprüft. .... | ☐ |

3. Prozesse und Arbeitsabläufe

unstrukturiert	Ad-hoc-Entscheidungen und Krisenmanagement sind weit verbreitet, strukturierte Vorgangsweisen werden abgekürzt oder nicht beachtet, Fristen werden regelmäßig nicht eingehalten..	☐
schlecht definiert	Arbeitsabläufe existieren, trotzdem gibt es zu viel planloses Vorgehen; wiederkehrende Probleme finden keine Routine-Lösung, es gibt keine verlässliche Einhaltung von Standards oder Fristen.	☐
im Anfangsstadium	Routineaufgaben werden effizient erledigt, hin und wieder treten Probleme auf; Standards und Fristen werden oft eingehalten.	☐
fortgeschritten	Die meisten Vorfälle werden nach bestehenden Standards und Richtlinien erledigt; die Gruppe konzentriert sich auf neue Herausforderungen; Standards und Fristen werden im Allgemeinen eingehalten.	☐
ausgereift	Wiederkehrende Probleme werden routinemäßig gelöst; für neue Problembereiche werden Lösungsprozeduren entwickelt; Standards, Termine und Fristen werden verlässlich eingehalten.	☐

4. Kooperation und Teamgeist

| unstrukturiert | Es gibt wenig Zusammenarbeit innerhalb der Gruppe; jeder geht seine eigenen Wege, es gibt Anzeichen ungesunden Konkurrenzdenkens. .... | ☐ |
| schlecht definiert | Fallweise Kooperation innerhalb der Gruppe existiert, meist arbeiten jedoch alle isoliert voneinander in die Richtung, die die Führungskraft vorgibt. .... | ☐ |

im Anfangsstadium	Wachsende Zusammenarbeit innerhalb des Teams ist vorhanden, vollständige Offenheit wird jedoch noch durch Cliquen und Seilschaften erschwert. .... ☐
fortgeschritten	Es gibt ein stabiles, extrovertiertes Team; Rücksichtnahme fehlt zuweilen, die Zusammenarbeit funktioniert anscheinend gut. .... ☐
ausgereift	Gegenseitige Anpassung und Absprache funktionieren, Arbeitsteilung und Zusammenarbeit werden zu gleichen Teilen gelebt. .... ☐

5. Motivation und Erfolgserlebnisse

unstrukturiert	Weder die Arbeit selbst noch die Zusammenarbeit im Team scheinen die Teammitglieder zu befriedigen und zu motivieren. .... ☐
schlecht definiert	Erfolg wird eher dem Einzelnen als der Gruppe zugeordnet. .... ☐
im Anfangsstadium	Das Team lernt die Erfolge guter Zusammenarbeit schätzen, es ist bereit für weitere herausfordernde Aufgaben. .... ☐
fortgeschritten	Die Zugehörigkeit zu einem guten Team stärkt das Selbstbewusstsein der Teammitglieder; sie sind stolz auf die Leistungsfähigkeit des Teams. .... ☐
ausgereift	Die Teammitglieder empfinden die Zugehörigkeit zu einem erfolgreichen Team als äußerst positiv und motivierend; die Arbeit macht Freude. .... ☐

6. Kommunikation und Teammeetings

unstrukturiert	Fehlerhafte Kommunikation verursacht Probleme innerhalb der Gruppe; es gibt mangelnde Kommunikationmit anderen Teams; wichtige Information fehlen; Teammeetings finden nicht sehr häufig statt. .... ☐

schlecht definiert	Gewisse Kommunikationsprobleme intern und mit der Umgebung sind vorhanden, wichtige Informationen sind meist nicht aktuell und fehlerfrei, die Teammitglieder besprechen zeitweise aktuelle Probleme oder Krisen.	☐
im Anfangsstadium	Akzeptable interne und externe Kommunikation des Teams existiert; grundlegende Informationen liegen im Allgemeinen vor; Teammeetings werden abgehalten, allerdings nicht regelmäßig und in der Durchführung ineffizient.	☐
fortgeschritten	Gute Kommunikation mit nur gelegentlichen Fehlern herrscht vor; wichtige Informationen liegen immer vor und sind meistens aktuell und fehlerfrei; regelmäßige Teammeetings sind geplant; zeitweise werden sie aber nicht oder nicht effizient realisiert.	☐
ausgereift	Es existiert eine ständige, reibungsfreie interne Kommunikation; aktuelle Informationen werden an andere Teammitglieder und Abteilungen weitergegeben; ständige Verbesserung ist das Ziel; Teammeetings finden regelmäßig statt, die Agenda wird rechtzeitig bekanntgegeben.	☐

7. Arbeitsbeziehungen mit anderen Abteilungen

unstrukturiert	Das Team hat ein konfliktreiches Verhältnis zu anderen Abteilungen.	☐
schlecht definiert	Das Team arbeitet weitgehend unabhängig vom Rest des Unternehmens, die wenigen Verbindungen sind oberflächlicher Natur.	☐
im Anfangsstadium	Arbeitsbeziehungen zu anderen Abteilungen sind relativ gut entwickelt, gelegentlich treten Spannungen auf.	☐
fortgeschritten	Im Allgemeinen gibt es eine konstruktive Zusammenarbeit zwischen relevanten Abteilungen; die Abteilungsleitung versucht, Konfliktpunkte zu klären.	☐
ausgereift	Es gibt regelmäßigen Kontakt und konstruktive Zusammenarbeit mit anderen wichtigen Abteilungen; es finden abteilungsübergreifende Meetings statt.	☐

Teamreife-Modell: Auswertungsbogen pro Teilnehmer/Teammitglied

Teamreifegrad von Teammitglied Nr. .... Bewertungsbogen	unstrukturiert	schlecht definiert	Anfangsstadium	fortgeschritten	ausgereift	gesamt
1. Teamziele	− 2	4	8	12	15	
2. Kompetenzen und Verantwortungen	− 2	4	8	11	15	
3. Prozesse und Aufgabenverteilung	− 2	4	8	11	14	
4. Kooperation und Teamgeist	0	3	6	10	14	
5. Motivation und Erfolgserlebnisse	+ 2	4	7	11	14	
6. Kommunikation und Teammeetings	+ 2	3	7	10	14	
7. Arbeitsbeziehungen zu anderen Abteilungen	+ 2	3	6	10	14	
Gesamtergebnis Teamreifegrad Teammitglied Nr. .... in Prozent:						

Die Befragung unterscheidet folgende fünf Entwicklungsstufen des Teamreifegrades:

Stufe 1: *unstrukturiert*   (0 %)
Stufe 2: *schlecht definiert*   (25 %)
Stufe 3: *im Anfangsstadium*   (50 %)
Stufe 4: *fortgeschritten*   (75 %)
Stufe 5: *ausgereift*   (100 %)

Subjektive Beurteilung Mitarbeiter Nr.	Entwicklungsstand des Teams (»Stufe«)	in Prozent
1	zum Beispiel »fortgeschritten«	
2		
3		
4		
5		
6		
Gesamtergebnis des Teamreifegrades in Prozent:		

Nachwort

Gratulation! Sie sind am Ende von »Mehr PEP im Team!« angekommen. Sie haben vieles erfahren und gelernt, aber mal ehrlich: Wie viele der vorgeschlagenen Tipps und Tricks wenden Sie bereits an, *werden* Sie anwenden oder *wollen* Sie vielleicht anwenden? Sie sehen schon, zwischen der Absicht und der Umsetzung klafft manchmal eine zu große Kluft. Sie dürfen jetzt alles einwenden, bloß eins nicht: »PEP machen wir irgendwann einmal wenn wir Zeit haben …« PEP ist ein sehr erfolgreiches Trainings- und Coachingprogramm, und das gleich aus mehreren Gründen:

PEP ist praxisorientiert. Der Nutzen für den Leser ist unmittelbar gegeben. PEP stützt sich auf einfache Prinzipien, Methoden und Techniken für den Managementalltag. Wenn Sie »Tun Sie's sofort« zu Ihrem Arbeitsprinzip erklären und auch anwenden, gewinnen Sie nicht nur für sich selbst Sicherheit und Stärke, auch im Managementumfeld können Sie damit täglich punkten – bei Mitarbeitern, Kollegen und Vorgesetzten.

PEP ist erprobt. PEP baut auf der über 15-jährigen Beratungserfahrung mit vorwiegend deutschen und österreichischen Unternehmen auf, auch sprachraumspezifische Besonderheiten im Management sind berücksichtigt. »Keep it simple and sexy« hört man heutzutage nur allzu oft. Um diese radikale Reduktion auf die Essenz tatsächlich zu erreichen, muss man schon sehr genau wissen, was wirkt und was man weglassen kann. Die Teilnehmer unserer Coachings – egal, ob Vorstandsmitglieder oder Sachbearbeiter – resümieren oft: »Diesen Veränderungsprozess haben wir uns schwieriger vorgestellt – es ist ja eigentlich ganz einfach, wenn wir's nur tun!«

PEP setzt beim Menschen an. Zwei grundsätzlich unterschiedliche Führungsarten lauten (so treffend ironisch formuliert): »Der Mensch ist Mittelpunkt« oder: »Der Mensch ist Mittel. Punkt«. Jeder Manager, der seinen Beruf ernst nimmt, sollte über die grundlegenden psychologischen Grundprinzipien der Mitarbeiterführung und -motivation Bescheid wissen und diese auch in der Praxis anwenden können. Nur wer Menschen täglich fordert *und* fördert, mit allen ihren Stärken, Schwächen und Befindlichkeiten wahrnimmt und daraus ein Team zu formen imstande ist, hat langfristig Erfolg,. Eines unserer zentralen Themen, das persönliche Arbeitsverhalten, wird in seiner Ursprünglichkeit vom Mitarbeiter selbst, seinem Charakter und seiner Veränderungsbereitschaft bestimmt. Unser Coaching-Umfeld und das richtige Verhalten der Führungskraft helfen immens, diese Veränderung einzuleiten und den entscheidenden Schritt, nämlich »den Schalter im Kopf umzulegen«, zu vollführen.

Unser Buch und unsere Berater helfen Mitarbeitern und Führungskräften, sich ihrer Rolle bewusst zu werden, ihre Verantwortungen aktiver wahrzunehmen, zielorientierter zu handeln, aber gleichzeitig auch die motivatorischen Aspekte ihrer Arbeit nicht außer Acht zu lassen. »Der Schreibtisch ist morgens und abends leer« beispielsweise ist nicht nur eine Frage von Struktur und Ordnung; diese Formel unterstützt auch ein wichtiges Gefühl, nämlich das, etwas geschafft zu haben und keine Rückstände aufarbeiten zu müssen.

Eine der Kernaussagen des Buches ist: Gehen Sie mit dem Kapitalfaktor »Zeit« bewusster um. Reduzieren Sie bewusst die Zeit für Hilfsprozesse zugunsten Ihrer Kernprozesse. Unterscheiden Sie zwischen Tagesgeschäft und strategischen Prozessen, die zwar wichtig, aber nicht dringend sind. Daher müssen Sie eingeplant werden – und zwar sofort. Arbeiten Sie bewusst an Ihrem Delegationsverhalten im Umfeld mit Ihren Mitarbeitern und wenden Sie bei Besprechungen aktiv unsere Vorschläge zur Erhöhung von Effektivität und Effizienz an.

Das Ganze ist mehr als die Summe seiner Einzelteile, nämlich eine kontinuierliche Verbesserung der Teamkultur in Richtung eines »erfolgreichen« Teams, bei dem Sach- und Sozialorientierung in Balance sind. Sie sind nichts ohne Ihr Team, Ihr Team ist nichts ohne Sie.

Abschließend möchten wir uns noch ausdrücklich bei all jenen bedanken, die uns bei der Verwirklichung der Idee unterstützt haben, unser Know-how kompakt einem breiten Leserkreis zur Verfügung zu stellen, und die an der inhaltlichen und grafischen Gestaltung dieses Buches mitgewirkt haben. Die zahlreichen Gespräche im Kreise unserer Beraterteams in Deutschland und Österreich, aber auch mit dem Lektorat des Campus-Verlages haben maßgeblich dazu beigetragen, unsere Philosophie der Effizienz und Effektivität auch bei der Verwirklichung unserer Buch-Idee anzuwenden.

Selbstverständlich laden wir Sie gerne ein, nach dem Lesen und Durcharbeiten dieses Buches unser Coaching-Programm in der Praxis kennen zu lernen, um die praktische und positive Wirkung persönlich oder mit Ihrem Team zu erfahren. Vom Lesen und Durcharbeiten der Checklisten bis zur vollständigen Implementierung ist es mitunter ein weiter, oft steiniger Weg, der manchmal gerade Führungskräften am Beginn ihrer Laufbahn schwerfällt. Die Inanspruchnahme von professioneller Hilfe ist niemals ein Zeichen eigener Schwäche – im Gegenteil: Das Hinzuziehen eines Experten ist ein Zeichen von Weitblick, Offenheit und Verantwortungsbewusstsein – ganz so, als ob man einen Steuerberater, Rechtsanwalt oder Arzt konsultiert.

Besuchen Sie unsere Homepages oder noch einfacher, rufen Sie uns an! Gerne erstellen wir mit Ihnen und Ihrem Team *Ihr* spezielles Personal Excellence Program!

Katharina Dietze, Sonja Strich

PEP-Institut – ein Geschäftsbereich
des Instituts für Beratung und Training
in Unternehmen GmbH

Wilhelmstraße 43
D – 58332 Schwelm

Telefon + 49(0) 2336-9 39 00
Telefax + 49(0) 2336-93 90 30
info@pep-coaching.com
www.pep-coaching.com

DI Peter Kurt Fromme

PEP-Institut – ein Geschäftsbereich
des Instituts für Beratung und Training
in Unternehmen GmbH

Schottenring 10 / 2 / 5
A – 1010 Wien

Telefon +43 (0) 1 40399 04
Telefax +43 (0) 1 532 87 55
Mobil: +43 (0) 699 17 10 20 40
office@pep-coaching.com
www.pep-coaching.com

Quellen und Literatur

Blanchard, Kenneth und Spencer Johnson, *Der Minuten-Manager*. Reinbek 2002.

Böheim, René und Nicole Schneeweis unter Mitarbeit von Ines Mende, *Renditen betrieblicher Weiterbildung in Österreich* (Materialien zu Wirtschaft und Gesellschaft Nr. 103), Wien 2008.

Buckingham, Marcus und Curt Coffman, *Erfolgreiche Führung gegen alle Regeln. Wie Sie wertvolle Mitarbeiter gewinnen, halten und fördern*, Frankfurt/New York 2002.

Drennan, David, Pennington Stewart: *12 Ladders to World Class Performance: How Your Oganization Can Compete with the Best in the World: Practical Steps to Seizing the Competitive Edge*, London 1999.

Drennan, David, *Veränderung der Unternehmenskultur*, London Europe 1993.

Drucker, Peter F., *Was ist Management? Das Beste aus 50 Jahren*, Berlin 2001.

Friedag, Herwig R. und Walter Schmidt, *Balanced Scorecard*, Freiburg 2006.

Gallup GmbH, *Mitarbeiter gewinnen, halten und fördern. Konsequenzen aus der weltweit größten Langzeitstudie des Gallup-Instituts*, Frankfurt am Main 2001.

GPM Deutsche Gesellschaft für Projektmanagement e. V. und PA Consulting Group Deutschland, *Studie zu Effizienz von Projekten in Unternehmen*, Nürnberg und Frankfurt 2004.

GPM Deutsche Gesellschaft für Projektmanagement e. V. und PA Consulting Group Deutschland, *Konsequente Berücksichtigung weicher Faktoren*, Nürnberg und Frankfurt 2006.

GPM Deutsche Gesellschaft für Projektmanagement e. V. und PA Consulting Group Deutschland, *Schwerpunkte Kosten und Nutzen von Projektmanagement*, Nürnberg und Frankfurt 2007.

Köhninger, Volker, *PUMA-Projektumfeldanalyse* (Institut für Systemische Beratung), Wiesloch 2007.

Malik, Fredmund, *Führen, Leisten, Leben. Wirksames Management für eine neue Zeit*, Frankfurt/New York 2006.

Mark, Gloria, *Multi-tasking in the Workplace: Examining the Nature of Frag-

mented Work, Vortrag an der Universität Hamburg (Department Informatik) am 19. Juni 2006.

Nikolow, Rita, »Die Illusion der Gleichzeitigkeit«, in: *Der Tagespiegel* (10. Juli 2007), Berlin 2007.

Proudfoot Consulting Company, *The Proudfoot Report/Globale Produktivitätsstudie 2005/06. Eine internationale Untersuchung der Produktivität auf Unternehmensebene*, 2005.

Smeryczanski, Michael und Dieter Windischbaur, *Beratungsleitfaden GPM Management Consulting*, Wien 2004.

Watzlawick, Paul, *Anleitung zum Unglücklichsein*, München 2007.

Eine Hauptfunktion von Managern ist die Delegation von Aufgaben an die Mitarbeiter. Je früher im Planungsprozess Sie die Delegationsmöglichkeiten entdecken und wahrnehmen, um so effektiver sind Sie.

Sie haben den Kopf frei für die wichtigen Aufgaben wie Mitarbeiterführung, Planung und mittel- bis langfristige Strategieüberlegungen.

Außerdem beschleunigen Sie die Arbeitsdurchläufe, wenn Sie die Aufgaben auf mehr Köpfe verteilen.

Vergessen Sie aber Folgendes nicht: Sie behalten die Verantwortung für die richtige Ausführung der delegierten Aufgaben.

Register

Nouriel Roubini,
Stephen Mihm
**Das Ende der Weltwirtschaft
und ihre Zukunft**

2010. 352 Seiten
ISBN 978-3-593-39102-1

Der neue Superstar
der Ökonomie

Nouriel Roubini ist der neue Superstar der Ökonomie. Kein anderer Ökonom hat so frühzeitig und präzise vor der Wirtschaftskrise gewarnt wie er. Zunächst von Fachkollegen ungläubig bestaunt, haben sich seine Prognosen als äußerst treffsicher erwiesen. In seinem Buch liefert er eine große und fundierte Analyse der Krise und beantwortet die wichtigsten Fragen, die Wirtschaft, Politik und Gesellschaft aktuell bewegen, wie: Wer ist schuld an der Krise, die Märkte oder der Staat? Was ist die Zukunft des Kapitalismus? Wie können wir das globale Wirtschaftssystem reformieren, um zukünftige Krisen zu verhindern? Roubini erklärt die globalen wirtschaftlichen Zusammenhänge ganz neu. Er schaut für uns in die Zukunft und sagt, wie die Weltwirtschaft aus der Krise herauskommen kann und draußen bleiben wird.

**Mehr Informationen unter
www.campus.de**

Frankfurt · New York